住房和城乡建设部"十四五"规划教材

中等职业教育土木建筑大类专业"互联网+"数字化创新教材

建筑装饰施工技术（第二版）

李永霞　主　编
郭　倩　姚立国　副主编
马红漫　主　审

中国建筑工业出版社

图书在版编目（CIP）数据

建筑装饰施工技术 / 李永霞主编；郭倩，姚立国副主编. -- 2 版. -- 北京：中国建筑工业出版社，2025.7. --（住房和城乡建设部"十四五"规划教材）（中等职业教育土木建筑大类专业"互联网＋"数字化创新教材）. -- ISBN 978-7-112-31258-0

Ⅰ. TU767

中国国家版本馆 CIP 数据核字第 20258UW239 号

本书是根据教育部《中等职业学校建筑装饰技术专业教学标准》中专业核心课"建筑装饰施工技术"的教学内容和要求，并参照有关国家职业标准和行业岗位要求编写的中等职业教育教材。

本书主要内容包括三个模块九个项目，模块一开工前期包括学习前准备知识、开工前准备工作两个项目，模块二硬装阶段包括隐蔽工程、楼地面饰面工程、隔墙工程、墙面工程和吊顶工程五个项目，模块三安装阶段包括门窗工程和厨卫工程两个项目。

本书可作为中等职业学校建筑装饰专业教材，也可作为相关企业岗位培训教材和相关专业的技术人员学习及参考用书。

为方便教师授课，本书作者自制免费课件，索取方式为：1. 邮箱 jckj@cabp. com. cn；2. 电话（010）58337285。

责任编辑：李天虹　李　阳
责任校对：李美娜

住房和城乡建设部"十四五"规划教材
中等职业教育土木建筑大类专业"互联网＋"数字化创新教材
建筑装饰施工技术（第二版）
李永霞　主　编
郭　倩　姚立国　副主编
马红漫　主　审

*

中国建筑工业出版社出版、发行(北京海淀三里河路 9 号)
各地新华书店、建筑书店经销
北京鸿文瀚海文化传媒有限公司制版
北京市密东印刷有限公司印刷

*

开本：787 毫米×1092 毫米　1/16　印张：15¼　字数：379 千字
2025 年 6 月第二版　　2025 年 6 月第一次印刷
定价：**49. 00** 元（赠教师课件）
ISBN 978-7-112-31258-0
（44728）

第二版前言

《建筑装饰施工技术》作为中等职业学校建筑装饰技术专业的核心课程的数字化创新教材、住房和城乡建设部"十四五"规划教材，自2020年出版以来，受到全国职业院校建筑装饰类专业师生的广泛好评，重印4次，教学实践时间长，应用效果良好。教材始终秉持以培养高素质技术技能型人才为目标的课程改革理念，在校企合作编写过程中，团队坚守理论与实践相结合、以实践为主导的原则，确保教材内容既具有扎实的基础性，又兼具实用性和可操作性。

教材第一版出版至今已4年多时间，随着科学技术的日新月异，建筑装饰施工材料、技术、做法等都有了新的发展。尽管国家标准《住宅装饰装修工程施工规范》GB 50327—2001、《建筑装饰装修工程质量验收标准》GB 50210—2018和行业标准《住宅室内装饰装修工程质量验收规范》JGJ/T 304—2013尚未更新，但2023年实施的北京市地方标准《居住建筑装饰装修工程质量验收标准》DB11/T 1076—2023、江西省地方标准《住宅室内装饰装修工程质量验收标准》DB36/T 1754—2023等，体现了建筑装饰装修行业在材料、技术、环保和施工质量等方面的新需求和行业发展趋势。同时，近年来我国社会、经济的发展和人民生活水平的提高，对职业教育提出了更高的要求。对于建筑装饰技术专业的在校生和自学者而言，在扎实掌握基本理论的同时，注重实践应用和动手技能的培养，实现学以致用，显得尤为重要。

在第二版中，我们严格依据国家最新的相关规范和标准，还参考了《住宅项目规范》GB 55038—2025中关于装饰装修的条款，同时兼顾行业标准和地方标准的要求，并结合近年来本课程在模块化教学改革中积累的经验与做法，对教材内容进行了全面而深入的修订和完善。各学校在实际使用过程中，可以根据自身的教学需求和实际情况，灵活选择并安排教学内容，同时可参考以下提供的学时分配表进行课程规划与设计。

模块	教学内容	学时分配		
		理论讲授	实践操作	合计
开工前期	学习前准备知识	2	0	2
	开工前准备工作	2	2	4
硬装阶段	隐蔽工程	4	4	8
	楼地面饰面工程	8	4	12
	隔墙工程	8	8	16
	墙面工程	14	8	22
	吊顶工程	12	8	20
安装阶段	门窗工程	12	4	16
	厨卫工程	8	4	12
合计		70	42	112

　　本书第二版继续秉承"做中学、做中教"的中职教育理念，以工作岗位实际需求为导向，系统梳理了装饰施工技术知识，并设置了与岗位紧密相关的实践操作内容，旨在帮助学生实现学以致用，提升他们的实际操作能力。相较于第一版，本书第二版在以下几个方面进行了显著提升：

　　第一，更加注重立德树人，强化学生职业素养的培养。我们将专业精神、职业精神和工匠精神全面融入人才培养过程，增设了【素养课堂】版块。通过人民大会堂的吊顶设计、天安门广场的块材地面等优秀案例，潜移默化地培养学生深厚的爱国情感和中华民族自豪感；同时，通过乱拆乱改造成严重后果的反面案例，引导学生遵守职业道德准则和行为规范，树立施工现场高度的安全责任意识。

　　第二，教材定位更加明确，教材内容求精求新。针对初学者的施工技术入门需求，调查装饰施工员、质量检验员的岗位要求，基于中职本专业毕业生多从事家装施工的情况，选取相关典型工作任务定位教材的内容和深度。精选了从开工前期到硬装再到安装阶段的装饰施工核心内容，理论讲解深入浅出、图文并茂，易于学生理解。内容更加全面，提供了丰富的材料、设备、工具、质检标准等列表，施工过程配合虚拟仿真视频二维码，方便学生一目了然地掌握所需信息。还通过相应的实训环节加强职业技能的培养，结合施工项目的验收标准渗透施工质量意识。结合新材料、新工艺的施工技术介绍，培养学生的绿色、环保意识等。

　　第三，教材板块清晰，遵循工作流程开发。每个项目以【教学目标】【思维导图】开始，帮助师生对学习目标和内容进行整体把握。每个任务通过装饰构造图了解工艺组成，再通过【材料准备】【机具准备】了解施工前交底。施工工艺的讲解结合流程图和操作要点，再辅以动画虚拟视频，可以反复观摩施工过程。质量验收中允许偏差和检验方法是施工质量的保障。【技能训练】指导完成项目实操，【你问我答】巩固理论知识，从而达到理实一体的目标。【素养课堂】和【知识链接】展示了大量与实践相关的常识，使教材与实践更加紧密地结合。还增加了装配式装饰装修、智能门窗和智能家居的介绍，使学生了解行业发展趋势，具有国际视野。

　　第二版由河北城乡建设学校李永霞担任主编，完成了项目4、5、6、9的修订。河北城乡建设学校郭倩和河北建工房地产有限公司姚立国担任副主编，郭倩完成了项目1、2、3、7的修订，姚立国完成了项目1、8、9的修订。河北交通职业技术学院侯建华完成了项目3的修订，烟台城乡建设学校荀林修订了项目8，河北城乡建设学校秦瑶完成了项目2的修订和【素养课堂】部分内容的编写。

　　本书经过教材审定委员会的严格审定，由河北建工集团建筑装饰工程有限公司的正高级工程师马红漫担任主审。她对书稿提出了许多宝贵的意见和建议，我们对此表示衷心的感谢。

　　在教材的编写过程中，我们得到了北京中望数字科技有限公司、广州中望龙腾软件股份有限公司在数字资源方面的支持，还有领导、同事、学生和朋友的鼎力相助。正是有了大家的支持和帮助，才有了本书现在的成果。由于编者的理论和实践水平有限，教材中难免存在疏漏和不足之处，敬请读者和同行不吝赐教，提出宝贵意见。我们在此表示深深的谢意，并期待在未来的版本中不断改进和完善。

第一版前言

近年来，随着我国社会、经济的发展和人民生活水平的提高，国家对职业教育提出了更高的要求，职业院校要培养出上手快、留得住、服务一线、应用能力强的高技能人才。作为建筑装饰专业的在校生（或自学者），在学好基本理论的同时，掌握好实践应用和动手技能、做到学以致用非常重要。

"建筑装饰施工技术"是中等职业学校建筑装饰专业的一门专业核心课程，本书是职业院校建筑装饰类专业培养具有高素质技术技能型人才为导向的课程改革教材。在编写时坚持内容浅显易懂，以够用为度；系统性和实用性相结合，以实用为准；理论与实践相结合，以实践为主的原则。因此，本书具有较强的基础性、实用性和可操作性。

科学技术的日新月异带领着建筑装饰技术应用也实时发展，装饰施工技术中的新规范、新标准也在更新换代。我们采用了国家有关的现行规范和标准，同时结合近年来本课程教改的一些经验和做法完成了本书的编写。各学校根据具体情况选择，教学学时分配可参考下表。

教学内容	学时分配		
	理论讲授	实践操作	合计
走进课堂	2	2	4
隐蔽工程	4	4	8
隔墙工程	8	4	12
吊顶工程	14	8	22
墙面工程	14	8	22
楼地面工程	12	4	16
门窗工程	12	4	16
厨卫工程	8	4	12
小计	74	38	112

本书以"做中学、做中教"的中职教育理念为指导，遵循工作岗位实际为导向的人才培养模式，在系统梳理装饰施工技术知识的基础上，配合岗位需要设置实践操作以达到使学生学以致用的目的。

本书具有以下几个特点：1. 落实立德树人的根本任务，重视学生职业素养养成，将专业精神、职业精神和工匠精神融入人才培养全过程。例如，在"走进课堂"里拓展了安全文明施工的内容，渗透安全意识；结合各种施工项目的验收，渗透质量意识；结合新材料、新工艺，渗透节能、环保意识；结合实训渗透职业道德；选取具有时代性、正能量的案例，展示我国建设行业先进技术，渗透爱国主义教育并激发专业自豪感。2. 定位明确。

针对初学者的施工技术入门教材，精选装饰施工技术的精简内容。理论讲授深入浅出、图文并茂、通俗易懂。3. 内容全面。所需的大量知识和材料列表展示，一目了然。4. 有利于学习者衔接后续课程和拓展专业知识。书中以知识链接的形式展示专业相关的大量实践常识，大大增强了本书和实践的接轨，有利于学习者知识的建构并搭建中高职衔接与贯通的"立交桥"。

本书由河北城乡建设学校李永霞老师主编。河北城乡建设学校郭倩老师编写了走进课堂、教学单元1、教学单元3和教学单元4；河北城乡建设学校李永霞老师编写了教学单元2、教学单元6和教学单元7；云南建设学校王玉江老师编写了教学单元4；烟台城乡建设学校荀林老师编写了教学单元5、教学单元6。

他们对书稿提出了很多宝贵意见，再次表示衷心感谢。

本书在编写过程中得到了有关领导、同事、学生和朋友的帮助，有了大家的支持才有了本书现在的成果。由于编者理论和实践水平有限，在教材编写过程中难免会有疏漏和不足之处，敬请读者和同行批评指正，在此表示深深的谢意。

编者

2020 年 5 月

目　录

模块一　开工前期

模块二　硬装阶段

模块三　安装阶段

模块一　开工前期

项目一　学习前准备知识

本项目旨在奠定学习"建筑装饰施工技术"课程的基础，通过三个具体任务，我们可以全面了解建筑装饰装修工程的基本框架、所需工具设备以及质量控制标准，为后续深入学习做好充分准备。

1. 知识目标

• 了解建筑装饰装修工程施工的特点、范围和施工原则；

• 了解建筑装饰装修工程中常用的施工机具种类、性能、用途及操作要点；

• 了解建筑装饰装修工程施工质量验收的项目及常用质检工具。

2. 技能目标

• 能够识别并简单操作常见的施工机具，如固定工具、切割工具等，了解其维护保养方法；

• 能够初步掌握施工质量检查与验收的基本技能，如测量、检测等，了解质量问题的识别。

3. 素养目标

• 培养对建筑装饰装修工程的兴趣与热情，认识到其对于提升建筑美观性、功能性和居住舒适性的重要作用；

• 培养安全意识，了解施工机具的正确使用对于保障施工安全和提高施工效率的重要性；

• 培养质量意识，认识到施工质量对于工程安全、美观和耐久性的重要影响，树立追求高质量施工的目标。

【思维导图】

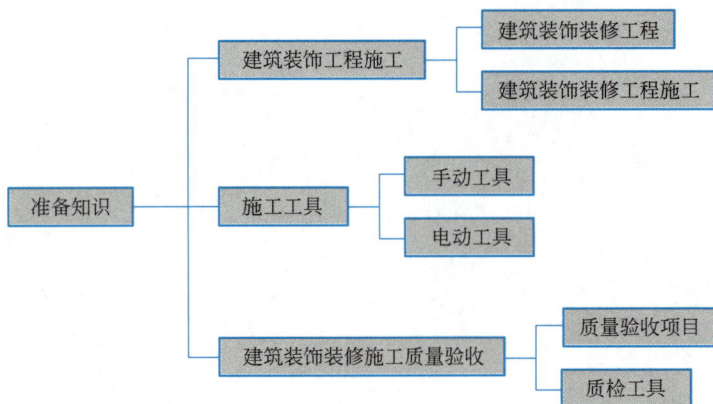

任务 1　认识建筑装饰装修工程施工

建筑装饰装修业是与我们日常生活息息相关的一个行业，我国的建筑装饰装修施工技术在不断进步，电动工具已经普及，新材料、新工艺不断更新换代，某些项目已赶超发达国家水平。

建筑装饰装修工程是建筑工程的一个重要组成部分，它是指为新建、改建、扩建或原有建筑物进行装饰规划、设计和施工等各项技术工作后所完成的工程实体。

建筑装饰装修工程施工是为保护建筑物的主体结构、完善建筑物的使用功能和美化建筑物，采用装饰装修材料或饰物对建筑物的内外表面及空间进行的各种处理过程。

建筑装饰装修饰面保护建筑物的内外表面，能有效减轻建筑主体结构遭受雨淋、风吹日晒、物理冲撞等各类侵害，延长建筑物的使用寿命。建筑装饰装修饰面还可以直观地体现出建筑所在地人文环境、经济条件、技术发展，具有装饰功能，能体现出建筑室内外的鲜明个性。

一、建筑装饰装修工程

建筑装饰装修工程一般由单位（子单位）、分部、子分部、分项工程所组成，以某医院门诊楼工程为例：该工程称为单位工程，分部工程有装饰装修工程、给水排水和采暖工程、建筑电气工程、通风空调工程、智能化工程等。装饰装修工程按其质量验收规范和统一标准要求，又包括不同的子分部工程：抹灰工程、外墙防水工程、门窗工程、吊顶工程、轻质隔墙工程、饰面板工程、饰面砖工程、幕墙工程、涂饰工程、裱糊与软包工程、细部工程、楼地面工程等，每个子分部工程中又有不同的分项工程，见表 1-1。

某医院门诊楼装饰装修工程的子分部工程、分项工程划分　　　　　　表 1-1

单位工程	分部工程	子分部工程	分项工程	图片
医院门诊楼工程	装饰装修工程	抹灰工程	一般抹灰工程、保温层薄抹灰工程、装饰抹灰工程、清水砌体勾缝工程	
		外墙防水工程	砂浆防水工程、涂膜防水工程、透气膜防水工程	
		门窗工程	木门窗安装工程、金属门窗安装工程、塑料门窗安装工程、特种门安装工程、门窗玻璃安装工程	

续表

单位工程	分部工程	子分部工程	分项工程	图片
医院门诊楼工程	装饰装修工程	吊顶工程	整体面层吊顶工程、板块面层吊顶工程、格栅吊顶工程	
		轻质隔墙工程	板材隔墙工程、骨架隔墙工程、活动隔墙工程、玻璃隔墙工程	
		饰面板工程	石板安装工程、陶瓷板安装工程、木板安装工程、金属板安装工程、塑料板安装工程	
		饰面砖工程	外墙饰面砖粘贴工程、内墙饰面砖粘贴工程	
		幕墙工程	玻璃幕墙安装工程、金属幕墙安装工程、石材幕墙安装工程、人造板材幕墙安装工程	
		涂饰工程	水性涂料涂饰工程、溶剂型涂料涂饰工程、美术涂饰工程	
		裱糊与软包工程	裱糊工程、软包工程	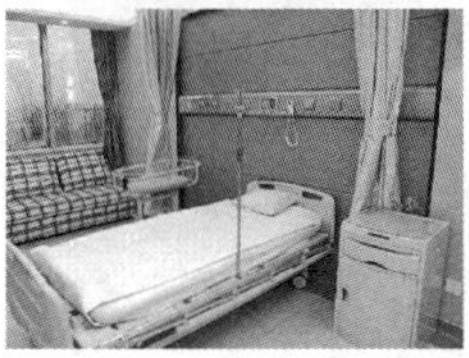

续表

单位工程	分部工程	子分部工程	分项工程	图片
医院门诊楼工程	装饰装修工程	细部工程	橱柜制作与安装工程、窗帘盒和窗台板制作与安装工程、门窗套制作与安装工程、护栏和扶手制作与安装工程、花饰制作与安装工程	
		楼地面工程	整体面层楼地面工程、板块面层楼地面工程、木竹面层楼地面工程	

二、建筑装饰装修工程施工

随着科学技术的发展，建筑装饰装修工程施工将更注重人文关怀，更强调绿色节能环保。各种新型材料安全性大大提高，甲醛、苯等有毒有害物质逐渐得到控制，复合材料、节能材料使用增多。配件生产工厂化、模块化，现场施工装配化，工程施工速度快并方便日后维修更换配件。家居智能化使人们的生活环境安全可靠、方便舒适。

设计单位通过现场踏勘房屋结构，测量房屋各部分具体尺寸，根据业主实际需求设计可行方案，做出报价单、施工图、效果图等，施工单位根据施工图等进行建筑装饰装修工程施工。建筑装饰装修工程施工工序多，新工艺、新材料层出不穷，同时受到施工成本及工人施工水平的影响，施工工艺呈多样性特点。

1. 施工范围

建筑装饰装修工程施工范围很广，包括建筑室内外的各个界面以及与之相关的部分软装用品与景观的施工。以室内装饰装修工程为例，从精心挑选施工方到最终温馨入住，整个流程可划分为以下几个关键阶段：

（1）开工前准备阶段。此阶段为项目启动的基础，涉及装修许可证的顺利办理，确保施工合法合规；同时，深入熟悉设计图纸，确保设计理念与施工细节精准对接；此外，还包含主体结构的必要拆改工作，为后续施工奠定坚实基础。

（2）硬装施工阶段。此阶段为装饰装修工程的核心环节，包括水电改造、防水工程、吊顶工程、墙饰面工程、楼地面工程等施工过程。

（3）安装集成阶段。在硬装基础上，此阶段专注于各类生活设施的精准安装。主要包括安装橱柜、浴室柜、门窗、散热器、开关插座、灯具、洁具等。

（4）收尾完善阶段。作为最后一道工序，此阶段致力于细节的完善与整体的呈现。主要是指拓荒保洁、家具进场、软装配饰等过程。让居住空间的氛围更加温馨和谐，更好地为使用者服务。

2. 施工原则

（1）严格遵守相关法律法规、强制性标准。建筑装饰装修工程从签订合同、项目设计到施工过程、质量管理的各个环节中都必须严格遵守国家的相关政策，严格执行建筑装饰装修工程施工程序和规范。

（2）坚持质量第一，重视施工安全。充分考虑施工质量验收规范、工艺标准、操作规程的规定，从人、机具、材料、环境等方面，确保工程质量。安全施工方面要特别注意用电、防火，工人上岗前要做好安全培训，建立健全各项安全管理制度。

（3）提高管理水平，科学合理施工。积极使用新技术、新工艺、新设备、新材料，提高效率，降低成本。结合工程实际情况合理分配人员、物资，合理选材、用材，提高材料利用率，使施工现场安全有序、绿色环保、高质高效，避免因安排不合理造成的人力、物力的浪费。

3. 施工基本要求

施工单位应对进场主要材料的品种、规格、性能进行验收。主要材料应有产品合格证书，有特殊要求的应有相应的性能检测报告和中文说明书。应配备满足施工要求的配套机具、设备及检测仪器。

（1）施工前应进行设计交底工作。应对施工现场进行核查，了解物业管理的有关规定。施工人员应遵守有关施工安全、劳动保护、防火、防毒的法律、法规。

（2）施工中严格按照规范作业。严禁损坏房屋原有绝热设施；严禁损坏受力钢筋；严禁超荷载集中堆放物品；严禁在预制混凝土空心楼板上打孔安装埋件；严禁擅自改动建筑主体、承重结构或改变房间主要使用功能；严禁擅自拆改燃气、暖气、通信等配套设施。涉及燃气管道的装饰装修工程必须符合有关安全管理的规定。

（3）施工现场用电用水要求。施工现场用电应从户表以后设立临时施工用电系统；安装、维修或拆除临时施工用电系统，应由电工完成；临时施工供电开关箱中应装设漏电保护器；临时用电线路应避开易燃、易爆物品堆放地；暂停施工时应切断电源。不得在未做防水的地面蓄水；临时用水管不得有破损、滴漏；暂停施工时应切断水源。

（4）文明施工和现场环境。施工人员应衣着整齐，服从物业管理或治安保卫人员的监督、管理；应控制粉尘、污染物、噪声、振动等对相邻居民、居民区和城市环境的污染及危害；施工堆料不得占用楼道内的公共空间，封堵紧急出口；室外堆料应遵守物业管理规定，避开公共通道、绿化地、化粪池等市政公用设施；工程垃圾要密封包装，并放在指定垃圾堆放地；不得堵塞、破坏上下水管道、垃圾道等公共设施；不得损坏楼内各种公共标识；工程验收前应将施工现场清理干净。

任务 2　了解施工工具

建筑装饰施工过程中会用到许多不同用途的工具，根据这些工具是否需要用电，又分为手动工具和电动工具，现将一些常用施工工具介绍如下。

一、手动工具

常用的手动工具见表 1-2。

常用手动工具
表 1-2

类型	名称	图片	用途
标记定位类	线坠		又称铅锤,是指一种由金属(铁、钢、铜等)铸成的圆锥形的物体,多用于物体的垂直度测量
	墨斗	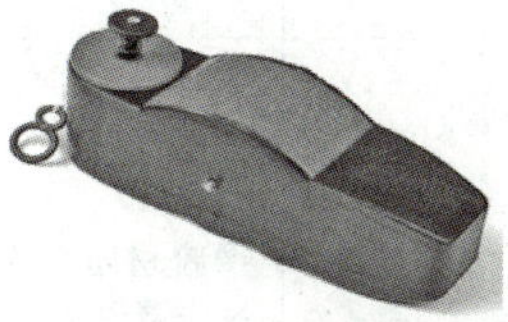	由墨仓、线轮、墨线、墨签四部分构成,是中国传统木工行业中极为常见的工具,通常用于弹标记线
抹灰类	阴阳角抹子		用于窗洞口、墙面等阳角或阴角部位抹灰时推顺溜光
	铁抹子	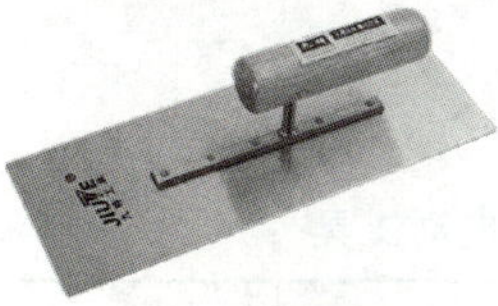	用于抹水泥砂浆面层及面层压光
	方齿抹子	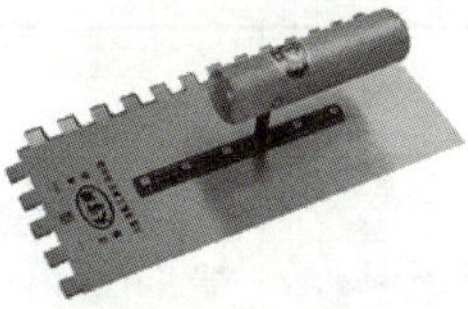	使用瓷砖粘结剂贴瓷砖时,用来在瓷砖粘结剂上划纹,增加瓷砖的粘结强度
基层处理类	铲刀		处理基层、嵌缝
	砂纸架	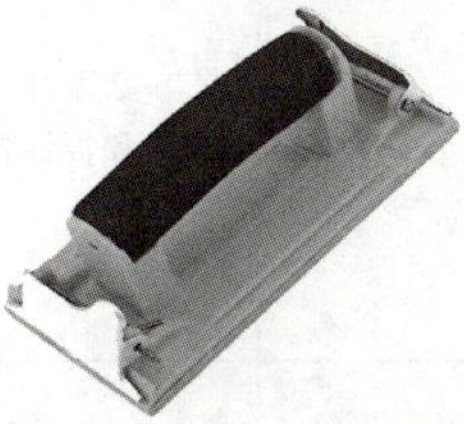	夹砂纸使用,用来打磨找平层、面层
切割类	美工刀	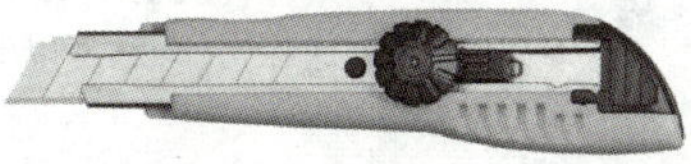	裁切纸面石膏板、壁纸等强度较小的材料
	板锯		切割木方及各种木质板材

续表

类型	名称	图片	用途
固定类	拉铆钉、拉铆枪	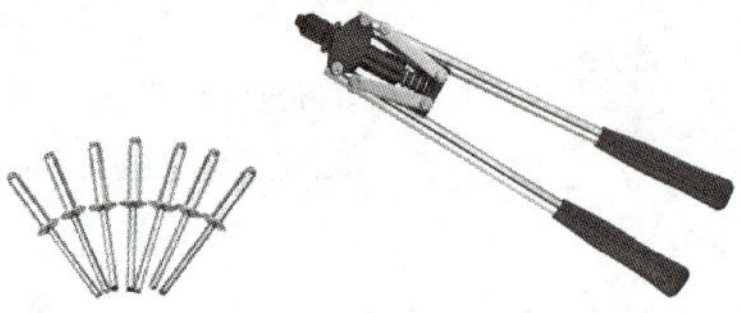	配合使用以上连接固定轻钢龙骨
	橡皮锤		橡胶材质有弹性，安装瓷砖、玻璃等起到一定的缓冲作用

二、电动工具

常用的电动工具见表 1-3。

常用电动工具 表 1-3

类型	名称	图片	用途
测量类	手持式激光测距仪		是利用激光对目标的距离进行准确测定的仪器。在室内和室外都能进行测量
	激光水平仪		是一款家用五金装修工具，代替传统工具放线，检测和控制施工面水平、垂直度
基层处理类	除锈枪	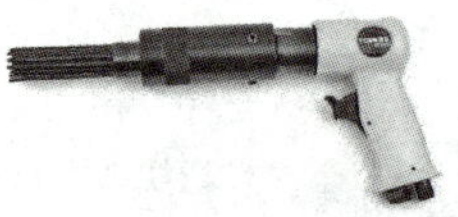	是一种气动工具，主要用于金属部件的凹凸表面除锈作业，可以清除基层表面的锈迹
	电动打磨机		全称为往复式电动抛光打磨机（又名锉磨机），用于打磨基层、表面抛光处理等

类型	名称	图片	用途
固定类	气动打钉枪		是一种利用压缩空气作为动力源的打钉工具，它通过气泵(空气压缩机)产生的高压气体将排钉夹中的排钉钉入物体，能快速固定石膏板、木板、龙骨等
	电动链带螺钉枪	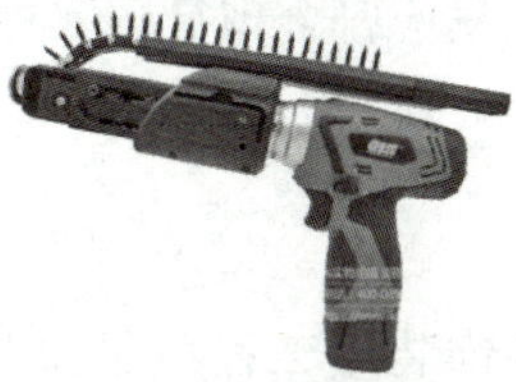	通过一条链带快速且连续地装载螺钉，从而提高工作效率。这种工具适用于需要大量螺钉安装的场合，如装修、木工制作等
动力设备类	空气压缩机	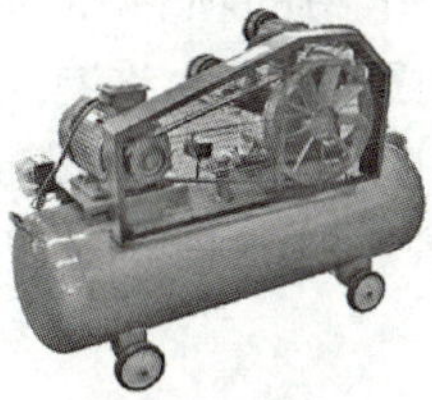	为气钉枪、空气喷枪等气动工具提供动力的设备
打孔类	电钻	 	电动钻孔机具，可分为手电钻、冲击钻和电锤。分别用于木材、瓷砖、混凝土等材料的打孔
切割类	砂轮切割机		可对金属等材料进行切割的常用设备，选用不同的砂轮片可用于切割金属龙骨等材料
搅拌类	手持搅拌器		搅拌水泥砂浆、腻子等材料
喷涂类	喷枪		利用液体或压缩空气迅速释放作为动力的一种设备，可用于喷涂涂料等

任务 3　了解施工质量验收

为了保证建筑装饰装修工程质量，在质量验收时要遵循现行国家标准《建筑装饰装修工程质量验收标准》GB 50210，以及国家和当地现行的其他有关标准和规定。

《建筑装饰装修工程质量验收标准》GB 50210 适用于新建、扩建、改建和既有建筑的装饰装修工程的质量验收，与现行国家标准《建筑工程施工质量验收统一标准》GB 50300 配套使用。建筑装饰装修工程的室内环境质量应符合现行国家标准《民用建筑工程室内环境污染控制标准》GB 50325 的规定。

一、建筑装饰装修工程质量验收项目

建筑装饰装修工程项目繁多，《建筑装饰装修工程质量验收标准》GB 50210 将涉及安全、主要使用功能、节能、环保等起决定作用的项目列为"主控项目"，将大部分外观质量要求，不涉及使用安全的列为"一般项目"。允许有 20％以下的抽查样本存在既不影响使用功能也不明显影响装饰效果的缺陷，但是其中有允许偏差的检验项目，其最大偏差不得超过标准规定允许偏差的 1.5 倍。通常装饰工程施工要验收的项目有以下五类。

1. 文件和记录

如设计文件及材料的产品合格证书、性能检验报告、进场验收记录、复验报告、隐蔽工程验收记录、施工记录等。

2. 结构做法

如基层处理、接缝处理、加强措施、管线设备、龙骨安装、面板固定等。

3. 安全和功能

如门窗工程应检测建筑外窗的气密性能、水密性能、抗风压性能；饰面砖工程应检测饰面砖粘结强度；幕墙工程应检测埋件的现场拉拔力。

4. 尺寸误差

如立面平直度、表面平整度、接缝直线度、接缝高低差、接缝宽度、阴阳角方正、空鼓等。

5. 外观

如颜色、花纹、光泽、皱皮、污损等。

另外，有特殊要求的建筑装饰装修工程竣工验收时应按合同约定加测相关技术指标。

二、建筑装饰装修工程质检工具

装饰工程项目验收除了观察、手摸等外观的一般项目检查，还有一些必须借助检测工具才能完成的检验项目，如表面平整度、接缝高低差、阴阳角方正度等，常用质检工具见表 1-4。

常用质检工具　　　　　　　　　　　　　　　　表 1-4

名称	图片	用途
钢卷尺	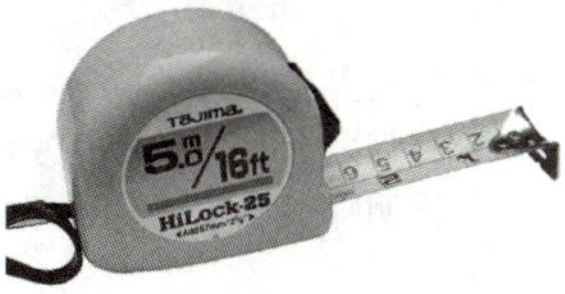	是建筑和装修常用工具,用于测量较长物体的尺寸或距离
空鼓锤	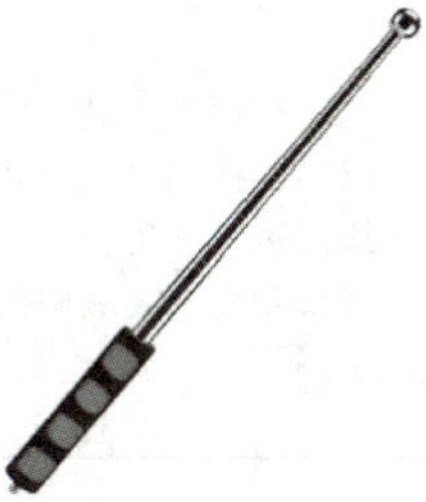	用于检测墙面和地面空鼓的工具,也称为空鼓检测锤,是质量检测人员和验房人员必备的验收工具之一。利用敲击墙面或地面时发出的声音的音色来判断是否存在空鼓问题。此外,空鼓锤还可以用于检查天花板、窗台、阳台、瓷片等是否有空鼓现象
楔形塞尺	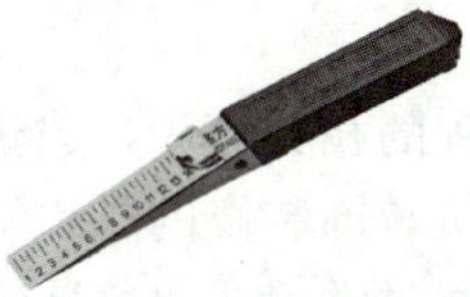	一般为金属制成,在其中斜的一面上有刻度。一般与水平尺或工程测量尺配合使用,将水平尺放于墙面上或地面上,然后用楔形塞尺塞入,以检测墙、地面水平度和垂直度的误差
内外直角检测尺	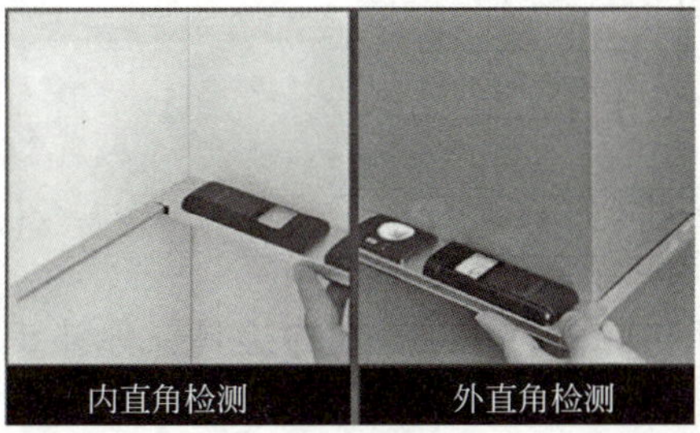 内直角检测　　外直角检测	是一种用于检测物体上内外(阴阳)直角的偏差,以及一般平面的垂直度与水平度的量具。它主要用于检测门窗边角是否呈 90°,通过测量可以知道房屋或门窗是否方正,有没有严重的变形情况
水平尺	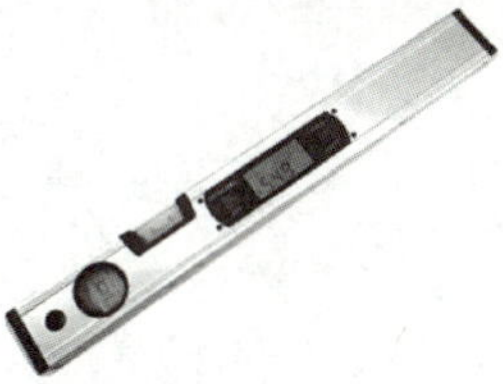	是一种利用液面水平原理设计的计量器具,主要用于测量物体表面的水平和垂直度。通过水准泡直接显示角位移,从而测量被测表面相对水平位置、铅垂位置、倾斜位置偏离程度
靠尺	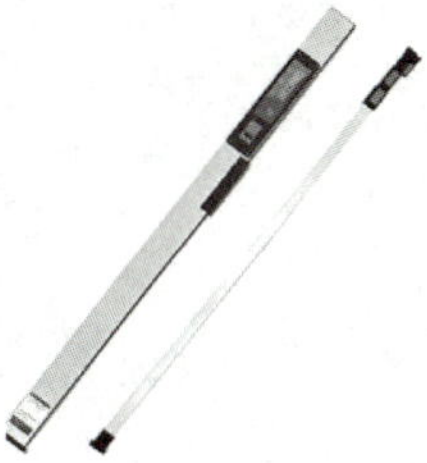	主要用于检测墙面、瓷砖是否平整、垂直,以及检测地板龙骨是否水平、平整。配合楔形塞尺使用可检测平整度误差、坡度

续表

名称	图片	用途
电笔		也叫测电笔,是一种电工工具,用来测试电线中是否带电。笔体中有一氖泡,测试时如果氖泡发光,说明导线有电或为通路的火线
网线测试仪		是一种用于测试网络连接和线缆故障的设备。可以通过检测网线的连通性、速度等参数来判断网线是否正常工作。常见的网线测试仪有手持式测试仪和桌面式测试仪两种

【项目总结】

本项目带领大家初步认识了建筑装饰装修工程的相关概念，建筑装饰装修工程施工的原则及常用的施工和质检工具，还了解了一些建筑装饰装修的质检知识。建筑装饰施工技术是建筑装饰技术专业的核心课程，希望同学们通过学习对建筑装饰工程施工有一个整体的认知，以便为后续的学习打下坚实的基础。

【你问我答】

答案

1. 建筑装饰装修工程施工的作用有哪些？
2. 建筑装饰装修工程的施工原则有哪些？
3. 建筑装饰装修工程施工过程中会用到许多不同用途的工具，你认识了哪些手动工具和电动工具？

项目二 开工前准备工作

【教学目标】

本项目旨在了解建筑装饰装修工程开工前所需完成的一系列关键准备工作，确保施工活动的顺利进行。通过三个具体任务的学习与实践，我们将能够独立完成装修许可证的办理，深入理解设计图纸内容，并有效准备施工现场。

1. 知识目标

• 了解装修许可证申请条件、所需材料及办理流程；

• 了解施工现场准备工作的内容与要求，包括现场勘查、主体拆改、成品保护、界面固化、施工基准线的放线等。

2. 能力目标

• 能够完成装修许可证的申请与办理工作，包括准备资料、提交申请、跟进审批等；

• 能够解读设计图纸中的尺寸、比例、材料、工艺等信息，识别设计要点与难点，为施工做好准备；

• 能够掌握主体拆改的原则，掌握成品保护、界面固化、施工基准线的放线原则。

3. 素养目标

• 培养法律意识，认识到合法合规施工的重要性，确保施工活动在获得相关部门批准后进行；

• 培养现场管理能力与安全意识，确保施工现场的整洁有序与安全高效，为施工活动的顺利进行提供有力保障。

【思维导图】

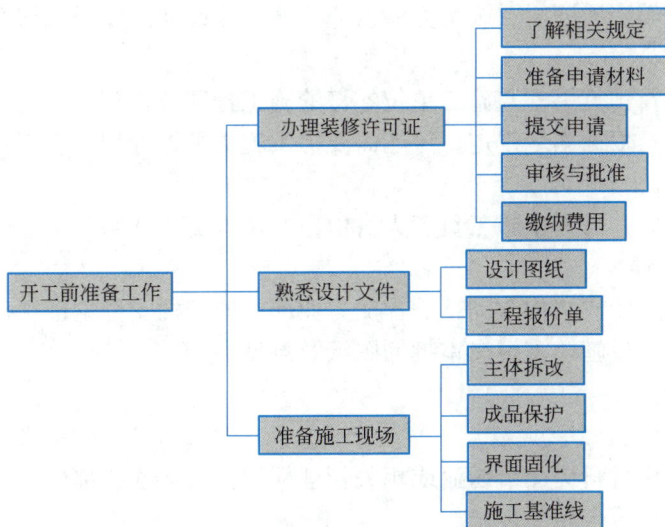

建筑装饰装修工程施工前应做好准备工作，包括办理装修许可证、熟悉设计文件、交底工作、材料准备、施工现场准备等，施工前准备工作做到位才能保证施工顺利、质量过关，减少窝工返工等情况的出现。

任务 1　办理装修许可证

办理装修许可证是一个涉及多个步骤和准备所需材料的过程，以下是根据相关法律法规和常见流程整理的详细步骤和所需材料。

一、了解相关规定

在办理装修许可证前，需要了解当地关于装修的法律法规，包括《中华人民共和国建筑法》《住宅室内装饰装修管理办法》《中华人民共和国城乡规划法》《中华人民共和国市场主体登记管理条例》等，确保装修活动符合相关规定。

二、准备申请材料

一般来说，普通住宅办理装修许可证需要提交以下材料：

1. 装修方案文件

（1）申请表。填写完整的装修申请表，申请表通常可以在物业或相关管理部门获取，或在地方住房和城乡建设局网站下载。

（2）施工图。经审查合格的装修施工图设计文件，确保装修方案符合相关规范和安全要求。

2. 身份证明文件

（1）委托书及身份证明。若由代理人办理，需提供委托书及代理人身份证。

（2）租赁合同或房产证明。提供房产证明或租赁合同及业主同意装修的书面证明，以证明装修场所的合法性。

3. 施工方资质文件

（1）营业执照等资质证明。施工方的营业执照、建设部门发放的资质证书复印件（加盖公章）等。

（2）施工合同及预算书。与施工单位签订的施工合同及预算书。

（3）其他材料。根据当地规定，可能需要提供施工组织计划、安全生产责任书等其他材料。

（4）若业主自装，需提供施工负责人身份证及技术资质证明。

4. 安全论证文件

（1）若涉及承重墙或结构改动，需提交专业部门的结构安全论证文件。

（2）若改动消防设施，需提交审批的图纸及意见书。

三、提交申请

将准备好的申请材料提交给物业或相关管理部门。通常这些部门会对申请材料进行审核，以确保装修活动符合相关规定。

四、审核与批准

物业或相关管理部门会对提交的申请材料进行审核。审核过程中，可能会要求补充或修改某些材料。审核通过后，会发放装修许可证，如图 2-1 所示。

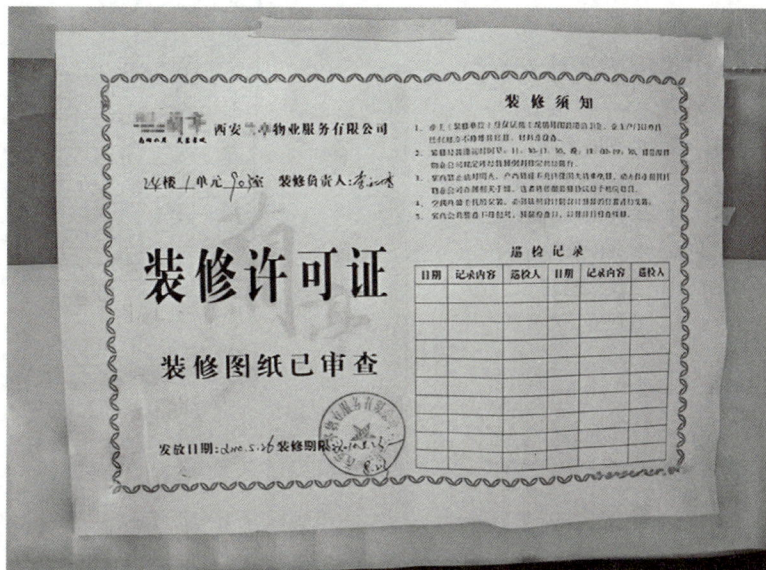

图 2-1　装修许可证

五、缴纳费用

根据当地规定，可能需要缴纳一定的装修保证金和垃圾处理费等。这些费用通常用于确保装修过程中的安全和后续清理工作。

在获得装修许可证后，即可开始进行装修施工。施工过程中需遵守相关规定，确保施工安全和质量。同时，需按照批准的施工图和施工方案进行施工，不得擅自改变装修内容和结构。

装修完成后，需向物业或相关管理部门申请验收。验收合格后，会退还装修保证金。若存在违规行为或装修质量问题，则可能面临罚款或其他处罚。

综上所述，办理装修许可证是一个涉及多个步骤和所需材料的过程。在办理前需了解相关规定并准备充分的申请材料。在办理过程中需遵守法律法规和规定，在装修过程中需确保施工安全和质量。

任务 2　熟悉设计文件

一、设计图纸

设计图纸包括设计说明、总平面图、各部位立面图、顶面图、节点图、电气线路平面

15

图、给水排水平面图、效果图等，如图 2-2 所示。设计越复杂、施工面积越大，图纸越多。

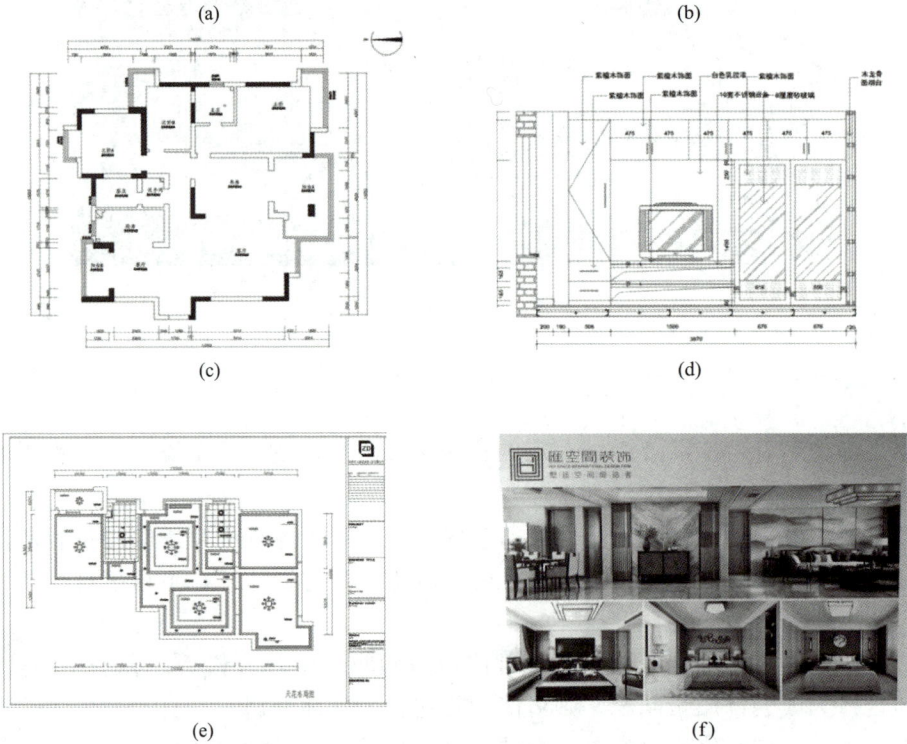

图 2-2　设计图纸

（a）设计依据；（b）目录；（c）原始量房图；（d）立面图；（e）顶棚图；（f）效果图

二、工程报价单

工程报价单的主要内容包括施工部位、施工项目、材料数量、价格、材料与工艺说明、主要责任人签字等，如图 2-3 所示。

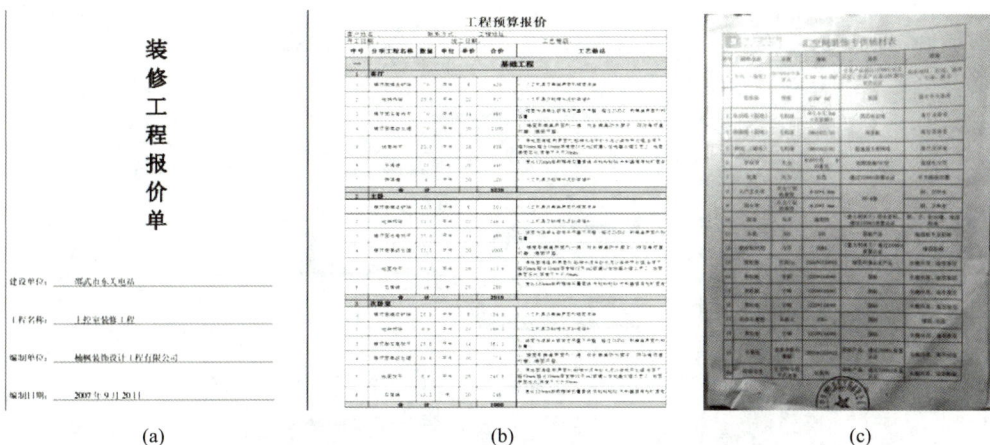

图 2-3　工程报价单

（a）报价单封面；（b）报价单；（c）辅材表

任务 3　准备施工现场

在建筑装饰装修工程施工正式开始之前，应对施工现场进行前期处理，为后续的各类施工过程提供有利的工作面，保证工程顺利有序高质量完成。

一、主体拆改

主体拆改是装修中的第一个施工项目，主要包括拆墙、砌墙、安装和更换窗户等步骤。房屋在进行室内装饰装修施工中严禁违规改造和拆改，不了解其中构造而擅自拆改的话，不但会影响房子的整体美观度，还会给自家或者邻居带来严重的安全隐患。

房屋建筑中的承重墙和钢筋绝对不可以破坏，如果有损伤会影响墙体和楼板的承受力，使墙体和楼板坍塌或断裂。部分墙体作为非承重墙，也在承担着房屋的一些重量，例如连接着房梁的非承重墙。墙体非常薄（120mm）或由空心砖等材料砌筑的非承重隔墙，一般可以拆除，如图 2-4 所示。这种最准确的房屋结构图纸可以通过物业中心或者当地的城市建设档案馆查到，现场再通过金属探测仪、测量墙厚、敲击等方法确认。

屋内与阳台相连的那面墙上，往往有门又有窗，窗户下的墙一般称为配重墙，它对阳台的重量起到平衡作用，如果随意拆除，就会使阳台的承重力下降，严重的会导致阳台下坠。

在建筑装饰装修施工中还涉及新增隔墙隔断、封堵门洞、隐蔽排水管道等施工，这些项目施工多为非承重结构，可用加气砖、欧松板、纸面石膏板等轻质材料进行施工。在拆改阶段进行施工的隔墙为永久性隔墙，即完工以后可继续在其表面进行贴砖、涂裱等饰面施工，多采用砌块隔墙。水电改造基本完成，木工进行石膏板吊顶施工时可进行骨架隔墙的施工。具体不同类型的隔墙适宜什么场所、选择何种材料、施工工艺如何将在隔墙工程中一一介绍，在此不再赘述。

拆改采暖设备和煤气管道必须请专业施工人员进行，不能由装饰公司施工。为了以后

图 2-4　墙体结构

安全使用，配电箱、地暖分水器、煤气管道等还是尽量不要改动。主体拆改可以让空间更实用，改完的垃圾要及时清理出去，保证室内的清洁。

二、成品保护

　　装饰装修工程施工前应做好成品保护，应严格按照先后工序交接责任制度，对易受损坏、污染的部位采取保护措施。施工过程中应采取下列成品保护措施：各工种在施工中不得污染、损坏其他工种的半成品、成品；材料表面保护膜应在工程竣工时撤除；对邮箱、消防、供电、电视、报警、网络等公共设施应采取保护措施；材料运输使用电梯时，应对电梯采取保护措施。材料搬运时要避免损坏楼道内顶、墙、扶手、楼道窗户及楼道门等。如图 2-5 所示。

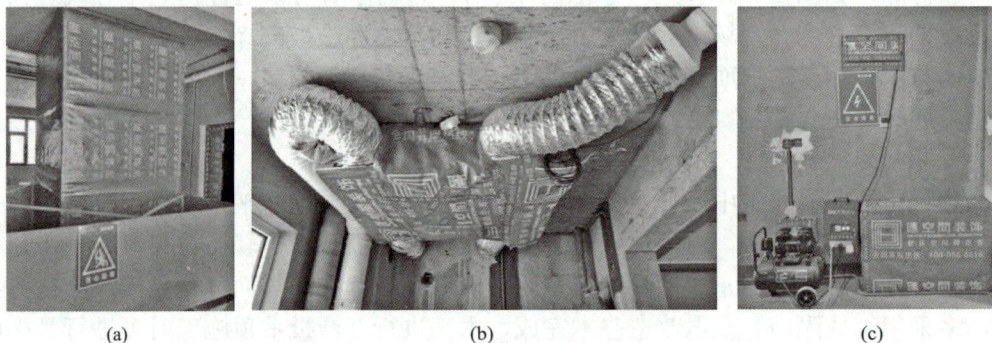

(a)　　　　　　　　　　(b)　　　　　　　　　　(c)

图 2-5　成品保护
（a）电梯保护；（b）新风系统保护；（c）散热器罩保护

三、界面固化

墙固、地固材料是界面处理涂料，可以粘结毛坯房的水泥颗粒，更有利于基层和找平层结合，并且能够避免施工扬尘，美化施工环境，如图 2-6 所示。

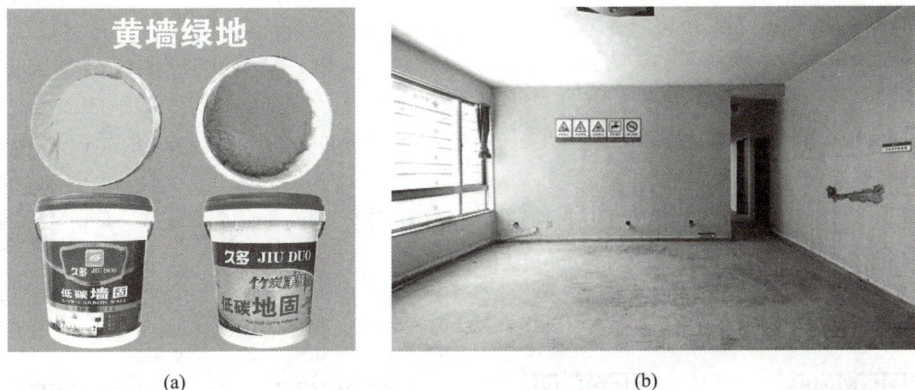

(a)　　　　　　　　　　　　(b)

图 2-6　墙固、地固材料和涂刷效果

(a) 材料；(b) 涂刷效果

四、施工基准线

施工前必须在全部墙体上弹出水平线、垂直线、顶棚线等施工基准线作为施工的定位标准，因为毛坯房的地面、顶面、墙面并不是水平或垂直的，阴阳角的方正度也不够，施工时绝对不能以毛坯房的原有墙角为基准进行施工。现在很多公司还会根据设计图在墙体标记出家具、灯具的位置，这样在施工时尤其是水电改造阶段，能更直观地感受到插座开关等位置是否合理，如图 2-7 所示。

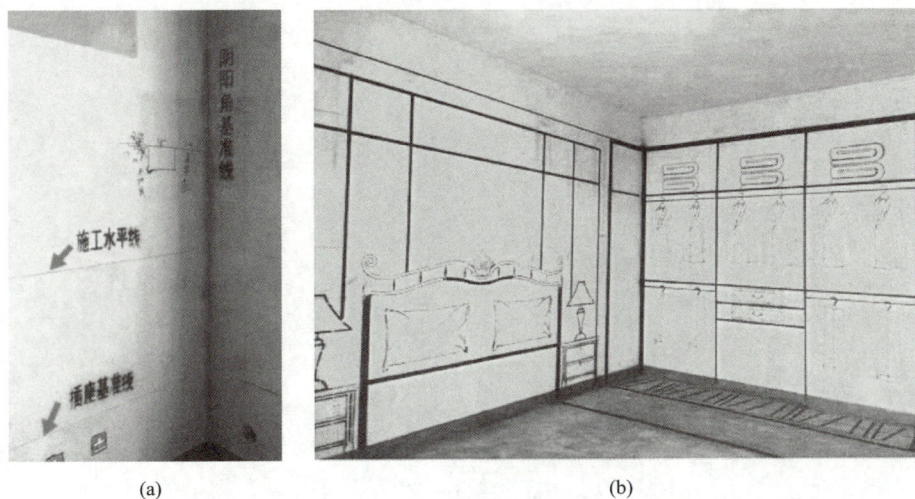

(a)　　　　　　　　　　　　(b)

图 2-7　施工标记

(a) 施工基准线；(b) 家具位置

【项目总结】

　　本项目介绍了建筑装饰装修工程施工前，办理装修许可证、熟悉设计文件、交底工作、材料准备、施工现场准备等工作的内容。这些工作是确保工程顺利进行、质量达标的关键环节，通过学习我们深入了解了施工前准备工作的各项内容及其重要性。

知识拓展

【你问我答】

　　1. 办理装修许可证是一个涉及多个步骤和所需材料的过程，一般来说，需要提交哪些材料？

　　2. 装饰装修工程中的主体拆改主要包括哪些步骤？

　　3. 装饰装修工程中的什么墙体才可以拆改？

答案

【素养课堂】

《建筑装饰装修工程质量验收标准》

《住宅室内装饰装修工程质量验收规范》

《住宅室内装饰装修管理办法》

野蛮拆改的严重后果

模块二　硬装阶段

项目三　隐蔽工程

　　本项目旨在使学生全面认识并掌握建筑装饰装修工程中的电路改造、水路改造及防水工程等关键施工技术，培养学生在建筑装饰施工中的专业能力和综合素质。

　　1. 知识目标

　　• 了解装饰装修隐蔽工程内容和重要性；

　　• 了解水电工程的工具和材料；

　　• 熟悉水电工程相关的质检方法及质量要求。

　　2. 能力目标

　　• 熟悉电路、水路改造的施工流程及操作要点；

　　• 能够在施工操作中认识和正确使用相关的施工机具；

　　• 掌握室内涂膜防水工程的施工流程及操作要点。

　　3. 情感目标

　　• 培养包括施工质量控制以及安全管理等方面在内的综合施工管理能力；

　　• 培养对隐蔽工程质量的重视意识。

【思维导图】

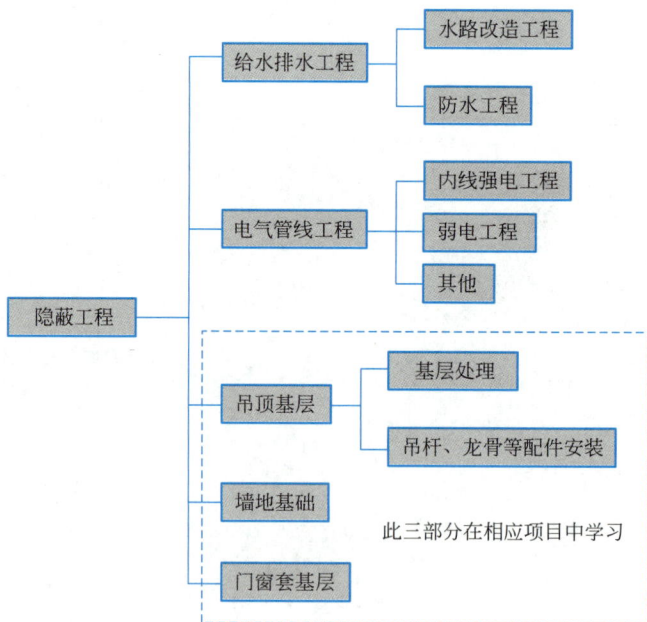

22

任务 1　认识隐蔽工程

隐蔽工程是指建筑物、构筑物在施工期间将材料或构配件埋于物体之中，外表看不见实物的工程，也就是施工完成后看不见的工程就是隐蔽工程，如给水排水工程、电气管线工程、吊顶基层、设备基础、网络综合布线等，如图 3-1 所示。

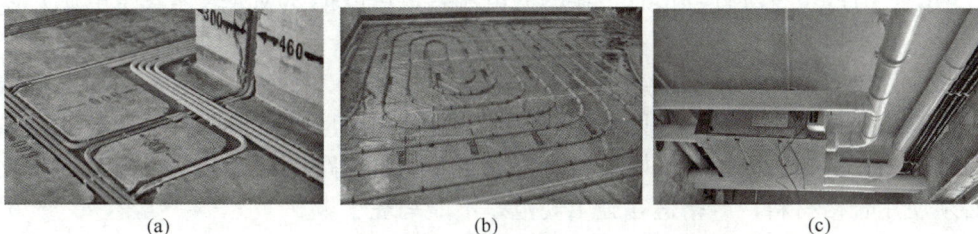

图 3-1　隐蔽工程
（a）电路改造；（b）地暖管道；（c）设备

隐蔽工程是整个施工过程中最重要、也最容易出错的步骤。根据工序来看，隐蔽工程都会被后一道工序所覆盖，所以施工完成后要及时检查其材料、施工是否规范。若在使用中因施工疏忽而埋下隐患，则不得不"凿墙挖地"，真可谓"后患无穷"。

隐蔽工程完工后，在隐蔽前施工方应当对照施工设计、施工规范进行自检，自检合格后通知专业监理工程师验收。监理工程师在约定时间组织相关人员与施工方共同检查或试验。验收合格后，要及时形成隐蔽记录。隐蔽记录的内容由质检员负责填写，监理工程师在验收记录上签字，施工方可继续施工。验收不合格，施工方在限定时间内修改并重新验收。隐蔽工程验收记录单如图 3-2 所示。

本项目主要学习水电改造和防水工程，墙地面、吊顶、门窗套基层等在以后的项目中学习。另外，燃气管道是特殊的，它虽然通常也隐藏起来，但它不同于家中的其他管线，任何装修公司都不能擅自改动燃气管。如果确实需要改造必须经过燃气公司的审批和许可，由专业人员完成。

水电安装隐蔽工程验收记录

工程名称	XX小区三栋502		项目经理	王XX
隐蔽工程项目	水电安装		专业工长	刘XX
验收部位	综合大楼二楼		施工单位	XXXX装饰工程有限公司
施工标准名称及代号	装饰装修工程质量验收规范		施工图纸名称及编号	
	质量要求		施工单位自检记录	监理（建设）单位验收记录
隐蔽工程部位	水电路安装的安全性，电线接头牢固、无裸露、开关无打火现象；水管锚固应牢固		符合设计要求	
	水电安装合理性，应无不合理的环绕情况		符合设计要求	
	水管全部通水，水路接头不滴水不渗漏		符合设计要求	
	回路设置合理，空气开关负荷配置合理		符合设计要求	
	大功率电路应布置专用线，配专用插座		符合设计要求	
施工单位自检结论	经检查本分项工程符合设计及国家相关规定要求。施工单位项目负责人：　　　　　　　　　年　月　日			
监理（建设）单位验收结论	监理工程师（建设单位项目负责人）：　　　　　　年　月　日			

图 3-2　隐蔽工程验收记录单

任务2 电路改造

电路改造指根据装修配置、家庭人口、生活习惯、审美观念等对原有开发商铺设的电路全部或部分更换的装修工序。水电改造又分为水路改造和电路改造。

电路分为强电和弱电，强电指的是灯具、电器、插座等具有强电流的电；弱电就是电话线、网线、有线电视等处理信息传输的弱电流。也可以把36V（人体安全电压）以上划定为强电，36V以下划定为弱电。

电路设计要多路化，做到空调、厨房、卫生间、客厅、卧室、电脑及大功率电器分路布线；插座、开关分开，除一般照明、挂壁空调外各回路应独立使用漏电保护器；强、弱电路分开敷设，音响、电话、多媒体、宽带网络等弱电线路设计应合理规范。电路改造上我们必须使用合格材料，严格遵守施工规范，不能马虎了事。

一、电路改造施工准备

1. 电路改造所需材料（见表3-1）

电路改造材料　　　　　　　　　　　　　　　　　　　　表3-1

名称	图片	简介
电工套管		俗称"穿线管"，是一种防腐蚀、防漏电、穿电线用的管子。分为塑料穿线管、不锈钢穿线管、碳钢穿线管
接线盒		穿线管与接线盒连接，线管里面的电线在接线盒中连起来，起到保护电线和连接电线的作用。在线路比较长，或者电线管要转角的部位，采用接线盒作为过渡用。塑料接线盒必须是阻燃型产品，外观不应有破损及变形
纯铜绝缘导线		导线外围均匀而密封地包裹一层不导电的材料，如：树脂、塑料、硅橡胶等，形成绝缘层，防止导电体与外界接触造成漏电、短路、触电等事故发生
压线帽		电路中用来压合导线连接节点的耗材。将电线尾部外皮剥去再插入套管内，用压线钳压紧即可

名称	图片	简介
漏电保护器	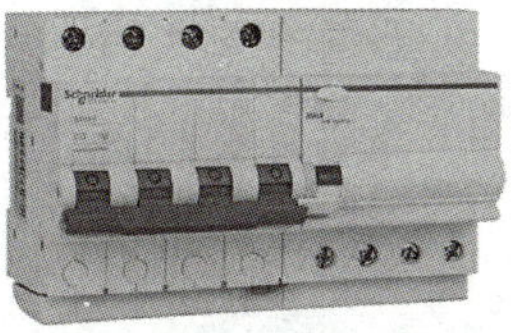	简称漏电开关,具有过载和短路保护功能,可用来保护线路或电动机的过载和短路,亦可在正常情况下作为线路的不频繁转换启动之用
开关	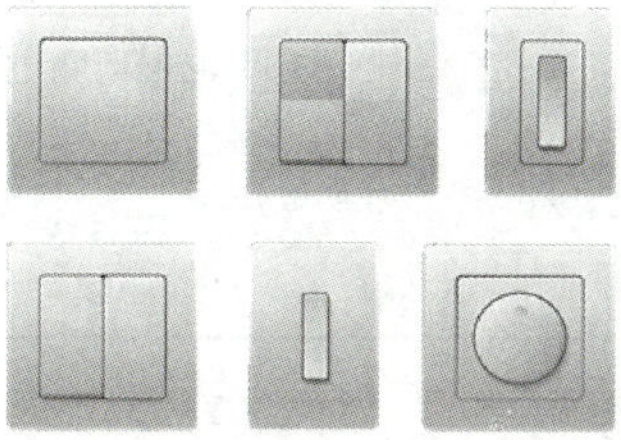	是让人操作的机电设备,可以使电路开路、使电流中断或使其流到其他电路
插座		又称电源插座、开关插座,给可移动电器供电,分为固定插座和可移动插座,其又分为两孔插座和三孔插座

2. 电路改造所需工具（表 3-2）

电路改造工具　　　　　　　　　　　　　　　　　　　　表 3-2

名称	图片	用途
手持切割机		也称为石材切割机、云石机,可以用来切割石料、瓷砖、木料等材料。电路改造中用于墙面、地面开槽
PVC 弯管器	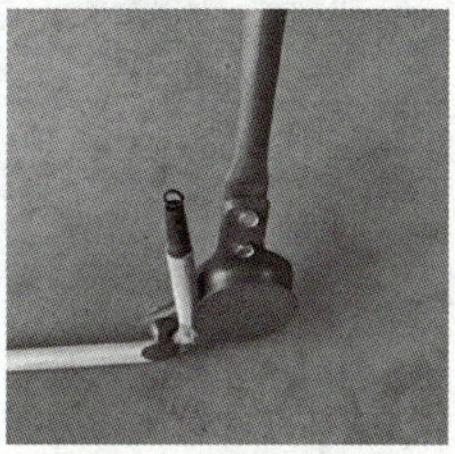	是一种用于弯曲 PVC 管的工具,它可以在不损坏 PVC 管的情况下,按照需要的角度进行弯曲
金属弯管器	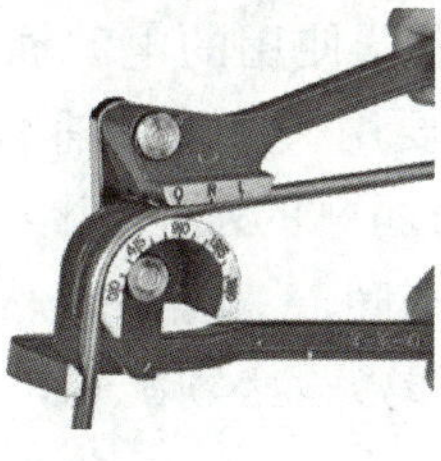	电工排线布管所用工具,用于金属电线管的折弯排管

续表

名称	图片	用途
冲击电钻		以旋转切削为主，兼有依靠操作者推力产生冲击力的冲击工具，用于在砖、砌块及轻质墙等材料上钻孔
剥线钳		用来供电工剥除电线头部的表面绝缘层，可以使得电线被切断的绝缘皮与电线分开，还可以防止触电

二、电路改造施工工艺

1. 电路改造工艺流程

弹线定位、做标记→开槽打孔→固定线管→穿线、检测→覆盖、安装端口。

2. 电路改造施工操作要点

（1）弹线定位、做标记。根据用电设备位置，确定管线走向、标高及开关插座的位置，并在相应位置做标记，如图 3-3 所示。

（2）开槽打孔。根据定位和线路走向开布线槽，不允许开横槽，否则会影响墙的承载力，如图 3-4 所示。

图 3-3　标记端口位置

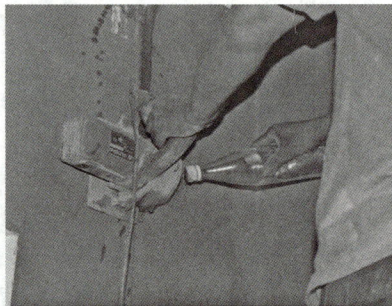

图 3-4　墙体开布线槽

（3）固定线管。线管涉及强电与弱电，它们的主要区别是用途的不同，强电的处理对象是能源（电力），如空调、冰箱、热水器等电器使用的电源插座；弱电的处理对象主要是信息，如视频线、电话线、网络线等。弯管要用弯管工具辅助，弧度应该是线管直径的10 倍，这样方便穿线和以后维修拆线。强电与弱电的水平间距不应小于 500mm，交叉部分用锡箔纸隔离处理，如图 3-5 所示。电线管与暖气、热水、燃气管之间的平行距离不应小于 300mm，交叉距离不应小于 100mm。暗线敷设必须配管，当管线长度超过 15m 或有两个直角弯时，应增设接线盒。

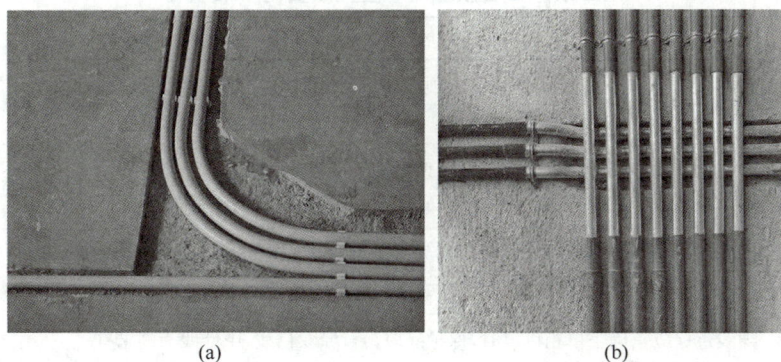

图 3-5　线管固定

(a) 电管弧形弯；(b) 锡箔隔离强弱电

（4）穿线、检测。室内不同房间一般分别配线供电，大功率家电设备应独立配线安装插座。相线（L）俗称火线，指在电路中带有电压的导线，单相电路优先选用红色。零线（N）用淡蓝色或蓝色，为电流提供回路通道。接地保护线（PE）也称地线，为黄绿双色。当设备漏电时地线将电流导入大地。电源线截面积要求照明$\geq 1.5\text{mm}^2$，插座$\geq 2.5\text{mm}^2$，空调$\geq 4\text{mm}^2$（1.5 匹以下壁挂空调可用 2.5mm^2）。穿管时每管≤ 8 根线，总截面积$\leq$管径的 40%，如图 3-6 所示。

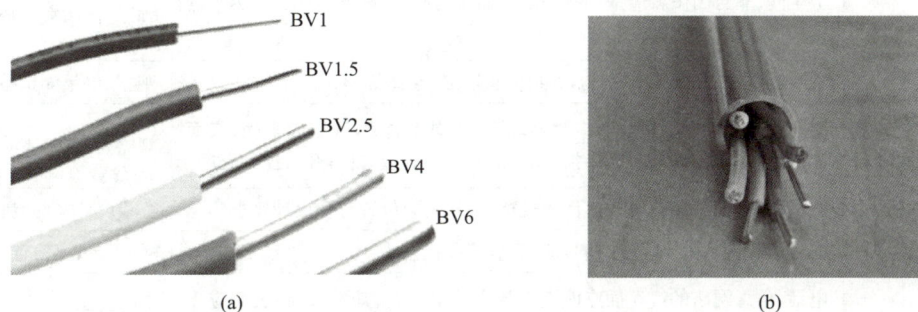

图 3-6　电源线

(a) 不同截面积铜制绝缘电线；(b) 线管穿线不能过多

三、电路改造质量验收

电路改造质量验收作为家装隐蔽工程的核心环节和家庭用电安全的"第一道防线"，直接关乎家庭用电安全与生活品质。因此，需要通过系统性检测确保每一环节合规、可靠，为居住者创造安全、稳定的用电环境。验收时应特别注意：隐蔽工程需在封闭前完成中期验收，所有检测数据应形成书面记录，强电与弱电系统需分别验收。

电路改造工程中的室内布线工程，以及照明开关等强电工程和信息网络等弱电工程的质量验收主控项目与一般项目应符合表 3-3 的规定，同一高度的开关插座安装高度允许偏差应符合表 3-4 的规定。

电路改造工程质量验收主控项目与一般项目　　　　　表 3-3

类别		内容	检测方法
室内布线工程	主控项目	室内布线应穿管敷设,不得在住宅顶棚内、墙体及顶棚的抹灰层、保温层及饰面板内直敷布线	观察检查
		吊顶内电线导管不应直接固定在吊顶龙骨上;柔性导管与刚性导管、电器设备、器具连接时,柔性导管两端应使用专用接头,固定应牢固	观察、实测检查
		电线、电缆绝缘应良好,导线间和导线对地间绝缘电阻应大于 0.5MΩ	观察、实测检查
		除同类照明外,不同回路、不同电压等级的导线不得穿入同一个管内	观察、实测检查
	一般项目	导线色标应正确。单相供电时,保护线应为黄绿双色线,中性线为淡蓝色或蓝色,相线颜色根据相位确定	观察、实测检查
		导线应在箱(盒)内连接,导管内不得有接头;截面积 2.5mm² 及以下多股导线连接应拧紧搪锡或采用压接帽连接,导线与设备、器具的端子连接应牢固紧密、不松动	观察检查
照明开关、电源插座安装工程	主控项目	开关通断应在相线上,并应接触可靠	电笔测试检查
		单相电源插座接线应符合下列规定:单相两孔插座,面对插座的右孔或上孔应与相线连接,左孔或下孔应与中性线连接;单相三孔插座,面对插座右孔应与相线连接,左孔应与中性线连接,上孔应与保护线连接;连接线连接应紧密、牢固,不松动	电笔或验电灯、相位检测器检查
		保护接地线在插座间不得串联连接	观察、电笔测试检查
		卫生间、非封闭阳台应采用防护电源插座;分体空调、洗衣机、电热水器采用的插座应带开关	观察、电笔测试检查
		安装高度在 1.8m 及以下电源插座均应为安全型插座	观察、电笔测试检查
	一般项目	暗装的开关插座面板安装应紧贴墙面,四周无缝隙,安装应牢固、表面光滑整洁、无碎裂、划伤、污损;相邻的开关布置应匀称,开关控制有序	观察、开灯检查
电话、信息网络安装工程	主控项目	电话、信息网络的终端插座面板规格型号、安装位置符合设计要求	查阅设计文件,观察检查
		电话、信息网络传输导线信号应畅通,接线应正确	网线测试仪检查
	一般项目	电话、信息网络的终端插座面板安装应平整牢固、紧贴墙面,表面应无碎裂、划伤、污损	观察检查
		电话、信息网络终端插座面板与电源插座的距离应满足设计要求	查阅设计文件,尺量检查

开关插座安装高度允许偏差　　　　　表 3-4

序号	项目	允许偏差（mm）
1	同一室内同一标高偏差	5.0
2	同一墙面安装偏差	2.0
3	并列安装偏差	0.5

任务 3　水路改造

作为装饰装修中的一项必需的基础工程，水路改造的优劣直接关系到将来使用的便利程度及安全性能的高低。水路改造也属于隐蔽工程，在装饰工程完成后大部分管道不外露，一旦出现问题损失都比较大，而且维修困难。

一、水路改造施工准备

1. 水路改造所需材料（表 3-5）

水路改造材料　　　　　　　　　　　　　　　　　　　　　表 3-5

名称	图片	简介
给水管		给水管分金属管和塑料管。 金属管主要分为紫铜管和不锈钢水管，是家装工装的最理想的水管。 塑料管最常用的是 PPR 水管，安全、无毒、安装方便、价格低廉等诸多原因，使其成为家装最常用的水管
排水管		PVC 排水管水密性、抗老化性好，耐腐蚀，适用于工业污水排放及输送。可采用粘接，施工方法简单，操作方便
三通		又称管件三通或者三通管件、三通接头等。主要用于改变流体方向，用在主管道要分支管处。可以按管径大小分类。一般用碳钢、合金钢、不锈钢、铜、PVC 等材质制作
弯头		是改变管路方向的管件。按角度分，有 45°、90°、180°三种最常用的。弯头的材料有铸铁、不锈钢、合金钢、有色金属及塑料等
生料带		是液体管道安装中常用的一种辅助用品，用于管件连接处，增强管道连接处的密闭性。无毒、无味、密封性好、绝缘、耐腐蚀，被广泛应用于水处理、天然气、化工、塑料、电子工程等领域
PPR 管堵		用于临时堵塞给水管道出水口

名称	图片	简介
PVC专用胶		用于PVC排水管口接口粘结

2. 水路改造所需工具（表3-6）

水路改造工具 表3-6

名称	图片	用途
热熔机		由电加热方法将加热板热量传递给上下塑料加热件的熔接面，使其表面熔融，然后将加热板迅速退出，将上下两片加热件加热后熔融面熔合、固化、合为一体的仪器
手动切管刀		是一种用于切割各种管径的管道手动冷切割工具，用于切割PPR、PVC管等
手动打压机		是一种用于测试流体管道系统压力的设备，它通过手动操作来产生压力，适用于各种流体管道系统的压力测试，包括PPR水管、自来水管道、地暖系统等。主要是检测这些系统的密封性和耐压能力，确保系统在正常工作条件下不会发生泄漏或破裂

二、水路改造施工工艺

1. 水路改造工艺流程

弹线定位→开槽→配料、接管→安装固定→测试密封性、封口→覆盖。

2. 水路改造施工操作要点

（1）弹线定位。根据设计图纸定位管道位置，冷热水管间距通常为150mm，管道走向宜横平竖直。

（2）开槽。开槽深度应比管径大8～10mm，确保管道敷设平整并便于水泥砂浆掩盖管道。

（3）配料、接管。现代装修中给水管一般采用PPR管热熔连接，排水管采用PVC管胶粘连接，如图3-7所示。热熔连接是指非金属之间经过加热升温至（液态）熔点后的一种连接方式，广泛应用于PPR等新型管材与管件连接。

(a)

(b)

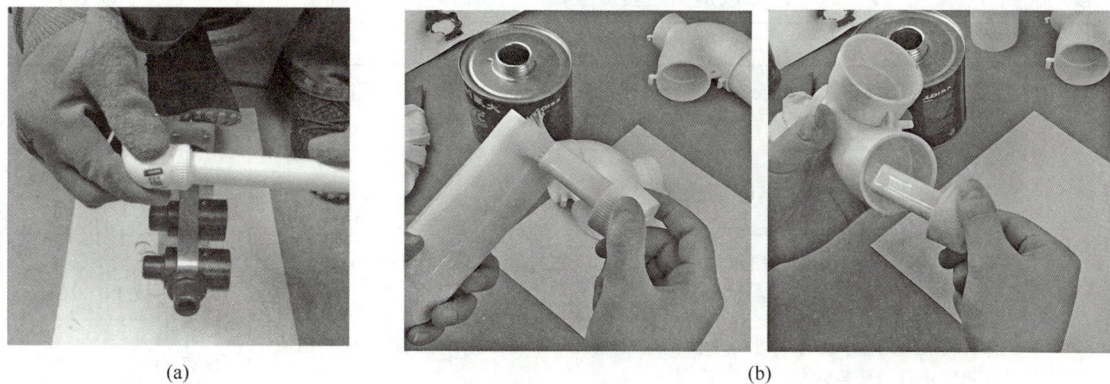

图 3-7　接管方式

（a）热熔连接；（b）胶粘连接

（4）安装固定。冷热水管安装时左热右冷、上热下冷，用管卡固定。安装好的冷热水管管头的高度应在同一个水平面上。

（5）测试密封性、封口。水管安装完需要进行打压测试来检测水管接口有没有渗漏，将打压机连接到管口上加压到 0.6MPa 以上，30min 后压力表指针位置没有变化，就说明所安装的水管密封良好，下水管无需加压，放水检查即可，如有渗水现象必须返工，如图 3-8 所示。水管安装好后应立即用管堵把管头堵好，避免杂物进入。

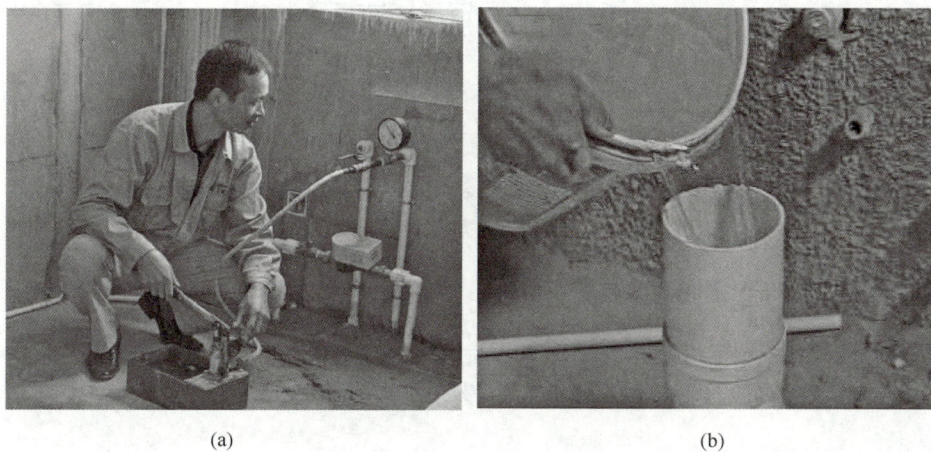

(a)

(b)

图 3-8　密闭性检测

（a）打压测试；（b）注水测试

（6）覆盖。管道检测合格后，管槽用 1:3 水泥砂浆填补密实。

三、水路改造质量验收

水路改造也是家庭装修中最关键的隐蔽工程之一，其质量直接关系到日常用水安全、房屋结构保护和长期居住体验。水路改造工程中的质量验收主控项目与一般项目应符合表 3-7 的规定。

水路改造工程质量验收主控项目与一般项目　　　　　　　　表 3-7

类别	内容	检测方法
主控项目	室内给水管道的水压测试应符合设计要求。用水器具安装前，各用水点应进行通水试验	核查测试记录，观察和放水检查
	暗敷排水立管的检查口应设置检修门	核对设计文件设置位置，观察检查
	高层明敷排水塑料管应按设计要求设置阻火圈或防火套管，排水洞口封堵应使用耐火材料	观察检查
	明敷室内塑料给水排水立管距离灶台边缘应有可靠的隔热间距或保护措施，防止管道受热软化	观察检查
	地漏的安装应平正、牢固，并应低于排水表面，无渗漏	观察检查
	给水排水配件应完好无损伤，接口应严密，角阀、龙头应启闭灵活，无渗漏，且应便于检修	观察、手扳检查、通水检查
	卫浴设备的冷、热水管安装应左热右冷，平行间距应与设备接口相匹配，连接方式应安全可靠，无渗漏	目测、观察检查
一般项目	户内明露热水管应采取保温措施	手试、观察检查
	卫生器具排水配件应设存水弯，不得重叠存水	手试、观察检查

任务 4　防水工程

防水工程是一项系统工程，它涉及防水材料、防水工程设计、施工技术、建筑物的管理等各个方面。其目的是保证建筑物不受水侵蚀，内部空间不受危害，提高建筑物的使用功能和人们的生产、生活质量，改善人居环境。防水工程包括屋面防水、地下室防水、卫生间防水、外墙防水、地铁防水等，本任务以室内卫生间涂膜防水为例进行学习。

一、室内涂膜防水工程施工准备

室内涂膜防水工程应在地面、墙面基层完工并经检查验收后进行。其施工方法应符合国家现行标准、规范的有关规定。施工时应设置安全照明，并保持通风，施工环境温度宜在 5℃以上。

基层表面应平整，不得有松动、空鼓、起沙、开裂等缺陷，含水率应符合防水材料的施工要求。地漏、套管、卫生洁具根部、阴阳角等部位，应先做防水附加层。

1. 室内涂膜防水工程材料准备

防水涂料是指建筑物或构造物为了满足防潮、防渗、防漏功能所采用的功能性涂料。最常使用的有：K11 通用型防水涂料、JS 防水涂料（即聚合物水泥防水涂料）、丙烯酸防水涂料、聚氨酯防水涂料等，如图 3-9 所示。

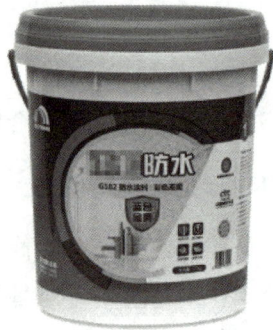

图 3-9　防水涂料

2. 室内涂膜防水工程工具准备

室内涂膜防水工程主要工具包括：搅拌桶、小漆桶、毛刷、滚筒刷、小抹子、油工铲刀、笤帚等，见表3-8。

室内涂膜防水工程主要工具　　　　　　　　　　　　表 3-8

名称	图片	用途
毛刷		用于小面积、边角、管道口根部等细部的防水涂料涂刷
滚筒刷		同于大面积墙面、地面防水涂料涂刷

二、室内涂膜防水工程施工工艺

1. 室内涂膜防水工程工艺流程

清理基层→画线→涂刷防水涂料→闭水试验。

2. 室内涂膜防水工程施工操作要点

（1）清理基层。涂膜防水层施工前，先将基层表面上的灰皮用铲刀除掉，用笤帚将尘土、砂粒等杂物清扫干净，尤其是管根、地漏和排水口等部位要仔细清理。如有油污时，应用钢丝刷和砂纸刷掉。否则这些灰尘污渍会形成隔离层，使防水涂料与基层结合不牢，会产生渗水现象。基层表面必须平整，凹陷处要用水泥腻子补平。

（2）画线。在墙体画出涂刷涂料的标记线，浴室的墙面防水应至少刷到1800mm，一般的墙面防水要刷到300mm。

（3）涂刷防水涂料。在大面积涂刷防水涂料前，细部附加层应先行涂刷一遍，包括地漏、套管、卫生洁具根部等特殊位置。这些位置是防水的薄弱环节，更容易渗水漏水，一定要谨慎处理。防水涂料在墙面、地面都要刷三遍，前一遍干后再刷后一遍，如图3-10所示。

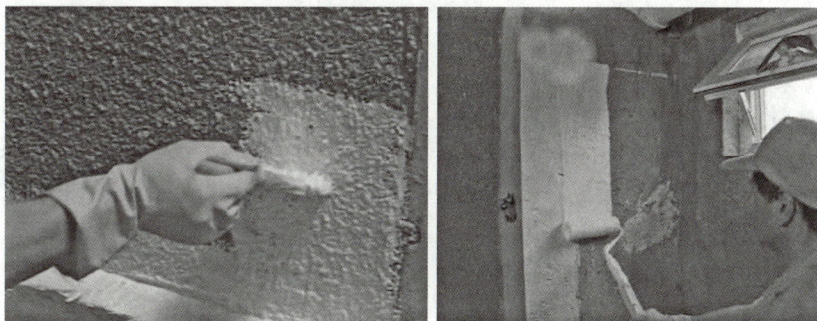

涂膜防水施工工艺

图 3-10　涂刷防水涂料

（4）闭水试验。防水涂料干后要进行闭水试验，即堵住下水口灌水并标记水位，水深20mm 以上，24～48h 后观察水位线是否有明显下降，四周墙面和地面有无渗漏现象，或从楼下观察是否有渗漏、滴水、洇湿等，如图 3-11 所示。

3. 室内涂膜防水工程质量验收

室内涂膜防水工程质量验收标准和检验方法应符合表 3-9 的规定。

图 3-11　闭水试验

室内涂膜防水工程质量验收标准和检验方法　　　　　　表 3-9

类别	检查项目	检验方法
主控项目	防水工程材料的品种、规格和性能应符合设计要求和国家现行有关标准的规定	观察、检查产品合格证书、进场验收记录和复验报告
	地面排水坡度应符合设计要求，不得有倒坡和积水现象	观察、泼水或坡度尺检查
一般项目	防水层应从地面延伸到墙面，构造要求应符合现行国家标准《住宅装饰装修工程施工规范》GB 50327 的规定	观察、尺量检查
	涂膜防水涂刷应均匀，不得漏刷。防水层平均厚度应符合设计要求，且最小厚度不应小于设计厚度的 80%，或防水层每平方米涂料用量应符合设计要求。涂膜防水层采用玻纤布增强时，应顺排水方向搭接，搭接宽度应符合设计要求和国家现行有关标准的规定	观察、尺量检查

【项目总结】

　　隐蔽工程在建筑装饰工程中占有极为重要的地位，由于隐蔽工程在使用中如果发生质量问题，要将覆盖的面层拆除后再重新掩盖，会造成返工等非常大的损失。为了避免资源的浪费和当事人双方的损失，保证工程的质量和工程顺利完成，应对隐蔽工程给予充分的重视。

【你问我答】

　　1. 填空题

（1）现代装修中给水管一般采用_____管，热熔连接。排水管采用_____管。

　　2. 简答题

（1）强电与弱电为什么不能穿入同一根管中？

（2）水电改造为什么不能在墙体上横向开槽？

答案

项目四　楼地面饰面工程

【教学目标】

本项目旨在使学生全面了解并掌握楼地面饰面工程的基本理论、材料特性、施工工艺及质量控制方法等。通过四个任务的学习，学生能够全面掌握楼地面饰面工程的理论知识与实践技能，为未来的建筑装饰施工工作打下坚实的基础。

1. 知识目标
- 了解楼地面饰面工程的基本知识；
- 掌握水泥地面、块材地面、木地板、地毯楼地面饰面的施工流程。

2. 能力目标
- 能够在施工操作中认识和正确使用相关的施工机具；
- 能理解和识读楼地面饰面施工设计图；
- 掌握复合木地板的施工操作；
- 能够根据规范要求进行至少一种楼地面饰面的质量控制，并了解验收标准和检验方法。

3. 情感目标
- 培养严谨的工作作风，从实际出发，认真对待每一个施工环节，确保工程质量和安全；
- 培养主体意识，积极参与、主动思考，逐步意识到在施工团队中的角色和责任，从而更加主动地投入学习和工作中。

【思维导图】

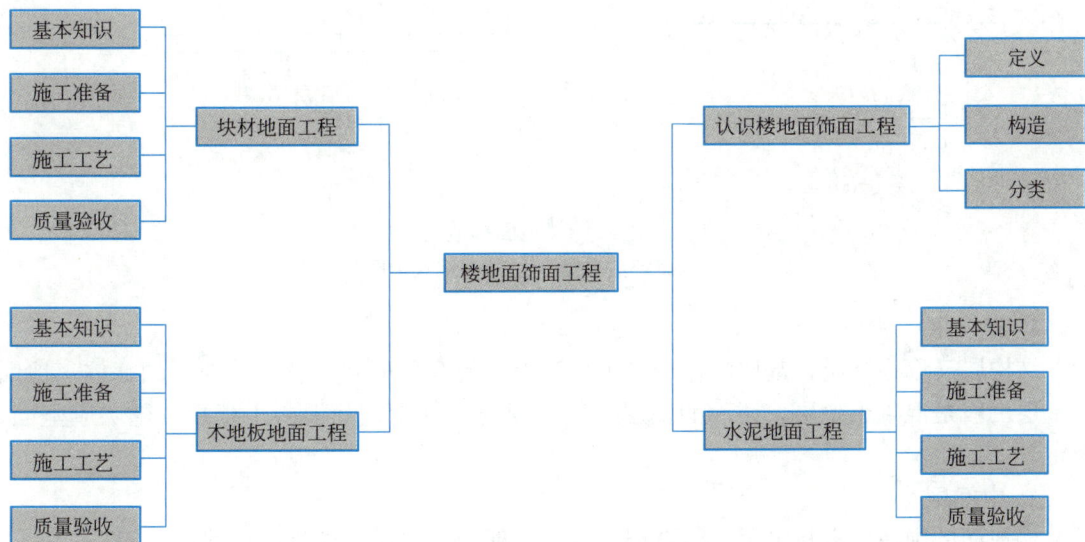

楼地面是房屋建筑底层地坪与楼层地坪的总称，一般由于楼面与地面的构造基本相同，所以常把楼面层也称为地面。在建筑中主要有分隔空间、保护结构、美化室内环境等作用，因此要满足以下要求：

首先，坚固、耐久性的要求。楼地面面层的坚固、耐久性由室内使用状况和材料特性来决定。楼地面面层应当不易被磨损、破坏，表面平整，不起尘，其耐久性国际通用标准一般为 10 年。

其次，安全性的要求。安全性是指楼地面面层使用时要防滑、防火、防潮、耐腐蚀、电绝缘性好等。

第三，舒适感要求。舒适感是指楼地面面层应具备一定的弹性、蓄热系数及隔声性。

第四，装饰性要求。装饰性是指楼地面面层的色彩、图案、质感效果必须考虑室内空间的形态、家具陈设、交通流线及建筑的使用性质等因素，以满足人们的审美要求。

任务 1　认识楼地面饰面工程

楼地面饰面包括楼面饰面和地面饰面两部分，两者的主要区别是其饰面承托层不同。楼面饰面的承托层是架空的楼面结构层，地面饰面的承托层是室内回填土。

一、楼地面构造层次

楼面、地面的组成分为结构层、中间层、面层三部分，楼面饰面要注意防渗漏问题，地面饰面要注意防潮问题。楼面和地面的构造层如图 4-1 所示。

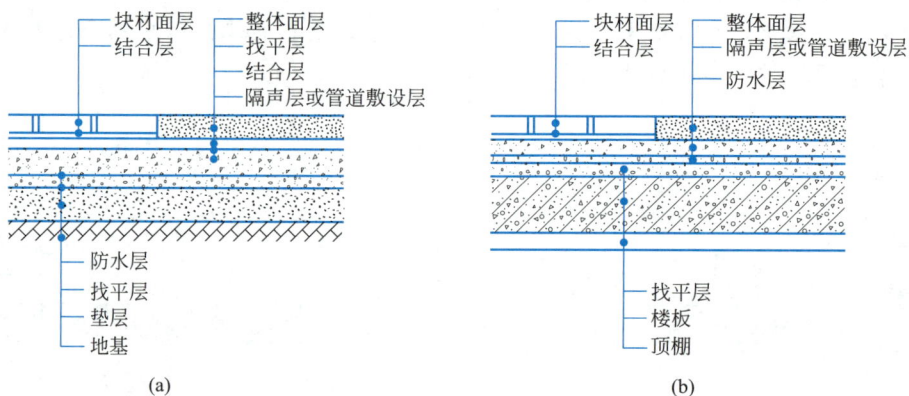

图 4-1　楼地面构造
（a）地面各构造层；（b）楼面各构造层

1. 结构层
结构层又称为基层，基层的作用是承担其上面的全部荷载，它是楼地面的基体。地面的基层一般是混凝土垫层，楼面的基层一般是现浇或预制钢筋混凝土楼板，基层应坚固、稳定。

2. 中间层
楼地面的中间层有找平层、结合层及各种功能层（防潮、防水、管线敷设等）。

3. 面层

面层即装饰层，直接受外界各种因素的作用，是楼地面的表层。根据房间的使用要求不同，对面层的要求也不相同。楼地面的名称通常以面层所用的材料来命名，如水泥地面、塑料地面、木（竹）地面、卷材地面以及涂料涂布地面等。

二、楼地面分类

楼地面按照面层材料和构造形式不同可分为整体面层楼地面、板块面层楼地面、木竹面层楼地面等，见表 4-1。

楼地面分类　　　　　　表 4-1

分类		图片	简介
整体面层楼地面	水泥地面		直接在现浇混凝土垫层的水泥砂浆找平层上施工的一种传统整体地面。水泥砂浆楼地面属低档地面，造价低、施工方便，但不耐磨，易起砂、起灰
	水磨石楼地面		指在水泥砂浆找平层上面铺水泥石子，面层达到一定强度后加水用磨石机磨光、打蜡而成。也可以用白水泥替代普通水泥，并掺入颜料，形成美术水磨石地面，但造价较高。用环氧树脂代替水泥作胶凝材料的环氧磨石更美观
板块面层楼地面	陶瓷地砖地面		指用陶瓷块材为主要材料，用建筑砂浆或胶粘剂粘结的地面
	石材地面		指用大理石、花岗岩等石材为主要材料铺贴的地面，石材根据表面处理方法的不同分为抛光、亚光、粗磨、机切、酸洗等
	地毯地面		地毯具有质地柔软、脚感舒适、使用安全、美化室内环境的特点。地毯地面弹性好、耐脏、不怕踩、不褪色、不变形

37

续表

分类		图片	简介
木竹面层楼地面	实木地板	涂料层 整块实木 涂料层	实木地板是天然木材经烘干、加工后形成的地面装饰材料。它呈现出的天然原木纹理和色彩图案，给人以自然、柔和、富有亲和力的质感，同时由于冬暖夏凉、触感好的特性成为卧室、客厅、书房等地面装饰的理想材料
	复合木地板	耐磨层 木纹层 平衡层 基材层	复合木地板是将浸渍树脂的专用木纹纸铺在基材表面，背面加平衡层，正面加耐磨层，经热压成型的地板。复合木地板在市场上经常泛指强化复合木地板、实木复合地板
	竹地板	表漆耐磨层 竹纤维表层 基材板层 背板平衡层	竹地板的突出优点是冬暖夏凉。竹子因为导热系数低，特别适合铺装在客厅、卧室、健身房、书房、演播厅、酒店宾馆等地面或作为墙壁装饰。色差较小是竹材地板的一大特点

　　下面我们分别选取整体面层楼地面的水泥地面，板块面层楼地面的陶瓷地砖地面、石材地面、地毯地面，木竹面层楼地面的实木地板和复合木地板来进行详细讲解。

任务 2　水泥地面工程

一、水泥地面基本知识

　　水泥地面是以水泥作胶凝材料、砂作骨料，按配合比配制抹压而成的，其构造及做法如图 4-2 所示。水泥地面的优点是造价较低、施工简便、使用耐久，但容易出现起灰、起砂、裂缝、空鼓等质量问题。

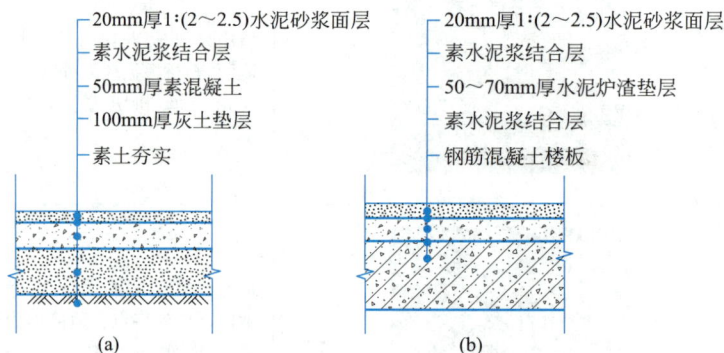

图 4-2　水泥地面构造、楼面构造
（a）水泥砂浆地面；（b）水泥砂浆楼面

（a）
20mm厚1:(2～2.5)水泥砂浆面层
素水泥浆结合层
50mm厚素混凝土
100mm厚灰土垫层
素土夯实

（b）
20mm厚1:(2～2.5)水泥砂浆面层
素水泥浆结合层
50～70mm厚水泥炉渣垫层
素水泥浆结合层
钢筋混凝土楼板

二、水泥地面施工准备

1. 水泥地面材料准备

水泥地面材料准备见表 4-2,水要采用饮用水。

水泥地面材料准备   表 4-2

材料	图片	简介
水泥		优先选择硅酸盐水泥、普通硅酸盐水泥,其强度等级一般不得低于 42.5。如果采用矿渣硅酸盐水泥,其强度等级应大于 32.5。不同品种、不同强度等级的水泥严禁混用。水泥应有出厂合格证和复验报告,结块或受潮的水泥不得使用
砂子		采用中砂或粗砂,含泥量不大于 3%。因为细砂的级配不好,拌制的砂浆强度比中砂、粗砂拌制的强度低 25%~35%,不仅其耐磨性较差,而且干缩性较大,容易产生收缩裂缝等质量问题。使用前需要过 5mm 孔径筛子。砂子与水泥、水等混合后形成砂浆

2. 水泥地面施工机具

水泥地面施工机具见表 4-3,除此之外还应配有平铁锹、木刮尺、刮杠、喷壶、小水桶、扫帚、毛刷、筛子、手推车等。

水泥地面施工机具   表 4-3

机具	图片	用途
手持搅拌器		用于搅拌制作少量的水泥砂浆,比手动搅拌快,搅拌出的水泥砂浆更均匀
砂浆搅拌机		用来搅拌制作大量的水泥砂浆,效率高,搅拌均匀度好

机具	图片	用途
钢丝刷	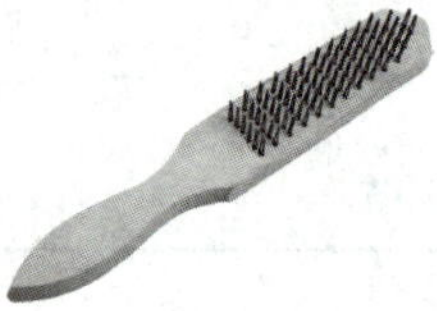	适用于处理基层表面的浮浆等
茅草扫把		适用于清理基层浮灰及用于木抹子搓平时洒水
錾子		适用于清理基层、剔凿孔眼等
激光水平仪	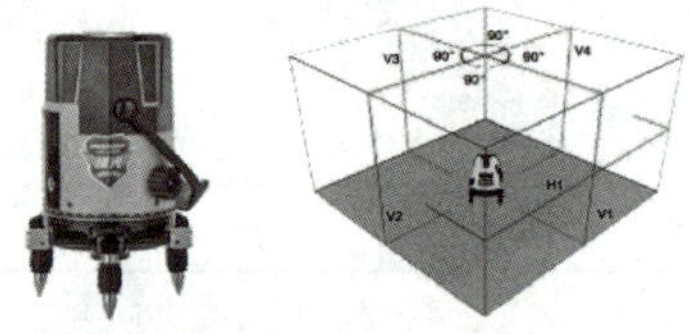	通过发射的水平和垂直线进行放线,测量出抹灰地面面层的水平线
墨斗		建筑行业中极为常见的工具,在抹灰中主要用于弹直线
木抹子		用于水泥砂浆的抹平与拉毛
刮尺(刮杠)	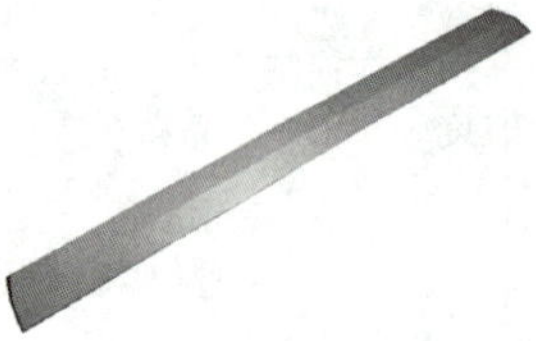	多为铝合金材质,用于在抹水泥砂浆时刮平表面

机具	图片	用途
铁抹子		用于水泥砂浆的涂抹与压光
地面抹光机		地面抹光机也称为收光机,在抹刀转子中部的十字架底面装有抹刀,由汽油机带动三角皮带使抹刀转子旋转,用于大面积水泥地面的抹光

三、水泥地面施工工艺

水泥地面以水泥作胶凝材料,以砂作骨料,加水按一定比例配合,经拌制铺设而成,是房屋建筑中一种基本的地面做法,常用于其他装饰层的基层。

1. 水泥地面工艺流程

水泥地面的施工是现场湿作业,其施工工艺流程为:基层处理→弹线→找规矩→配置水泥砂浆→水泥砂浆抹面→养护。

2. 水泥砂浆地面施工操作要点

(1)基层处理。基层处理是防止水泥砂浆面层产生空鼓、裂纹、起砂等质量通病的关键工序。将基层表面的积灰、浮浆、油污及杂物用扫把清扫干净,明显凹陷处应用水泥砂浆或细石混凝土填平。表面比较光滑的基层用錾子进行凿毛,并用清水冲洗干净。在现浇混凝土或水泥砂浆垫层、找平层上做水泥地面时,其抗压强度要达到1.2MPa以上才能铺设面层,这样不致破坏其内部结构。清理基层如图4-3所示。

图 4-3　清理基层

（2）弹线。地面抹灰前根据墙面上已有的＋500mm 或＋1000mm 水平基准线，使用激光水平仪测量出地面面层的水平线，用墨斗弹在四周墙上，作为确定水泥砂浆面层标高的依据，要注意按设计要求的水泥砂浆面层厚度弹线，如图 4-4 所示。

（3）找规矩。根据水平辅助基准线，从墙角处开始沿墙每隔 1500～2000mm 用 1：2 水泥砂浆抹灰饼，灰饼大小一般是 50～100mm 见方。待灰饼结硬后，再以灰饼的高度做出纵横方向通长的标筋以控制面层的标高，如图 4-5 所示。

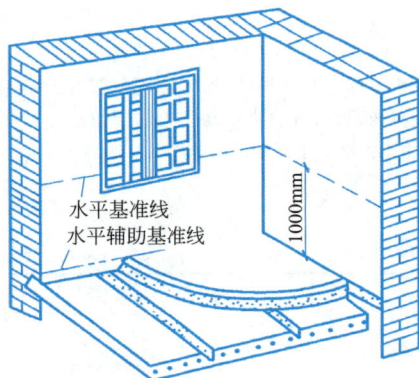

图 4-4　弹线

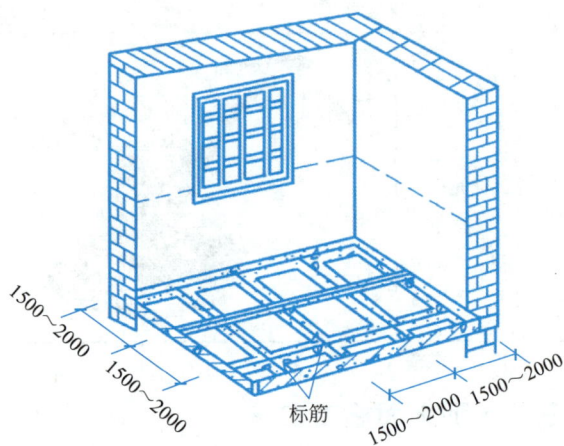

图 4-5　找规矩

（4）配置水泥砂浆。水泥砂浆中水泥和砂的配合比一般为 1：3.5，强度等级不应小于 M15，稠度不大于 35mm。水泥砂浆宜使用机械搅拌，搅拌时间不应少于 2min，要求拌合均匀，颜色一致。

（5）水泥砂浆抹面。铺砂浆前先在基层上均匀扫素水泥浆（水灰比 0.4～0.5）一遍，随扫随铺砂浆，注意水泥砂浆的虚铺厚度宜高出标筋 3～4mm。再进行找平、第一遍压光。铺砂浆后，随即用刮杠按标筋高度刮平。初凝前用木抹子抹平，如图 4-6（a）所示。待砂浆收水初凝后，立即用铁抹子压第一遍，直到出浆为止，如图 4-6（b）所示。

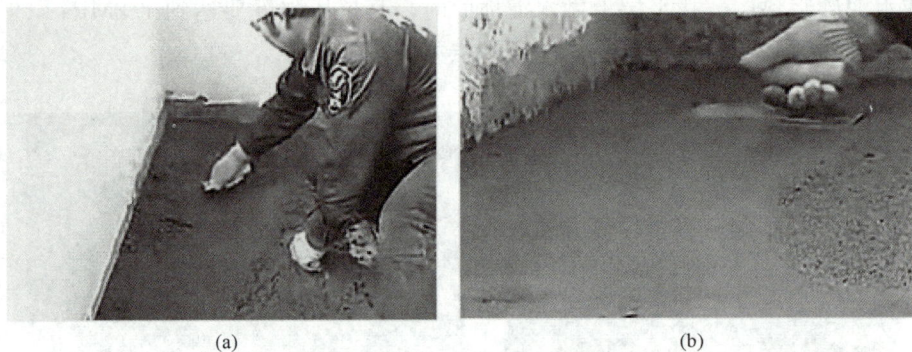

(a)

(b)

图 4-6　木抹子抹平

(a) 木抹子抹平；(b) 铁抹子压光

第二遍压光。人踩上去有脚印但不下陷时，用铁抹子压第二遍，边抹压边把坑凹处填平，要求不漏压，表面压平、压光。第三遍压光。在水泥砂浆终凝前进行第三遍压光，用铁抹子把第二遍抹压时留下的全部抹纹压平、压实、压光，达到交活程度为止。大面积地面可使用地面抹光机，大大提高抹光效率。

（6）养护。面层抹压完毕后，在常温下铺盖草垫、锯木屑或塑料薄膜进行洒水养护，使其在湿润的状态下进行硬化。养护洒水要适时，如果洒水过早容易起皮，过晚则易产生裂纹或起砂。一般夏天在 24h 后进行养护，春秋季节应在 48h 后进行养护。当采用硅酸盐水泥和普通硅酸盐水泥时，养护时间不得少于 7d，当采用矿渣硅酸盐水泥时，养护时间不得少于 14d。面层强度达到 5MPa 以上才允许人在地面上行走或进行其他作业。

四、水泥地面质量验收

水泥地面质量验收标准和允许偏差应符合表 4-4、表 4-5 的规定。

水泥地面质量验收标准和检验方法　　　　　　　　　　　　表 4-4

类别	质量标准	检验方法
主控项目	有排水要求的水泥地面，坡向应正确，排水应通畅，防水砂浆面层不应渗漏	观察检查和蓄水检查，泼水检查或坡度尺检查
	面层与下一层应结合牢固，无空鼓、裂纹。当出现空鼓时，空鼓面积不应大于 400cm²，且每自然间或标准间不应多于 2 处	观察和用小锤轻击检查
一般项目	面层表面的坡度应符合设计要求，不应有倒泛水和积水现象	观察和采用泼水或坡度尺检查
	面层表面应洁净，不应有裂纹、脱皮、麻面、起砂等现象	观察检查
	踢脚线与柱、墙面应紧密结合，踢脚线高度及出柱、墙厚度应符合设计要求且均匀一致。当出现空鼓时，局部空鼓长度不应大于 300mm，且每自然间或标准间不应多于 2 处	用小锤轻击、钢直尺和观察检查
	楼梯、台阶踏步的宽度、高度应符合设计要求。楼层梯段相邻踏步高度差不应大于 10mm；每踏步两端宽度差不应大于 10m，旋转楼梯梯段的每踏步两端宽度的允许偏差不应大于 5mm。踏步面层应做防滑处理，齿角应整齐，防滑条应顺直、牢固	观察和用钢尺检查

水泥地面允许偏差和检验方法　　　　　　　　　　　　表 4-5

项目	允许偏差（mm）	检验方法
表面平整度	4	用 2m 靠尺和楔形塞尺检查
踢脚线上口平直	4	拉 5m 线和用钢直尺检查
缝格平直	3	拉 5m 线和用钢直尺检查

任务 3　块材地面工程

块材地面是在混凝土基层上铺设陶瓷地砖、陶瓷马赛克、水泥花砖、预制水磨石、天然花岗石、大理石、塑料块材、地毯等装饰块材的地面。这类地面具有光洁、美观、耐用、耐腐蚀、耐磨、易于清扫等优点，在工业与民用建筑工程中应用广泛。

北京天安门广场南北长 880m，东西宽 500m，面积达 44 万 m²，可容纳 100 万人举行盛大集会，是世界上最大的城市广场。广场地面全部由耐磨、抗压、经过特殊工艺技术处理的浅粉红色天然花岗岩铺成，这也是世界上面积最大的块材地面，如图 4-7 所示。

图 4-7　天安门广场块材地面

一、块材地面施工准备

1. 材料准备

块材地面施工材料准备见表 4-6。

块材地面材料准备　　　　　　　　　　　　　　表 4-6

材料	图片	简介
陶瓷地砖		由黏土和其他无机非金属原料，经成型、烧结等工艺生产的板状或块状陶瓷制品，用于装饰与保护建筑物的地面。通常在室温下通过干压、挤压或其他成型方法成型
陶瓷锦砖		又名马赛克，它是用优质瓷土烧成，出厂前已按各种图案反贴在牛皮纸上。色泽多样，质地坚实，经久耐用，能耐酸、耐碱、耐火、耐磨，抗压强度大，吸水率小，不渗水，易清洗，可用于工业与民用建筑的洁净车间、门厅、走廊、餐厅、厕所、浴室、工作间、化验室等处的地面
大理石		大理石磨光后非常美观，主要用于加工成各种型材、板材，作建筑物地面。技术等级、光泽度、外观等质量应符合现行的国家标准的规定和设计要求

材料	图片	简介
花岗岩		以石英、长石和云母为主要成分,岩质坚硬密实。火山爆发时,熔岩在受到相当的压力的熔融状态下隆起至地壳表层,岩浆不喷出地面,而在地底下慢慢冷却凝固后形成的构造岩即为花岗岩,是一种深成酸性火成岩
瓷砖粘结剂	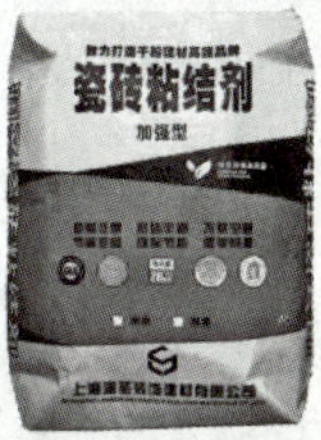	是一种高品质环保型聚合物水泥基复合粘结材料,属于面砖材料中的一种,粘结力、相容性应符合设计要求
瓷砖填缝剂		填缝剂黏合性强、收缩小、颜色固着力强,具有防裂纹的柔性,装饰质感好,抗压力,耐磨损,抗霉菌
界面剂		通过对物体表面进行处理,改善或完全改变材料表面的物理技术性能和表面化学特性。适用于砖混墙面、腻子批刮、瓷砖粘结、砖石背涂及保温板材等的基层界面预处理
地毯		以棉、麻、毛、丝、草等天然纤维或化学合成纤维类原料,经手工或机械工艺进行编结、栽绒或纺织而成的地面铺敷物。覆盖于住宅、宾馆、体育馆、展览厅、车辆、船舶、飞机等的地面,有减少噪声、隔热和装饰的效果
倒刺板条		地毯满铺时,固定地毯边缘,防止移位和边缘被随意踢起

材料	图片	简介
地毯收口条		主要用于不同厚度的地毯铺装材料之间连接、过渡，以防止地毯边缘绊倒行人。分为 PVC 收口条和铝合金收口条
地毯衬垫		是一种软橡胶制品，铺贴在地毯下面，可使地毯踏上后有柔软舒适之感，且有防潮透气之作用，并可延长地毯的寿命
地毯专用烫带		是一种在地毯与地毯之间接缝处使用的辅料，具有极强的黏性，用专用熨斗粘贴后不易脱落，能够有效地固定地毯的接缝，防止地毯在使用过程中因摩擦或外力作用导致接缝处开裂或错位，从而保持地毯的整体美观和使用寿命

2. 机具准备

不同的块材地面施工时除了需要使用一些常用到的放线、标记等工具外，还要用到石材切割机、橡皮锤、石材抛光机等机具，而地毯要用到地毯撑子、地毯切割刀、地毯扁铲等，见表 4-7。

块材地面机具

块材地面机具准备   表 4-7

机具	图片	用途
手持切割机		也称为云石机，是用来切割石料、瓷砖等材料的机器。根据不同的切割材质选用相应的锯片
石材切割机		主要用于花岗石、大理石、水磨石及陶瓷等板材的切断与倒角加工

机具	图片	用途
橡皮锤		锤子是橡胶材质,有弹性,主要敲打一些易碎的地方,安装地板砖、玻璃等时起到一定的缓冲作用
石材抛光机		能快速完成石材地面、地坪、地板的清渣、整平、打磨、抛光等不同工艺的多功能机器设备
地毯撑	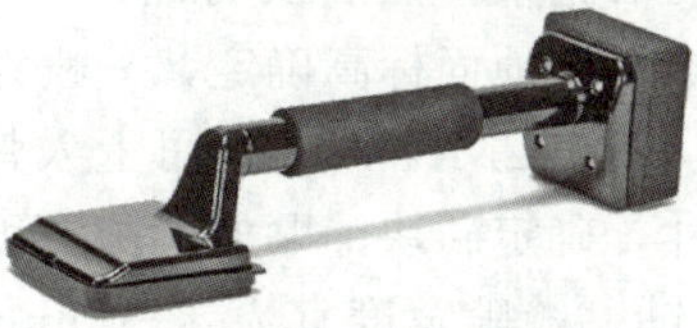	地毯铺设时使用的工具,能起到拉紧拉平的作用
地毯切割刀	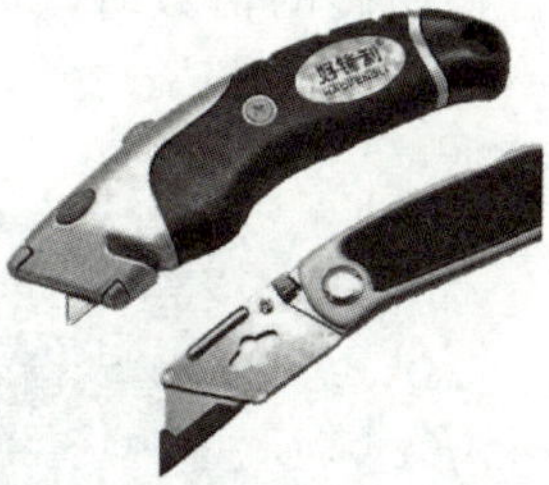	专门用于地毯的切割
地毯扁铲		在地毯的铺装过程中确保地毯接缝紧密,避免露缝
地毯接缝熨斗	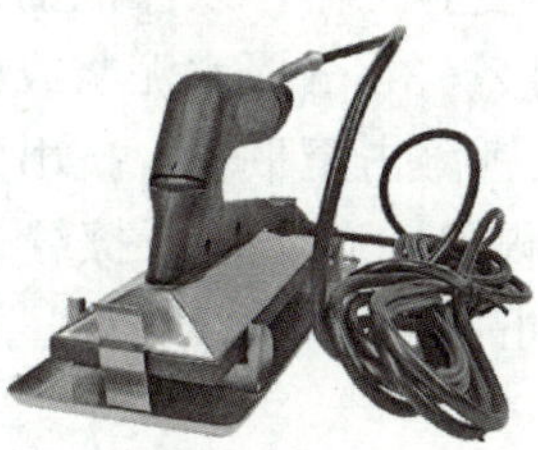	是一种专门用于处理地毯接缝的熨斗。可用于熔化带有热熔粘合剂的地毯接缝带,将多个地毯部分连接在一起

二、陶瓷地砖地面施工工艺

陶瓷地砖地面是采用各种烧制而成的地板砖在水泥砂浆或胶粘剂结合层上铺设的块材地面。陶瓷地砖又称墙地砖，分有釉面和无釉面、防滑及抛光等多种，色彩丰富，抗腐耐磨，施工方便，装饰效果好。

1. 陶瓷地砖地面施工工艺流程

基层处理→瓷砖浸水湿润→铺抹水泥砂浆找平层→弹控制线→铺砖→养护。

2. 陶瓷地砖地面施工操作要点

（1）基层处理。将混凝土基层上的杂物清理掉，并用錾子剔掉砂浆落地灰，用钢丝刷刷净浮浆层。

（2）瓷砖浸水湿润。铺砌前 12h 将瓷砖放入水桶中浸泡，晾干后表面无明水时方可使用，如图 4-8 所示。

（3）铺抹水泥砂浆找平层。陶瓷地砖地面铺抹水泥砂浆找平层是对基层平整度处理的关键工序，如果房间平整度满足设计要求可省略此步骤。铺抹找平层前，先在干净湿润的基层上刷上一层界面剂或水灰比为 1∶2 的素水泥浆，然后及时铺抹 1∶3 干硬性水泥砂浆，刮杠刮平，木抹子搓毛。找平层厚度根据设计地面标高确定，一般为 25～30mm。

（4）弹控制线。当找平层砂浆抗压强度达到 1.2MPa 时，即可上人弹陶瓷地砖地面铺贴控制线。预先根据设计要求和砖块规格尺寸，确定砖块铺贴的缝隙宽度。当设计无规定时，紧密铺贴缝隙宽度不宜大于 1mm，离缝铺贴缝隙宽度宜为 5～10mm。弹线从室内中心线向两边进行，尽量符合砖模数。当尺寸不合整块砖的倍数时，可将半块砖放于边角处，如图 4-9 所示。

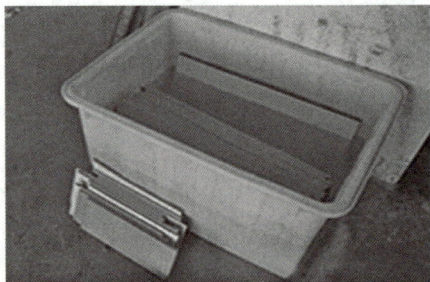

图 4-8　浸砖

图 4-9　弹控制线

（5）铺砖。根据排砖控制线先铺贴好左右靠边基准行的块料，然后根据基准行由内向外挂线逐行铺贴，并随时做好各道工序的检查和复验工作，以保证铺贴质量。铺贴时宜采用干硬性水泥砂浆，厚度为 10～15mm，然后用 2～3mm 厚水泥浆或瓷砖粘结剂满涂块料背面，对准挂线及缝子，将块料铺贴上，用橡皮锤敲击至平整，挤出的水泥浆及时清理干净。随铺砂浆随铺贴，如图 4-10 所示。面层铺贴 24h 内，进行擦缝、勾缝工作。勾缝深度比砖面凹 2～3mm 为宜，擦缝和勾缝应采用同品种、同强度等级、同颜色的彩色水泥或专用填缝剂。

（6）养护。铺完砖 24h 后洒水养护，时间不应少于 7d。

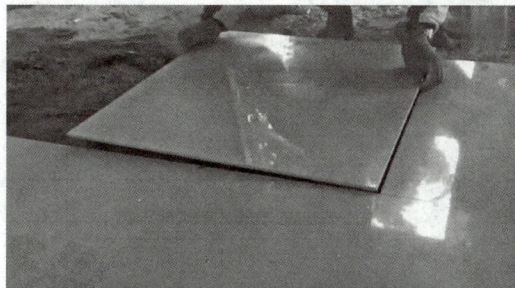

图 4-10 铺砖

三、石材地面施工工艺

石材地面是采用天然大理石、花岗岩等块材作饰面层的楼地面,具有质地坚硬、色泽鲜明、庄重大方、典雅气派等优点,常用于高级装饰工程如宾馆、饭店、酒楼、写字楼的大厅、走廊等部位。大理石板材不得用于室外地面面层。

1. 石材地面施工工艺流程

基层处理→弹线→试拼→铺设石板→灌浆擦缝。

2. 石材地面施工操作要点

(1)基层处理。把粘结在混凝土基层上的浮浆、松动混凝土等用錾子剔掉,用钢丝刷刷掉水泥浆皮,然后用扫帚扫净。

(2)弹线。为了检查和控制大理石(或花岗石)板块的位置,在房间内拉十字控制线,弹在混凝土垫层上,并引至墙面底部,然后依据墙面+500mm(或+1000mm)标高线找出面层标高,在墙上弹出水平标高线,弹水平线时要注意室内与楼道面层标高要一致。

(3)试拼。在正式铺设前,对每一房间的大理石(或花岗石)板块按图案、颜色、纹理试拼,将非整块板对称排放在房间靠墙部位,试拼后按两个方向编号排列,然后按编号码放整齐,如图 4-11 所示。

(4)铺设石板。板块应先用水浸湿,待擦干或表面晾干后方可铺设。根据房间拉的十字控制线,纵横各铺一行,作为大面积铺砌标筋用。依据试拼时的编号、图案及试排时的缝隙,在十字控制线交点开始铺砌。将石板对好纵横控制线放在已铺好的干硬性砂浆结合层上,用

图 4-11 码放整齐的石材

橡皮锤敲击木垫板(不得用橡皮锤或木锤直接敲击板块),振实砂浆至铺设高度后,将板块掀起移至一旁,检查砂浆表面与板块之间是否相吻合,如发现空虚之处,应用砂浆填补。随即将石材背面均匀刮上 2mm 厚的粘结剂或素水泥浆,然后用毛刷沾水湿润砂浆表面,再将石材对准铺贴位置,使板块四周同时落下,用橡皮锤敲击平实,随即清理板缝内的水泥浆,如图 4-12 所示。

图 4-12 石材铺贴

（5）灌浆擦缝。在板块铺砌 1～2d 后进行灌浆擦缝。根据石材颜色选择相同颜色矿物颜料和水泥拌合均匀，调成 1∶1 稀水泥浆，用浆壶徐徐灌入板块之间的缝隙中（可分几次进行），并用长把刮板把流出的水泥浆刮向缝隙内，至基本灌满为止。灌浆 1～2h 后，用棉纱团蘸原稀水泥浆擦缝与板面擦平，同时将板面上水泥浆擦净，使石板面层的表面洁净、平整、坚实。

以上工序完成后，面层加以覆盖。当水泥砂浆结合层达到强度后（抗压强度达到 1.2MPa 时），方可进行抛光、打蜡等处理。

四、地毯地面施工工艺

地毯分为化纤地毯、羊毛地毯、麻地毯等品种。尽管地毯有不同的材料及样式，却都有着良好的吸声、隔声、防潮作用。居住楼房的家庭铺上地毯之后，可以减轻楼上楼下的噪声干扰。地毯按照铺设方式不同又分为满铺和局部铺设，局部铺设一般不与基层固定，仅适用于装饰性工艺地毯，下面介绍的是满铺的施工工艺。

1. 地毯地面施工工艺流程

基层处理→弹线、套方、分格、定位→地毯剪裁→钉倒刺板挂毯条→铺设衬垫→地毯拼缝→地毯固定→细部处理及清理。

2. 地毯地面施工操作要点

（1）基层处理。将铺设地毯的地面清理干净，保证地面干燥，并且要有一定的强度。检查地面的平整度偏差不大于 4mm，地面基层含水率不大于 8%，满足要求后再进行下一道工序。

（2）弹线、套方、分格、定位。要严格按照设计图纸要求对房间的各个部分进行弹线、套方、分格。如无设计要求时应按照房间对称找中并弹线定位铺设。

（3）地毯剪裁。地毯剪裁应在比较宽阔的地方统一进行，并按照每个房间实际尺寸，计算地毯的剪裁尺寸，要求在地毯背面弹线、编号。铺贴的原则是地毯的经线方向应与房间长向一致。地毯的每一边长度应比实际尺寸要长出 20mm 左右，宽度方向要以地毯边缘线的尺寸计算。按照背面的弹线用地毯切割刀从背面裁切，并将裁切好的地毯编上号，存放在相应的房间。

（4）钉倒刺板挂毯条。沿房间墙边或走道四周的踢脚板边缘，用高强水泥钉将倒刺板固定在基层上，水泥钉长度一般为 40～50mm，倒刺板离踢脚板面 8～10mm，相邻两个钉子的距离控制在 300～400mm。钉倒刺板时应注意不得损伤踢脚板，倒刺板、地毯和踢脚板的构造如图 4-13 所示。

（5）铺设衬垫。衬垫铺贴在地毯下面，可使地毯踏上后有柔软舒适之感，且有防潮透气之作用，并可延长地毯的寿命。衬垫应按照倒刺板的净距离下料，避免铺设后衬垫皱褶，覆盖倒刺板或远离倒刺板，如图 4-14 所示。设置衬垫拼缝时应考虑到与地毯拼缝至少错开 150mm，衬垫用点粘法刷聚醋乙烯乳胶粘贴在地面上。

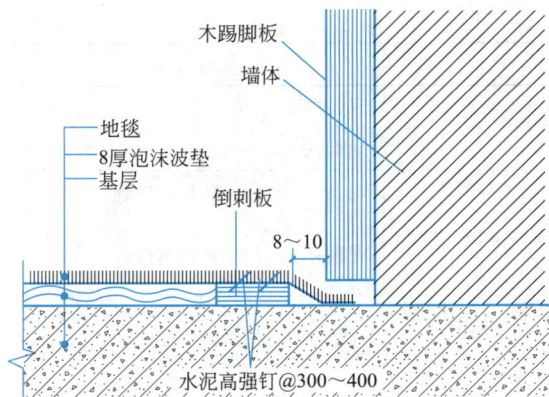

图 4-13　倒刺板、地毯和踢脚板的构造

图 4-14　铺设地毯衬垫

（6）地毯拼缝。地毯铺设前将裁剪好的地毯拼接到一起，拼缝前要判断好地毯的编织方向，避免缝两边的地毯绒毛排列方向不一致。地毯缝用地毯专用烫带连接，在地毯拼缝位置的地面上弹一直线，按照线将烫带铺好，两侧地毯对缝压在烫带上，然后用地毯接缝熨斗在胶带上熨烫，使胶层溶化，随熨斗的移动立即把地毯紧压在胶带上。接缝以后用剪子将接口处的绒毛修齐。

（7）地毯固定。将地毯的一条长边固定在倒刺板上，并将毛边用地毯扁铲塞到踢脚板下，用地毯撑拉伸地毯。拉伸时，先压住地毯撑，用膝撞击地毯撑，从一边一步一步推向另一边，如图 4-15 所示。反复操作将四边的地毯固定在四周的倒刺板上，并将长出的地毯裁割。地毯挂在倒刺板上要轻轻敲击一下，使倒刺全部勾住地毯，以免挂不实而引起地毯松弛。

图 4-15　地毯撑拉伸地毯

（8）细部处理及清理。施工时要注意门口压条的处理，门框、走道与门厅等不同部位、不同材料的交圈和衔接收口处理；固定、收边、掩边必须粘结牢固，特别注意拼接地毯的色调和花纹的对形，不能有错位等现象。铺设工作完成后，因接缝、收边裁下的边料和掉下的绒毛、纤维应打扫干净，并用吸尘器将地毯表面全部吸一遍。

五、块材地面工程质量验收

1. 石材板块、陶瓷块材、塑料块材地面质量验收标准及允许偏差（表 4-8、表 4-9）

块材地面质量验收标准　　　　　　　　　　　　表 4-8

项目	质量要求	检验方法
主控项目	排列应符合设计要求，门口处宜采用整块。非整块的宽度不宜小于整块的 1/3	观察、尺量检查
	材料的品种、规格、图案颜色和性能应符合设计要求	观察检查
	找平、防水、粘结和勾缝材料应符合国家标准规定	观察，检查产品合格证书、性能检测报告和进场验收记录

续表

项目	质量要求	检验方法
主控项目	铺贴位置、整体布局、排列形式、拼花图案应符合设计要求	观察检查
	面层与基层应结合牢固、无空鼓	观察、小锤轻击检查
一般项目	表面平整、洁净、色泽基本一致，无裂纹、划痕、掉角、缺棱等现象	观察、尺量、用小锤轻击检查
	边角整齐、接缝平直、光滑、均匀，纵横交界处应无明显错台、错位、填嵌应连续、密实	观察、尺量、用小锤轻击检查
	与墙面或地面突出物周围套割应吻合，边缘应整齐，与踢脚板交接应紧密，缝隙应顺直	观察、尺量、用小锤轻击检查
	踢脚板固定应牢固，高度、凸墙厚度应保持一致，上口应平直；地板与踢脚板交接应紧密，缝隙顺直	观察、尺量、用小锤轻击检查
	地板表面应无泛碱等污染现象	观察、尺量、用小锤轻击检查
	排水坡度应符合设计要求，并不应倒坡、积水；与地漏（管道）结合处应严密牢固，无渗漏	观察、尺量、用小锤轻击检查

块材地板的允许偏差和检验方法 　　表 4-9

项目	允许偏差（mm）			检验方法
	石材板块	陶瓷块材	塑料块材	
表面平整度	2.0	2.0	2.0	用 2m 靠尺、塞尺检查
接缝直线度	2.0	3.0	1.0	钢直尺或者拉 5m 线，不足 5m 拉通线，钢直尺检查
接缝宽度	2.0	2.0	1.0	钢直尺检查
接缝高低差	2.0	2.0	1.0	用钢尺和塞尺检查
与踢脚缝隙	1.0	1.0	1.0	观察、塞尺检查
排水坡度	4.0	4.0	4.0	水平尺、塞尺检查

2. 地毯地面的质量标准和检验方法（表 4-10）

地毯地面的质量标准和检验方法 　　表 4-10

类别	质量标准	检验方法及器具
主控项目	材料品种、规格、图案、颜色和性能应符合设计要求	观察检查
	粘结、底衬和紧固材料应符合设计要求和国家现行有关标准的规定	观察，检查产品合格证书、性能检测报告、进场验收记录
	铺贴位置、拼花图案应符合设计要求	观察检查
	铺贴应符合国家标准规定	观察检查
一般项目	表面应洁干净，不应起鼓、起皱、翘边、卷边、显拼缝、露线和无毛边，绒面毛顺光一致，毯面干净，无污染和损伤	观察、手试检查
	固定式地毯和底衬周边与倒刺板连接牢固，倒刺板不得外露	观察、手试检查

续表

类别	质量标准	检验方法及器具
一般项目	粘贴式地毯胶粘剂与基层应粘贴牢固,块与块之间应挤紧服帖,地毯表面不得有胶痕	观察、手试检查
	楼梯地毯铺设每梯段顶级地毯固定牢固,每踏级阴角处应用卡条固定	观察、手试检查

任务 4　木地板地面工程

一、木地板地面基本知识

木地板地面是指面层为木材料的地面,其面层有实木地板面层、实木复合地板面层、中密度(强化)复合木地板、竹地板等。

木地板地面的施工做法分为实铺式和空铺式两种,实铺式又分粘贴式和悬浮式,空铺式又分搁栅式和架空式,如表 4-11 所示。后面我们以实木地板为例介绍搁栅式空铺,以复合木地板为例介绍悬浮式实铺的施工工艺。

木地板地面施工做法　　　表 4-11

分类		图片	特点
实铺式	粘贴式		在混凝土结构层上用 15mm 厚 1∶3 水泥砂浆找平,然后采用高分子粘结剂将木地板直接粘贴在地面上
	悬浮式		悬浮式铺设法主要是指地板不直接铺在地面,而是在基层铺设防潮垫,再在上方铺设地板。这种方法防潮防蛀,十分适合家装用户用来铺设实木复合地板
空铺式	搁栅式		基层采用梯形截面木搁栅(俗称木楞),木搁栅的间距一般为 400mm,中间可填一些轻质材料,以减低人行走时的空鼓声,并改善保温隔热效果。为增强整体性,木搁栅之上可以铺钉毛地板,在毛地板上钉接或粘接木地板
	架空式		在基层先砌地垄墙,然后安装木搁栅、毛地板、面层地板。因家庭居室层高较低,这种架空式木地板很少在家庭装饰中使用,一般在公共建筑的首层使用

53

二、木地板地面施工准备

1. 材料准备

木地板地面的板材宜采用具有商品检验合格证的产品，其厚度、技术等级和质量标准要求应符合设计要求，含水率应小于12％，必须做防腐、防蛀及防火处理。

2. 机具准备

木地板的铺设要用到木工电锯、木工电刨、裁口机、手电刨、手电钻、木工手锯、木工手刨、钉锤、凿子、斧子、铲刀、扳手、钳子、水平仪、水平尺、靠尺等，见表4-12。

木地板地面机具准备 表 4-12

机具	图片	用途
木工电锯		能够高效、快速地完成木材的切割工作，是木工行业中不可或缺的工具之一，包括台锯、电链锯、圆锯、框锯、刀锯等
木工电刨		用于刨削木材平面的电动工具，具有生产效率高、刨削表面平整、光滑等特点
裁口机		用于木地板裁口的工具
木工手刨		用于木料的粗刨、细刨、净料、净光、起线、刨槽、刨圆等方面的制作
凿子	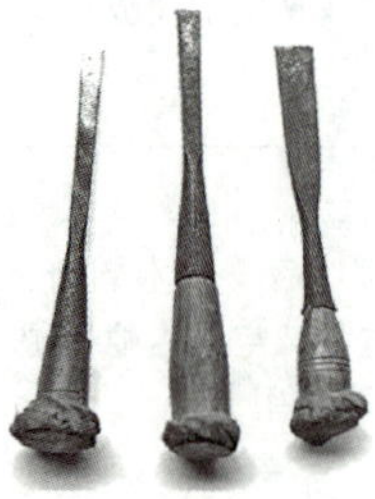	用来凿眼、挖空、剔槽、铲削

三、实木地板地面施工工艺

实木地板选用搁栅式铺设可以达到增强保温隔热、脚感更舒适的效果，木搁栅中间可填一些轻质材料，以减小人行走时的空鼓声。根据在木搁栅上是否铺钉毛地板，又分为单层铺设和双层铺设，在搁栅上铺毛地板的做法可以使整体性更好，如图 4-16 所示。下面以双层铺设为例学习搁栅式空铺实木地板的施工流程和操作要点。

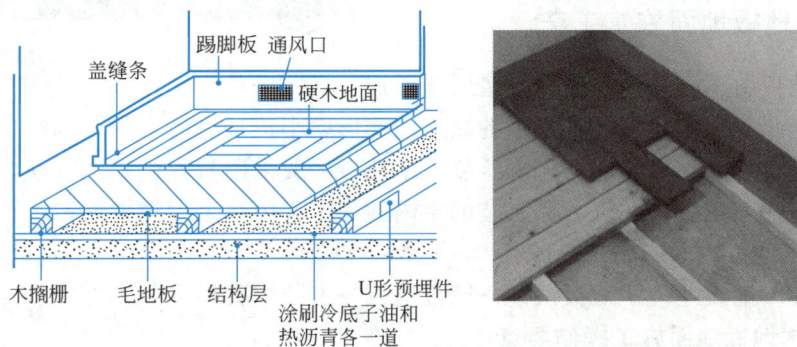

图 4-16　双层搁栅式空铺木地板构造

1. 实木地板地面施工工艺流程

基层处理→施工放线→安装木搁栅→按设计要求钉毛地板、铺防潮层→铺设实木地板→安装踢脚板。

2. 实木地板地面施工操作要点

（1）基层处理。将基层上的砂浆、垃圾等彻底清扫干净，确保地面无浮土、无明显凸出物和施工废弃物。

（2）施工放线。根据具体设计要求在楼板上弹出搁栅的位置线。

（3）安装木搁栅。木搁栅表面应平直，否则在底部砍削找平，刷防火涂料及防腐处理。木搁栅加工成梯形，可以节省木料，也有利于稳固。也可采用 30mm×40mm 木搁栅，接头采用平接头，接头处用双面木夹板，每面钉牢。如楼板上无预埋件，电钻在木搁栅上开孔，用膨胀螺栓、角码固定木搁栅。木搁栅之间设置横撑，横撑间距 800mm 与搁栅垂直相交，铁钉固定。

（4）按设计要求钉毛地板、铺防潮层。木地板面层下的毛地板可采用宽度不大于 120mm 的棱料或细木工板、多层胶合板等按照设计规格铺钉。在铺设前应清除毛地板下空间内的刨花等杂物。在铺设毛地板时应与搁栅成 30°、45°或 90°，每块毛地板应钉两个钉子，钉子的长度应为板厚的 2.5 倍，钉帽砸扁并冲入板面不少于 2mm。毛地板表面应刨平，板间缝隙不应大于 3mm，毛地板与墙之间应留 8～12mm 缝隙。

（5）铺设实木地板。在毛地板上铺设实木地板前宜先铺设一层用以隔声和防潮的隔离层。然后从距门较近的墙边开始铺设条板，靠墙的一块板应离墙面 10～20mm，用木楔临时固定。用地板钉从板侧企口处斜向钉入，钉长为板厚 2～2.5 倍，钉帽砸扁冲入板面 2mm，板端接缝应错开，每铺设 600～800mm 宽应拉线找直，板缝宽不大于 0.5mm。

实木地板施工

（6）安装踢脚板。木踢脚板应在面层刨平磨光后安装，背面应作防腐处理。踢脚板接缝处应以企口相接，踢脚板用钉子钉牢于墙内防腐木砖上，钉帽砸扁冲入板内。踢脚板要求与墙贴紧、安装牢固、上口平直，踢脚板安装如图 4-17 所示。

图 4-17　安装踢脚板

四、复合木地板地面施工工艺

复合木地板由不同树种的板材交错层压而成，一定程度上克服了实木地板湿胀干缩的缺点，变形率小，具有较好的尺寸稳定性，并保留了实木地板的自然木纹和舒适的脚感。复合木地板一般采用悬浮铺贴的方法，施工简便快捷，占有室内空间较少，在家装和工装的室内地面工程中，采用越来越多。

1. 复合木地板地面施工工艺流程

基层处理→铺设地垫→地板试铺→铺设地板→安装踢脚板。

2. 复合木地板地面施工操作要点

（1）基层处理。将基层上的砂浆、垃圾等彻底清扫干净，确保地面无浮土、无明显凸出物和施工废弃物。如果门套过低，需要锯掉多余门套方便安装，如图 4-18 所示。安装前先测量地面平整度，地面平整度不达标需重新找平。

（2）铺设地垫。铺设地垫时要注意，地垫不能重叠，接缝处用 60mm 宽的胶带粘贴密封，四周各边上引 30～50mm，以不能超过踢脚板为准。如果地垫比较厚，地垫重叠处偏高，也会导致地板起拱。铺设地垫如图 4-19 所示。

图 4-18　切割门套

图 4-19　铺设地垫

（3）地板试铺。在正式铺装前可以先进行地板的试铺，预先试铺包括铺装方向、铺装方式和色彩的预选。铺装方向一般为顺光铺设，地板一般长边顺着光线，走廊一般顺着行走的方向。

（4）铺设地板。铺复合木地板时，应从房间的内侧向外铺。母槽靠墙，加入专用垫块预留 8～12mm 的伸缩缝，然后进行正式铺装。复合木地板的接头应按设计要求留置，复合木地板铺设如图 4-20 所示。

（5）安装踢脚板。复合木踢脚板有阴阳角踢脚板，如果没有阴阳角配件，则需要切割45°角拼接，踢脚板阴阳角安装如图 4-21 所示。

图 4-20　复合木地板铺设

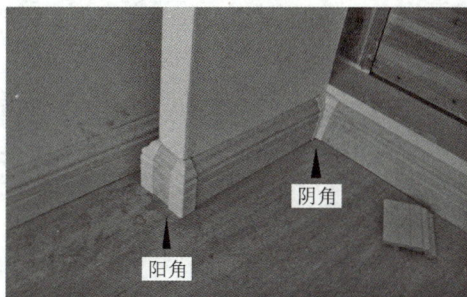

图 4-21　踢脚板阴阳角安装

复合地板施工

五、木地板工程质量验收

木地板地面质量验收标准及允许偏差应符合表 4-13、表 4-14 的规定。

表 4-13

木地板地面质量验收标准

项目	质量要求	检验方法
主控项目	木地板面层所采用的材料、技术等级及质量要求应符合设计要求；所采用和铺设时的木材含水率必须符合设计要求，木搁栅、垫木和毛地板等必须做防腐、防蛀处理	观察检查和检查材质合格证明文件及检测报告
	木搁栅安装应牢固、平直	观察、脚踩检查
	面层铺设应牢固，粘结无空鼓	观察、脚踩或用小锤轻击检查
一般项目	木地板面层图案和颜色应符合设计要求，图案清晰、颜色一致，板面无翘曲；面层应刨平、磨光，无明显刨痕和毛刺等现象；图案清晰，颜色均匀一致	观察、手摸和脚踩检查
	面层缝隙应严密；接头位置应错开，表面洁净	观察检查
	拼花地板接缝应对齐，粘、钉严密；缝隙宽度均匀一致；表面洁净；胶粘无溢胶	观察检查
	踢脚线表面应光滑，接缝严密，高度一致	观察和尺量检查

表 4-14

木地板允许偏差和检验方法

项目	允许偏差（mm）				检验方法
	实木地板面层			实木复合、强化地板	
	松木地板	硬木地板、竹地板	拼花地板		
板面缝隙宽度	1.0	0.5	0.2	0.5	用钢尺检查
表面平整度	3.0	2.0	2.0	2.0	用 2m 靠尺和楔形塞尺检查
踢脚线上口平齐	3.0	3.0	3.0	3.0	拉 5m 通线，不足 5m 拉通线和用钢尺检查
板面拼缝平直	3.0	3.0	3.0	3.0	
相邻板材高差	0.5	0.5	0.5	0.5	用钢尺和楔形塞尺检查
踢脚线与面层的接缝	1.0				楔形塞尺检查

【项目总结】

楼地面饰面应具有耐磨、防水、防滑、易于清扫等特点。我们在这一项目中学习了其中最常用的水泥地面、块材地面、木地板地面的构造做法，使用的工具、设备和材料，以及这些地面的施工工艺流程、质量要求和检测方法等，琐碎的知识点需要大家慢慢积累。

知识拓展

【技能训练】复合木地板工程实训

复合木地板施工实训任务书

一、实训准备

1. 场地与分组

实训场地：建材实训室（面积≥40m²）

分组要求：5人/组（1人为组长，1人记录，3人操作）

2. 工具与材料清单

类别	名称	数量	备注
工具	手锯/切割机	1台/组	要求带防护罩
	橡胶锤	2把/组	
	2m靠尺	1把/组	检测平整度
材料	复合木地板(仿实木纹)	10m²/组	E0级环保标准
	PE防潮垫	12m²/组	
	PVC踢脚线(白色)	5根/组	长度2.4m/根

二、实训任务与步骤

任务1：基层处理（1课时）

用靠尺检测地面平整度（≤3mm/2m）。

清扫地面，铺设防潮垫（重叠5cm，墙边上翻5cm）。

任务2：地板铺设（2课时）

从墙角开始铺设，长边平行窗户（模拟自然光方向）。每块地板短边错缝≥30cm，用橡胶锤轻敲锁扣处，禁止直接敲击板面。

任务3：踢脚线安装（1课时）

用无头钉固定踢脚线（间距≤40cm），阴阳角处45°对角切割。

三、技能考核标准

考核项目	评分细则	分值
基层处理	防潮垫铺设平整无破损	20分
地板铺设	接缝严密(缝隙≤0.5mm)	30分
	伸缩缝预留(8～12mm)	20分
踢脚线	安装牢固，接缝无错位	20分
安全规范	正确使用工具，无安全事故	10分

四、实训报告参考

姓名：＿＿＿＿　学号：＿＿＿＿＿　组别：＿＿＿＿＿

1. 施工过程记录（附照片）：

基层处理前平整度：＿＿＿＿＿mm

地板铺设方向选择原因：＿＿＿＿＿＿＿＿＿

2. 遇到的问题及解决方法：

问题：＿＿＿＿＿＿＿＿＿＿＿

解决方法：＿＿＿＿＿＿＿＿＿＿

3. 自评得分：＿＿＿＿＿（依据考核标准）

五、安全须知

切割作业时必须戴护目镜。

禁止穿拖鞋进入实训室。

工具使用后及时归位。

学生签字确认：

【你问我答】

答案

1. 简答题

（1）水泥砂浆楼地面的施工工艺流程有哪些？

（2）陶瓷地砖地面的施工工艺流程有哪些？

（3）实木楼地板的施工工艺流程有哪些？

2. 填空题

（1）楼面饰面要注意防渗漏问题，地面饰面要注意防潮问题，楼面、地面的组成分为＿＿＿＿＿、＿＿＿＿＿＿、＿＿＿＿＿＿三部分。

（2）水泥砂浆面层水泥砂浆强度等级不应小于＿＿＿＿＿，搅拌时间不应少于＿＿＿＿＿ min。

（3）地砖铺设时，采用＿＿＿＿＿砂，含泥量不大于＿＿＿＿＿％。

（4）陶瓷地砖铺完砖＿＿＿＿＿ h 后，洒水养护，时间不应少于＿＿＿＿＿ d。

（5）铺设实木地板木龙骨加工成梯形，可以＿＿＿＿＿，也有利于＿＿＿＿＿，也可采用30mm×40mm 木龙骨。

【素养课堂】

中国制造运动
地板助力巴黎
奥运盛会

项目五　隔墙工程

【教学目标】

　　本项目旨在使学生全面了解并掌握隔墙工程的基本理论、材料特性、施工工艺及质量控制方法等。通过三个任务的学习，学生将全面了解隔墙工程的基本知识、掌握施工技术和质量控制要点，并培养实践能力、团队合作精神和职业素养。

　　1. 知识目标
　　• 了解隔墙和隔断的区别和联系；
　　• 了解常用隔墙类型和特点；
　　• 掌握轻钢龙骨隔墙和玻璃砖隔墙的构造特点；
　　• 熟悉隔墙工程相关验收标准、方法及质量要求。

　　2. 能力目标
　　• 能够在施工操作中认识和正确使用相关施工机具；
　　• 掌握轻钢龙骨隔墙和玻璃砖隔墙施工工艺及操作要点；
　　• 具备制作轻钢龙骨隔墙和检测隔墙施工质量的操作能力。

　　3. 情感目标
　　• 培养学生的安全意识和环保意识，确保隔墙工程的绿色施工；
　　• 培养团队合作精神和沟通协调能力，确保骨架隔墙工程的顺利施工。

【思维导图】

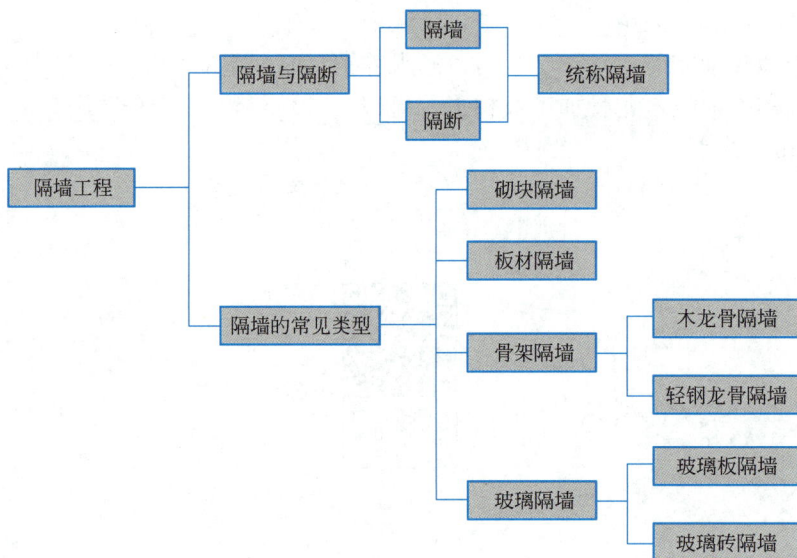

　　我们在进行室内空间设计时，往往会根据业主的具体使用情况把室内空间重新划分，这样就会用到隔墙或隔断来分割和组合空间。隔墙或隔断属于非结构墙体，它们不承受建筑的各种荷载，甚至连本身的自重荷载也不承受，而是由结构构件（楼板、梁、地坪结构层等）来承担。

　　隔墙和隔断因具有自重轻、占地面积少、便于拆装等优点广泛应用于室内装饰装修工程中，我们把隔墙和隔断统称为隔墙工程。

任务 1　认识隔墙工程

　　室内装饰装修工程中，经常用到不同种类的隔墙或隔断，将建筑物内部大空间分割成各种尺寸和形状的小空间区域。虽然隔墙与隔断都是分隔建筑内外空间的非承重墙，但两者还是有区别的。

一、隔断

1. 隔断特点

　　隔断高度可到顶也可不到顶；可以是固定的，也可以是活动的。一般情况下，隔断在隔声、阻隔视线方面无要求，并具有一定的空透性，使两个空间有视线的交流，既能分隔空间，又可以保持固有格局间的相互交流，为居室提供更大的艺术与品位相融合的空间。隔断比较容易移动和拆除，具有灵活性，可随时连通和分隔相邻空间。

2. 隔断种类

　　在如今的装饰装修工程中，隔断可以是矮墙、绿化，也可以是玻璃隔断、隔断门、家具等，还有屏风、博古架、罩等传统家具也是隔断的常见种类，图 5-1～图 5-4 为常见隔断形式。

隔断

二、隔墙

　　高度抵达顶棚且无通透造型的称为隔墙。隔墙一般是固定的，一经设置往往具有不可更改性，至少不能经常变动。因其高度是到顶的，可以满足隔声、阻隔视线的要求，并具有防潮、防火要求。

图 5-1　屏风隔断

图 5-2　玻璃隔断

图 5-3　矮墙隔断

图 5-4　罩隔断

装饰施工中对于不同功能房间的分割有不同的要求，如厨房的隔墙应具有耐火性能，盥洗室的隔墙应具有防潮能力，客厅和餐厅之间的分割对空间的限定程度要求就会弱一些，而装饰效果要求会更高一些，这样就要用到不同类型的隔墙。

隔墙按照使用的材料不同，可以分为：砌块隔墙、板材隔墙、骨架隔墙和玻璃隔墙。除砌块隔墙外，其他几种也可统称为轻质隔墙，常见隔墙的种类和特点可查阅表 5-1。

隔墙

常见隔墙种类和特点　　　　　　　　　　表 5-1

种类	图片	特点
砌块隔墙		砌块隔墙常采用加气混凝土砌块、水泥炉渣空心砖等砌筑。厚度由砌块尺寸决定，一般为 90～120mm，砌块不够整块时宜用普通黏土砖填补。砌块有一定的强度，热工、隔声性能好，但比较厚重，适用于需要防潮和隔声、隔热要求较高的厨卫及分户墙中
板材隔墙		板材隔墙是指轻质条板用粘结剂拼合在一起形成的隔墙。也就是不需要设置隔墙龙骨，由隔墙板材自承重，将预制或现制的隔墙板材直接固定于建筑主体结构上的隔墙工程
骨架隔墙		骨架隔墙也称龙骨隔墙，主要用木料或钢材构成骨架，再在两侧做面层。面层材料通常使用纸面石膏板、胶合板、钙塑板、塑铝板、纤维水泥板等轻质薄板。骨架隔墙施工快、自重轻，广泛用于家居和公共建筑室内装饰装修工程中

续表

种类	图片	特点
玻璃隔墙		玻璃隔墙包括玻璃砖隔墙和玻璃板隔墙。玻璃砖隔墙是用特厚玻璃砖或组合玻璃砖砌筑的透明砖墙；玻璃板隔墙按玻璃的安装固定方式又分为框架和全玻璃方式两种。玻璃隔墙造型别致,可同时满足采光的要求

如今室内装修中使用较多的是骨架隔墙和玻璃隔墙,骨架隔墙还可以根据不同的设计审美要求,在墙面上制作各种装饰造型,如背景墙造型、木质墙面造型、软包墙面造型等,玻璃隔墙具备完美的通透性,可以满足采光效果,还有很好的装饰效果,这些都是室内装修的亮点。

任务 2　骨架隔墙工程

骨架隔墙是指以轻钢龙骨、木龙骨等为骨架,以纸面石膏板、人造木板、水泥纤维板等为墙面板的隔墙。大面积平整墙面多采用轻钢龙骨纸面石膏板隔墙,小面积弧形隔墙可以采用木龙骨胶合板隔墙。

本任务我们主要介绍骨架隔墙中最常用的轻钢龙骨纸面石膏板隔墙。它以轻钢龙骨为骨架,以纸面石膏板为基层面材组合而成,基层面材外面可进行乳胶漆、壁纸、木材等多种材料的装饰。在家装及工装工程进行空间布局的调整和设计时,轻钢龙骨隔墙是理想的隔墙材料。

具体来说优点有以下三方面。第一,施工干作业,快捷方便。隔墙按需组合,灵活划分空间,同时易拆除。可有效节约人工,加快施工进度。第二,重量轻、强度高,物理性能稳定。轻钢龙骨隔墙的墙体每平方米质量23kg,仅为普通砖墙的1/10左右。用纸面石膏板作为内墙材料,其强度也能满足绝大部分使用要求,吸湿过程中伸缩率较小,物理性能稳定。第三,经济合理,减少浪费。较之于普通砌块类的隔墙,可以省略因水电预留预埋形成的剔凿,减少因面层装饰做法而需要的抹灰找平作业,还可以在壁纸装饰面层作业中减少石膏、腻子的粉刷作业。这样既降低了造价,缩短了工期,又节约资源防止浪费。

一、轻钢龙骨隔墙构造

轻钢龙骨是以优质的连续热镀锌板带为原材料,经冷弯工艺轧制而成的建筑用金属骨架,按用途分为隔断龙骨和吊顶龙骨,按断面形式分为 U 形、C 形、T 形、L 形龙骨,不同类型的轻钢龙骨如图 5-5 所示。

轻钢龙骨石膏板隔墙按构造可分为单排龙骨单层石膏板隔墙、单排龙骨双层石膏板隔墙和双排龙骨双层石膏板隔墙。前一种用于一般隔墙,后两种用于隔声墙。一般的轻钢龙骨隔墙的构造组成示意图如图 5-6 所示。

图 5-5　轻钢龙骨

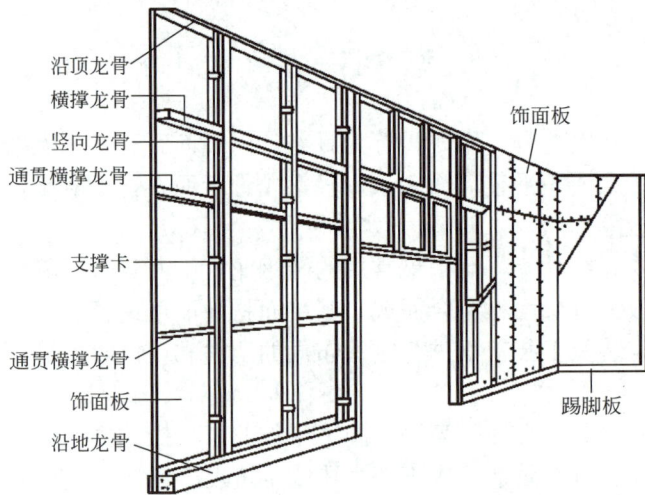

图 5-6　轻钢龙骨隔墙构造组成示意图

由构造图我们可以看到，轻钢龙骨隔墙的主要构造组成有两大部分：

1. 骨架部分

轻钢龙骨隔墙的骨架由沿顶龙骨、沿地龙骨、竖向龙骨、横撑龙骨、通贯龙骨（通贯横撑龙骨）和相应的配件组成。骨架是整个隔墙的结构部分，里面的空腔可以安装管线，也可以放置吸声棉、矿棉、岩棉和聚氨酯等材料，起到隔声、保温等作用。

2. 饰面板部分

轻钢龙骨隔墙的饰面板可以采用纸面石膏板、防火石膏板、防水石膏板及其他人造板材。

下面我们一起来看一看这样的轻钢龙骨隔墙是如何施工的。

二、轻钢龙骨隔墙工程施工准备

所有的项目在施工前都要准备好所需的主材和符合要求的配件以及要用到的主要机

具，另外还需创设良好的作业环境，这样才能正常施工，轻钢龙骨隔墙施工在这些方面的
要求如下。

1. 材料准备

从前面学习到的轻钢龙骨隔墙的构造组成中，我们了解到需要的材料主要包括骨架材
料和饰面板材料。通过表 5-2 我们看看具体都需要准备哪些材料，这些材料一般使用在什
么部位。

轻钢龙骨隔墙材料清单　　　　　　　　　　　　　　表 5-2

种类	名称	图片	用途
龙骨	沿顶龙骨/沿地龙骨（U 形）	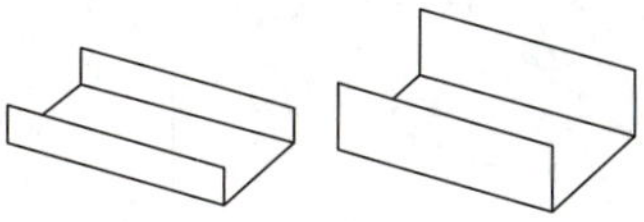	隔墙和建筑结构的连接构件，俗称横龙骨。用于楼板底或楼地面上，固定竖龙骨。高度超过 4.2m 的墙体与楼板的连接处应采用高边沿顶龙骨/沿地龙骨
	竖向龙骨、沿边龙骨（C 形）	C 形龙骨 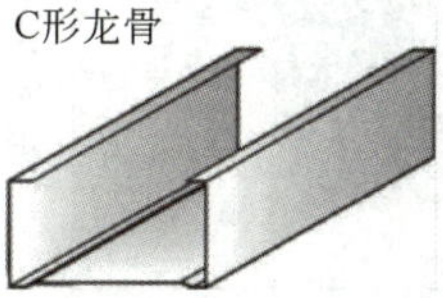	隔墙的主要受力构件，竖立于上下横龙骨之中，是钉挂面板的骨架。沿墙或柱固定的竖向龙骨也称为沿边龙骨
	横撑龙骨（U 形）		门窗洞口的水平构件，或者为了固定水平板边等设置的横向龙骨，一般使用的材料同沿顶、沿地龙骨一致
	通贯龙骨（U 形）		通贯龙骨也叫穿心龙骨，是竖向龙骨的水平连接构件。安装固定在竖龙骨的贯通孔中，用于增加竖龙骨的强度和稳定性
面板	纸面石膏板		以天然石膏和护面纸为主要原材料制成的轻质建筑薄板。市面上常见的纸面石膏板有以下四种类型：普通、耐水、耐火、防潮
轻钢龙骨配件	支撑卡	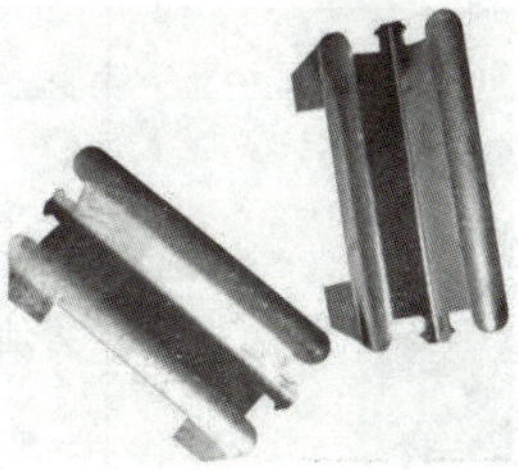	采用金属片一次冲制成型，同竖向龙骨、贯通龙骨配合，构成系统框架，可以提高墙体强度和平整度

种类	名称	图片	用途
轻钢龙骨配件	连接件		也叫延长件，用于贯通龙骨接长处，两侧分别插接两根贯通龙骨，起到接长的作用
	角托		用于横龙骨和竖向龙骨的连接和固定
紧固材料	镀锌自攻螺钉		用于在骨架上固定面板。螺钉的长度根据石膏板的厚度和层数，一般单层选用25mm螺钉，双层选用35mm螺钉
	射钉		利用射钉枪将射钉打入建筑体，把龙骨固定在结构上
	抽芯铆钉	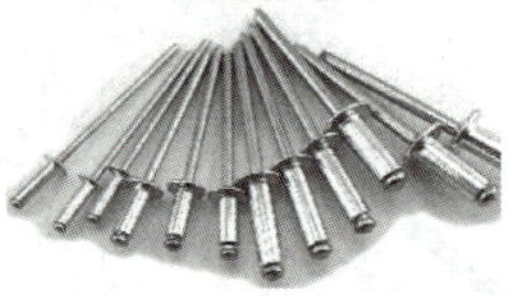	铆钉是钉形物件，一端有帽。需使用专用工具拉铆枪进行铆接
	膨胀螺栓	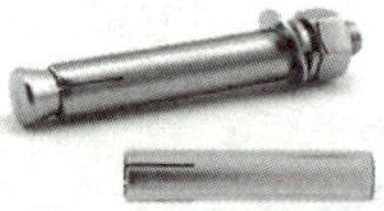	将龙骨固定在墙上、楼板上、柱上所用的一种特殊螺纹连接件
填充材料	吸声棉、矿棉、岩棉和聚氨酯等		在龙骨的空腔中填充，起到隔声、保温等作用
嵌缝材料	接缝带、穿孔纸带		用于石膏板拼接缝、阴角及阳角的处理，很好地解决了拼接缝开裂的问题

种类	名称	图片	用途
嵌缝材料	嵌缝腻子		用于石膏板与石膏板之间或者石膏板和结构之间的填缝处理

2. 机具设备

现代装饰装修进入了工具机械化、智能化的时代，装饰施工也向着工厂施工、现场组合安装的方向发展。在装配式的骨架隔墙工程中使用到的主要机具设备见表 5-3，在使用过程中一定要按照操作规范要求，安全第一。

轻钢龙骨隔墙机具设备清单　　　　　　　　　　　表 5-3

名称	图片	用途
砂轮切割机	 	用于切割轻钢龙骨，有台式的砂轮切割机和多功能手持切割机
手电钻	 	又称电动螺丝刀，用于固定自攻螺钉，有直流电和充电两种。根据需要打孔的大小选择合适的钻头规格
龙骨钳	 	又名龙骨铆接钳，是为横竖轻钢龙骨噬合连接而特制的一种专业工具，有供单手和双手使用的两种型号
水平尺和线坠	 	分别用于检测隔墙龙骨和面层的水平、垂直度，也可用激光水平仪代替
激光水平仪	 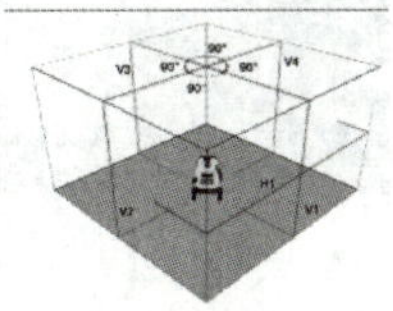	通过发射的水平和垂直线进行放线，控制隔墙的水平和垂直度，也可以使用线坠和水平尺检查

续表

名称	图片	用途
龙骨剪		用于轻钢龙骨的剪断、开口等
卷尺和壁纸刀		用于测量尺寸和纸面石膏板的直线切割
曲线锯和往复锯		用于纸面石膏板的直线和曲线切割及挖洞等操作
抽芯铆钉和拉铆枪		有气动、电动、手动等多种形式,用于抽芯铆钉的固定

3. 作业条件要求

（1）轻钢龙骨纸面石膏板隔墙施工前应先完成结构的基本验收工作，石膏罩面板安装应待屋面、顶棚和墙抹灰完成后进行。

（2）室内弹出＋1000mm 标高线。＋1000mm 标高线也称为一米线，是室内设计地坪标高以上 1000mm 的线，作用是用来控制施工标高，如图 5-7 所示。

（3）作业的环境温度不应低于 5℃。

（4）根据设计图和提出的备料计划核查隔墙全部材料，使其配套齐全。所有的材料必须有材料检测报告和材料合格证。

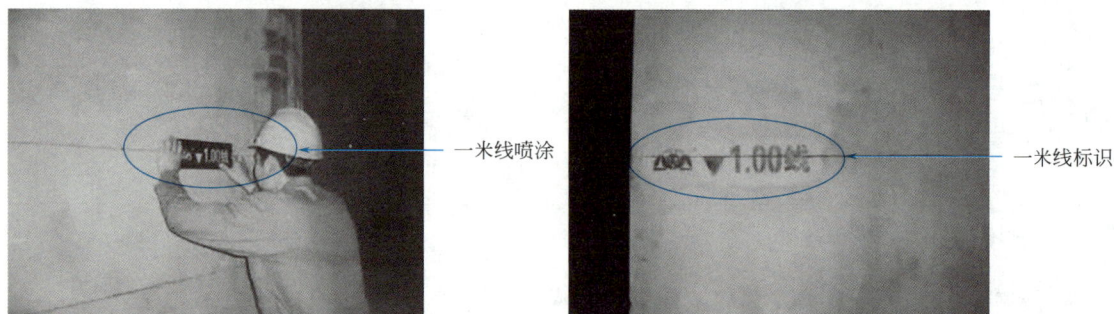

一米线喷涂

一米线标识

图 5-7　室内一米线

（5）主体结构墙、柱为砖砌体时，应在隔墙交接处按照 1000mm 间距预埋防腐木砖。

（6）安装的石膏板隔墙有防潮要求时，可在地面做 120mm 高宽度与墙厚一致的混凝土地枕带，地枕带施工完毕达到设计要求强度后方可进行轻钢龙骨骨架安装。

三、轻钢龙骨隔墙工程施工工艺

1. 施工工艺流程

放线→安装沿地、沿顶及沿边龙骨→安装竖龙骨→安装通贯龙骨→安装横撑龙骨→安装一侧罩面板→设计有填充材料时填充材料→安装另一侧罩面板→接缝处理。

2. 施工操作要点

轻钢龙骨的施工工艺步骤较多，下面我们分步骤进行施工操作要点的讲解。

（1）放线。施工时根据设计图纸确定隔墙的位置，先弹出轻钢龙骨隔墙的地面安装位置线（包括墙体厚度线、墙体中心线），如图 5-8 所示。然后使用激光水平仪或线坠将墙体的地面位置线引测至顶棚和侧墙，如图 5-9 所示。

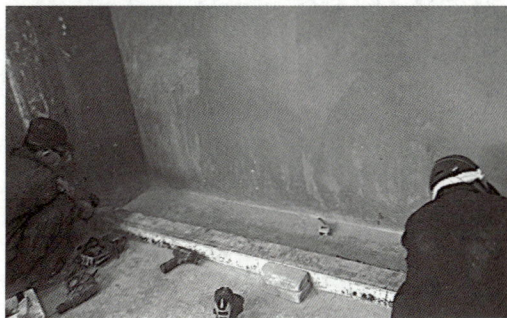

图 5-8　弹地面安装位置线　　　　图 5-9　引测地面线至顶棚和侧墙

（2）安装沿地、沿顶及沿边龙骨。按照隔墙的尺寸、饰面板的规格和现场的实际情况对龙骨进行下料和切割，下料时按先裁大料后小料的原则，如图 5-10 所示。然后沿弹线位置将沿顶龙骨、沿地龙骨和沿边龙骨用射钉或膨胀螺栓固定，构成边框，如图 5-11 所示。射钉或电钻打孔间距宜为 900～1000mm。龙骨与建筑基体表面接触处，应在龙骨接触面的两边各粘贴一根通长的橡胶密封条。沿地（顶）和沿边龙骨的固定方法，如图 5-12 所示。

（3）安装竖龙骨。竖向龙骨垂直布置，龙骨间距应按设计要求布置。设计无要求时，其间距可按板宽确定，竖龙骨中距通常为 300～600mm，400mm 最常用，最大不应超过 600mm。安装后的竖向龙骨与沿顶、沿地龙骨应在同一个面上。竖向龙骨可采用钳接、连接件、自攻螺钉等方法与沿顶和沿地龙骨连接，如图 5-13、图 5-14 所示分别为自攻螺钉、铆钉连接及龙骨钳连接。龙骨钳因其施工工艺简便、快速，同时能满足结构受力要求，应用越来越广泛。

图 5-10　切割龙骨

图 5-11　固定沿边龙骨

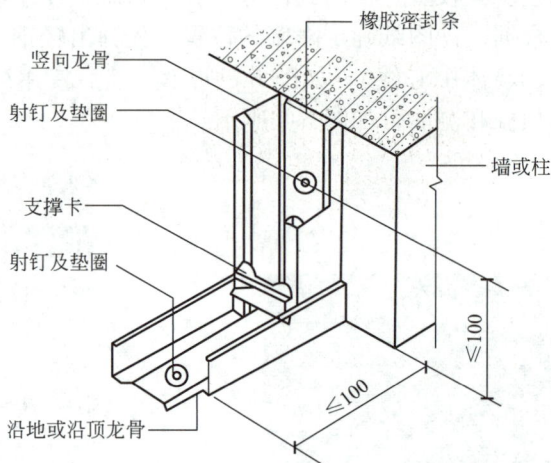

图 5-12　沿地（顶）及沿边龙骨固定

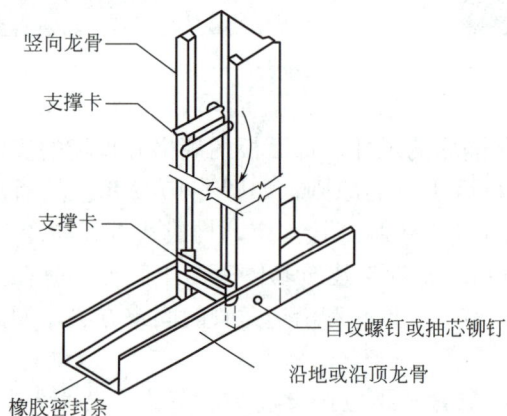

图 5-13　自攻螺钉、铆钉连接

图 5-14　龙骨钳连接

（4）安装通贯龙骨。通贯龙骨贯穿于整个隔墙的长度方向上，与每一根竖向龙骨之间都有效连接。安装通贯横撑龙骨时，穿过竖向龙骨的贯通孔并用支撑卡将通贯龙骨固定在竖向龙骨的开口面，如图 5-15 所示。高度低于 3m 的隔墙安装一道，高度 3～5m 的隔墙安装两道。通贯龙骨可用连接件加长，如图 5-16 所示。

图 5-15　通贯龙骨用支撑卡固定

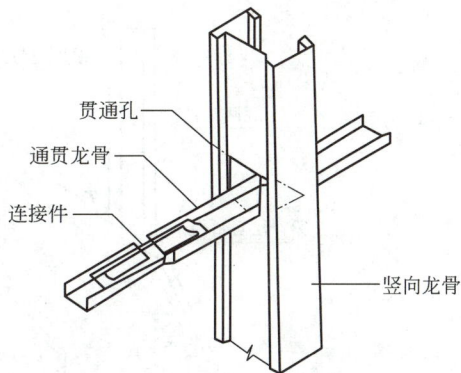

图 5-16　通贯龙骨用连接件接长

（5）安装横撑龙骨。横撑龙骨是在两根竖龙骨之间的水平构件，长度仅局限于两根竖向龙骨的间距长度，可用于门窗洞口的上下边或者用于固定水平的板边。横撑龙骨和竖向龙骨之间用卡托、角托或竖龙骨开口后龙骨钳或拉铆钉固定（图 5-17）。

（6）安装一侧罩面板。安装罩面板前应检查隔墙骨架的牢固程度、门窗框等安装固定是否符合设计要求。龙骨的立面垂直度偏差应小于等于 3mm，表面平整度应小于等于 2mm。纸

图 5-17　安装、固定横撑龙骨

面石膏板一般纵向安装，长边接缝在竖龙骨上，石膏板与龙骨一般采用螺钉固定。石膏板可采用单层、双层和多层安装，安装双层和多层石膏板时，相邻两层板的接缝应错开，如图 5-18、图 5-19 所示。曲面墙体罩面时纸面石膏板宜横向铺设。纸面石膏板材就位后，

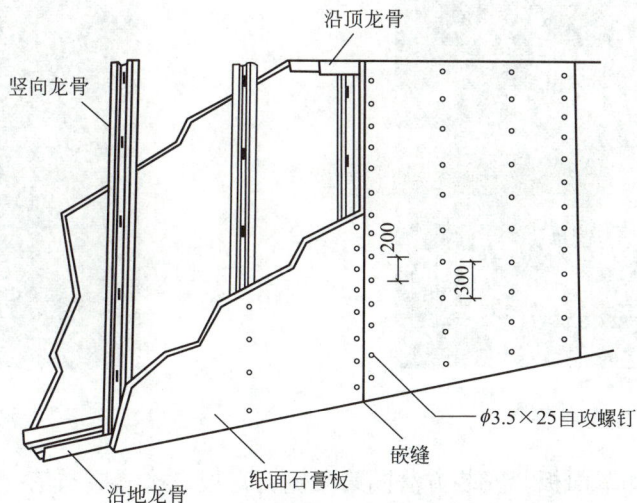

图 5-18　单层纸面石膏板面层

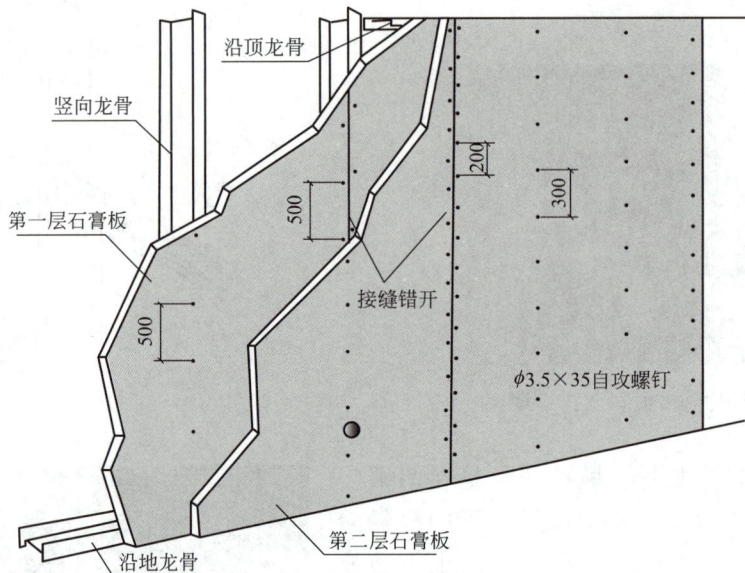

图 5-19　双层纸面石膏板面层

上下两端应与上下楼板面之间分别留出 5～8mm 间隙。用自攻螺钉将板材与轻钢龙骨紧密连接，自攻螺钉的间距要求为：板边应不大于 200mm，板材中间部分应不大于 300m，自攻螺钉与石膏板边缘的距离应为 10～16mm。自攻螺钉进入轻钢龙骨内的长度不小于 10mm。板材铺钉时应从板中间向板的四边顺序固定，自攻螺钉头埋入板内但不得损坏纸面，石膏板固定如图 5-20 所示。

（7）设计有填充材料时填充材料。板材内如果填塞保温、隔热和隔声材料，应先安装好隔墙一侧的板材，待填充材料装好后再安装隔墙另一侧的板材。填充材料应铺满铺平，如图 5-21 所示。

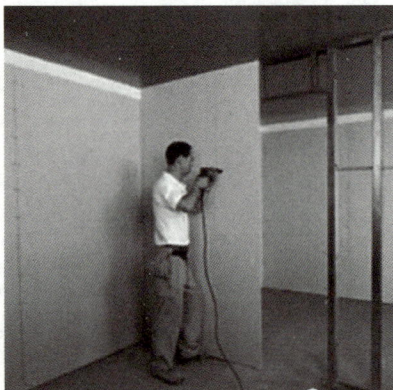

图 5-20　石膏板固定

图 5-21　墙内填充材料

（8）安装另一侧罩面板。安装方法同第一侧石膏板，接缝应与第一侧面板缝错开，拼缝不得放在同一根龙骨上。

（9）接缝处理。纸面石膏板之间的接缝有明缝和暗缝两种，如图 5-22、图 5-23 所示。明缝一般适用于公共建筑大房间的隔墙，明缝的做法是在安装板材时留 8～12mm 的间隙，用腻子嵌入并用勾缝工具勾成凹缝，或在明缝中嵌入铝合金嵌缝条；暗缝适用于居住建筑小房间的隔墙，暗缝做法是将板边缘倒成斜面留 3～6mm 缝，接缝处填嵌缝膏，然后粘贴接缝带，再用嵌缝膏将接缝带压住与墙抹平，如图 5-24 所示。

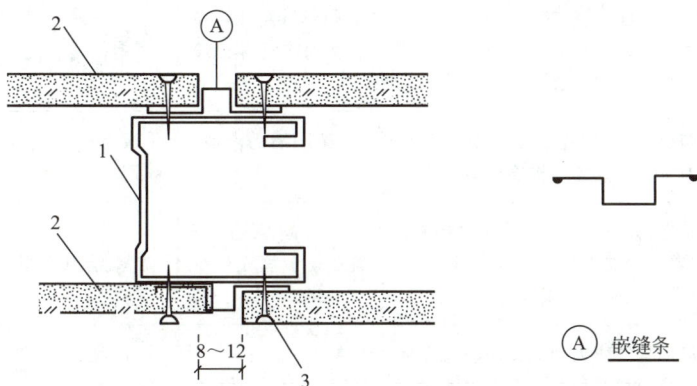

（轻钢龙骨隔墙施工工艺）

图 5-22　明缝加嵌缝条

1—竖向龙骨；2—纸面石膏板；3—自攻螺钉

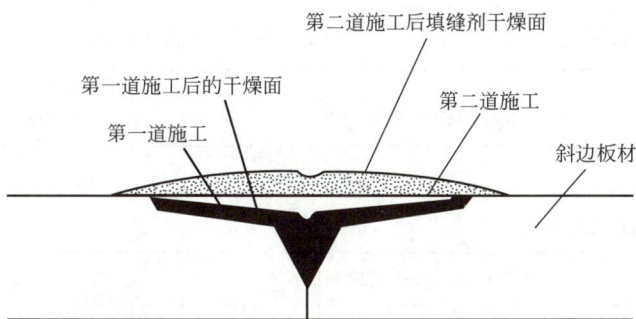

图 5-23　暗缝加填缝剂

图 5-24　刮填缝腻子

3. 轻钢龙骨隔墙成品保护注意事项

（1）轻钢龙骨及纸面石膏板入场、存放和使用过程中应妥善保管，保证不变形、不受潮、不污染、无损坏。

（2）轻钢龙骨隔墙施工中，已安装的门窗、地面、墙面、窗台等应注意保护，防止损坏。墙内电线管及附墙设备不得碰动、错位及损伤。

（3）已安装好的墙体不得碰撞，保持墙面不受损坏和污染。

四、骨架隔墙工程质量验收

骨架隔墙工程质量验收主控项目与一般项目、允许偏差和检验方法应分别符合表5-4、表5-5要求。

骨架隔墙施工主控项目与一般项目 表 5-4

类别	内容	检测方法
主控项目	所用龙骨、配件、墙面板、填充材料及嵌缝材料的品种、规格、性能和木材的含水率应符合设计要求。有隔声、隔热、阻燃和防潮等特殊要求的工程，材料应有相应性能等级的检验报告	观察，检查产品合格证书、进场验收记录、性能检验报告和复验报告
	地梁所用材料、尺寸及位置等应符合设计要求。骨架隔墙的沿地、沿顶及边框龙骨应与基体结构连接牢固	手扳检查、尺量检查、检查隐蔽工程验收记录
	龙骨间距和构造连接方法应符合设计要求。骨架内设备管线的安装、门窗洞口等部位加强龙骨的安装应牢固、位置正确。填充材料的品种、厚度及设置应符合设计要求	检查隐蔽工程验收记录
	木龙骨及木墙面板的防火和防腐处理应符合设计要求	检查隐蔽工程验收记录
	骨架墙面板应安装牢固，无脱层、翘曲、折裂及缺损	观察、手扳检查
	墙面板所用接缝材料的接缝方法应符合设计要求	观察
一般项目	骨架隔墙表面应平整光滑、色泽一致、洁净、无裂缝，接缝应均匀、顺直	观察、手摸检查
	骨架隔墙上的孔洞、槽、盒应位置正确、套割吻合、边缘整齐	观察
	骨架隔墙内的填充材料应干燥，填充应密实、均匀、无下坠	轻敲检查、检查隐蔽工程验收记录

骨架隔墙安装的允许偏差和检验方法 表 5-5

项目	允许偏差（mm）		检验方法
	纸面石膏板	人造木板、水泥纤维板	
立面垂直度	3	4	用 2m 垂直检测尺检查
表面平整度	3	3	用 2m 靠尺和塞尺检查
阴阳角方正	3	3	用 200mm 直角检测尺检查
接缝直线度	—	3	拉 5m 线，不足 5m 拉通线，用钢直尺检查
压条直线度	—	3	拉 5m 线，不足 5m 拉通线，用钢直尺检查
接缝高低差	1	1	用钢直尺和塞尺检查

任务 3　玻璃隔墙工程

玻璃隔墙就是使用玻璃作为隔墙主要材料将空间根据需求划分，从而更加合理地利用空间，满足各种家装和工装的要求。玻璃隔墙按照使用的材料和施工工艺的不同分为玻璃板隔墙和玻璃砖隔墙两大类。

玻璃板隔墙主要采用安全玻璃作为主要隔墙材料。按照是否有边框，玻璃板隔墙分为有框玻璃板隔墙和无框玻璃板隔墙两种。有框玻璃板隔墙将玻璃板嵌入木框或金属框的骨架中，使隔墙具有透光性、遮挡性和装饰性，如图 5-25 所示；无框玻璃板隔墙利用受力爪件将玻璃板与基体结构连接牢固，如图 5-26、图 5-27 所示。

图 5-25　有框玻璃板隔墙

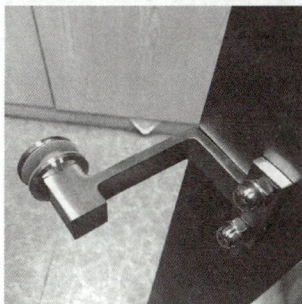

图 5-26　无框玻璃板隔墙

图 5-27　玻璃板隔墙连接件

玻璃砖隔墙由玻璃砖砌筑而成，既能分隔空间又能采光，同样按照是否有边框也分为有框和无框两种，如图 5-28、图 5-29 所示。

使用玻璃隔墙既能满足使用功能，又由于玻璃的透明特性，隔离出来的小空间在视野上也不会显得狭窄，还具有很好的装饰效果，因此现代装饰装修工程中采用玻璃隔墙的越来越多。下面我们一起来学习一下玻璃砖隔墙的构造、施工工艺及玻璃隔墙工程质量验收的相关内容。

图 5-28　有框玻璃砖隔墙

图 5-29　无框玻璃砖隔墙

一、玻璃砖隔墙构造

1. 玻璃砖简介

玻璃砖又称特厚玻璃，有实心砖和空心砖之分。用于室内隔墙的应为空心玻璃砖，砖块四周有 5mm 深的凹槽，按其透光及透过视线效果的不同，可分为透光透视玻璃砖、透光不透视玻璃砖等。在实际工程中，常根据室内艺术格调及装饰造型的需要，选择不同的玻璃砖品种进行组合砌筑。

图 5-30　水立方国家游泳馆玻璃砖隔墙

图 5-31　世博会联合国馆玻璃砖隔墙

玻璃砖是优质的装饰材料，具有优良的保温隔声、抗压耐磨、透光折光、防火避潮的性能，同时图案精美、华贵典雅。玻璃砖由于其优异的功能和特性，已在室内外装饰装修工程中广泛使用，如水立方国家游泳馆、世博会联合国馆、上海东方体育中心等知名工程都采用了空心玻璃砖，见图 5-30、图 5-31。近年来一些新派设计师大胆采用空心砖，使玻璃砖隔墙真正走入家装，用于建造透光隔墙、淋浴隔断、楼梯间、门厅、通道等空间的隔墙。

2. 玻璃砖隔墙构造

（1）无框玻璃砖隔墙构造。无框玻璃砖隔墙是利用连接件将玻璃砖墙体与外侧的砖墙或混凝土楼地板等结构拉结在一起，也就是实际上无框玻璃砖隔墙利用四周的墙体形成框架，图 5-32 所示为无框玻璃砖隔墙的常用构造做法，图 5-33 为玻璃砖隔墙预埋件做法的轴测示意图。

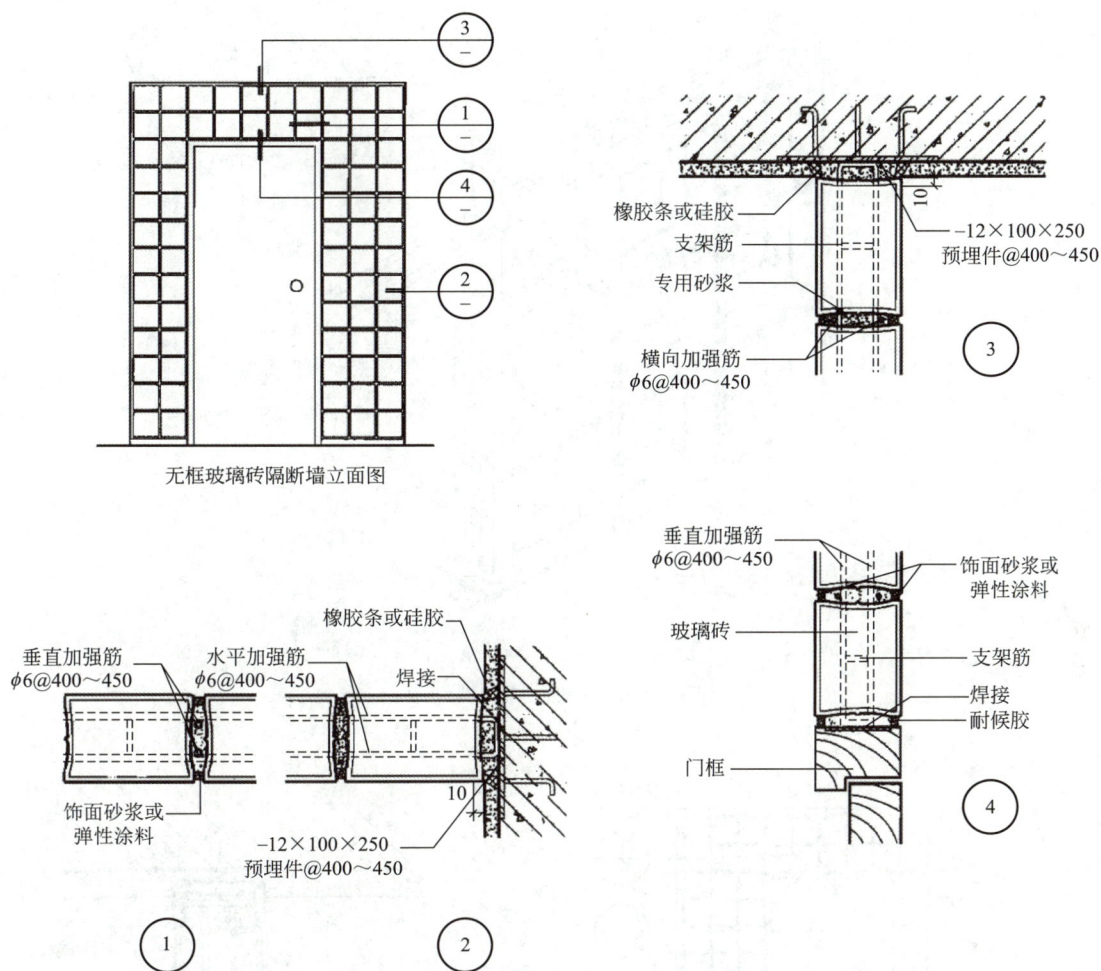

无框玻璃砖隔断墙立面图

图 5-32　无框玻璃砖隔墙构造图

（2）有框玻璃砖隔墙构造

有框玻璃砖隔墙一般采用槽钢、铝合金、不锈钢或黄铜等金属材料框体。在框体与玻璃砖之间一般设有缓冲层，即衬垫玻璃丝粘条或橡胶制品等。图 5-34 所示为有框玻璃砖隔墙的常用构造做法，图 5-35 为有框玻璃砖隔墙构造做法的轴测示意图。

二、玻璃砖隔墙工程施工准备

1. 材料要求

表 5-6 列出了玻璃砖隔墙需要准备的一些常用材料。

2. 机具设备

玻璃砖隔墙属于湿作业，现场需要搅拌砂浆，然后从下往上一层一层完成墙体的砌筑，使用到的主要机具设备如表 5-7 所列。

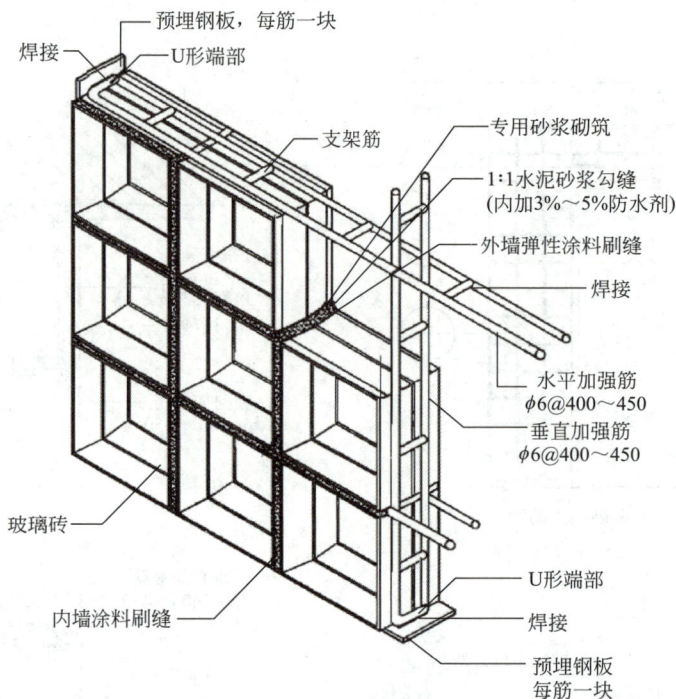

图 5-33　玻璃砖隔墙预埋件做法

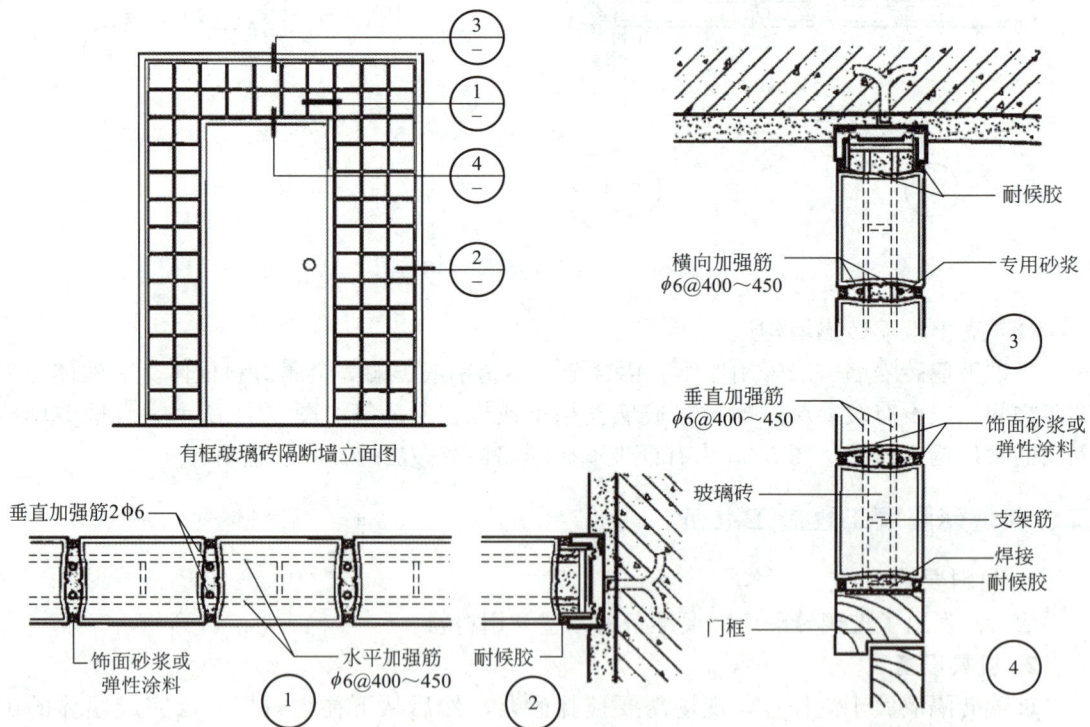

注：框料可用槽钢代替；缓冲材料常用弹性橡胶条。

图 5-34　有框玻璃砖隔墙构造图

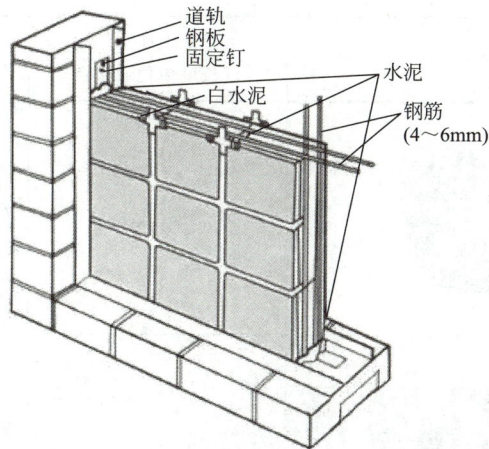

图 5-35　有框玻璃砖隔墙构造做法

玻璃砖隔墙材料清单　　　　　　　　　　　　　　　　表 5-6

种类	名称	图片	常用规格 （长度单位 mm）	简介
主材	玻璃砖		190×190×80 240×115×80 300×90×100 300×300×100	透光而不透视，具有良好的隔声效果。质量要求：棱角整齐、对角线基本一致、表面无裂痕和磕碰
	金属型材		90×50×3 108×50×3	可以采用槽钢或者其他金属型材，两种规格分别用于 80、100 厚的玻璃砖隔墙
拉结材料	钢筋		直径 6	应采用热轧光圆钢筋，并符合相关行业标准要求
胶粘材料	水泥		强度等级 42.5 以上	普通硅酸盐水泥和普通硅酸盐白水泥，分别用于配置砌筑砂浆和勾缝砂浆

79

续表

种类	名称	图片	常用规格 （长度单位 mm）	简介
胶粘材料	砂子		粒径 1、3	筛过的细河砂，不含泥及其他颜色的杂质，两种粒径分别用于勾缝和砌筑砂浆
	密封胶	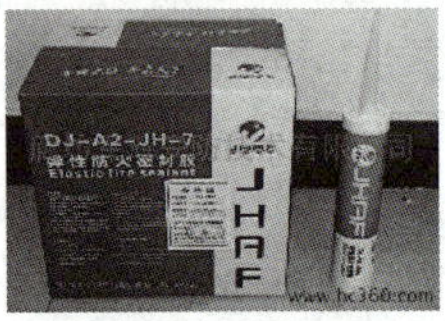	—	有高度防水性和气密性，使用在勾缝砂浆外面可以起到防水作用
辅料	定位架		3、6、10	放置在玻璃砖接缝之间，用于施工时固定支撑玻璃砖，有定位对正的功能

玻璃砖隔墙机具设备清单 表 5-7

名称	图片	用途
手持式搅拌机		使用它搅拌水泥砂浆，比手动搅拌快，搅拌出的水泥砂浆更均匀
小灰铲、托灰板	 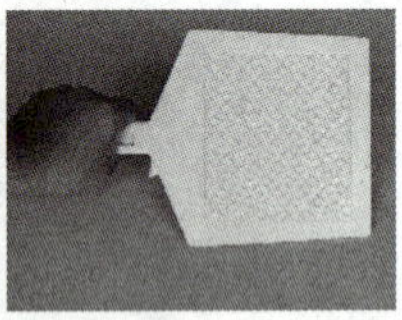	二者配合，把水泥砂浆放置在玻璃砖的粘接面上
橡胶锤		通过敲打起到一定的缓冲作用，使玻璃砖和粘结砂浆结合得更紧密

续表

名称	图片	用途
皮数杆		皮数杆是控制玻璃砖隔墙等砌体水平灰缝厚度、层高(皮数)等的辅助工具。目的是保证砖的每层高度一致,上面划有砖皮数和砖缝厚度。玻璃砖隔墙对平整度要求极高,建议结合激光水平仪同步校准

3. 玻璃砖隔墙作业条件及注意事项

(1) 根据玻璃砖的排列做出基础底脚,底脚通常的厚度略小于玻璃砖的厚度。

(2) 与玻璃砖隔墙相接的建筑墙面的侧边已经整修平整,垂直度符合要求。

(3) 隔墙砌体中埋设的拉结筋、木砖已进行隐蔽验收。

(4) 如果水泥砂浆需要和铝材、不锈钢连接,应在水泥砂浆和连接件之间加一层5mm的绝缘垫,防止水泥腐蚀金属。

(5) 玻璃砖墙体施工时,环境温度不应小于5℃,一般适宜的工作温度为环境温度5~30℃。

(6) 外墙玻璃砖施工时,风力一般应不超过4级,当超过4级风力时应采取挡风或临时支撑措施。

三、玻璃砖隔墙工程施工工艺

1. 玻璃砖隔墙工艺流程

清理基层→抄平放线→排砖→固定周边框架 (有框玻璃砖隔墙) →固定竖直拉结钢筋→玻璃砖砌筑→勾缝→饰边处理→清洁。

2. 玻璃砖隔墙施工操作要点

(1) 清理基层。清理砌筑玻璃砖隔墙周围的墙、地面基层,清除表面浮灰和杂物、平整墙角,但不要破坏防水层。

(2) 抄平放线。使用激光水平仪测量,确定第一层玻璃砖的底砖水平线,见图5-36。按标高立好皮数杆,皮数杆沿墙面方向的横向间距以1.2~1.5m为宜。砌筑前用素混凝土或垫木找平并控制好标高,每砌筑3~4皮玻璃砖需复核一次水平度。在玻璃砖墙四周根据设计图纸尺寸要求弹好墙身线。

(3) 排砖。根据弹好的玻璃砖墙位置线,认真核对玻璃砖墙长度尺寸是否符合排砖模数,可调整隔墙两侧的槽钢或木框的厚度及砖

图5-36 激光水平仪放线

缝的厚度。尽量使用整砖，减少切割。若需切割，最小砖块不宜小于 1/3 砖长。

（4）固定周边框架（有框玻璃砖隔墙）。将框架与结构用镀锌钢膨胀螺栓连接牢固，如图 5-37 所示。

（5）固定竖直拉结钢筋。根据室内空心玻璃砖隔墙的尺寸，加拉结钢筋的规则可查表 5-8。钢筋每端伸入金属型材框的尺寸不得小于 35mm，用钢筋增强的室内空心玻璃砖隔墙的高度不得超过 4m，如图 5-38 所示。

图 5-37　固定框架

图 5-38　固定拉结钢筋

玻璃砖隔墙加拉结钢筋规则　　　　　　　　　　表 5-8

砖缝	隔墙长度（m）	隔墙高度（m）	加直径 6mm/8mm 拉结钢筋原则
贯通缝	≤1.5	≤1.5	不用加
		>1.5	每 2 个水平缝布置 1 根钢筋
	>1.5	≤1.5	每 3 个垂直缝布置 1 根钢筋
		>1.5	每 2 个水平缝布置 2 根钢筋且每 3 个垂直缝布置 1 根钢筋
错缝	≤6	≤1.5	不用加
		>1.5	每 2 个水平缝布置 1 根钢筋
	>6	≤1.5	每 3 个垂直缝布置 1 根钢筋
		>1.5	每 2 个水平缝布置 2 根钢筋且每 3 个垂直缝布置 1 根钢筋

图 5-39　十字定位架固定玻璃砖

（6）玻璃砖砌筑。砌墙前应双面挂线，采用十字缝立砖砌法。玻璃砖砌筑一般采用 1:1 的白水泥或者普通水泥砂浆，也可以采用聚合物水泥浆砌筑。每层玻璃砖在砌筑之前，宜在玻璃砖的凹槽内放置十字定位架卡，如图 5-39 所示。砌筑时，将上层玻璃砖压在下层玻璃砖上，同时使玻璃砖的中间槽卡在定位架上。每砌筑一层后，用湿布将玻璃砖面上粘着的水泥浆擦去。玻璃砖墙宜以 1.5m 高为一个施工段，待下部施工段胶结料达到

82

设计强度后再进行上部施工。最上层的空心玻璃砖应伸入顶部的金属型材框内，并用木楔固定。

（7）勾缝。玻璃砖墙砌筑完后立即进行表面勾缝，勾缝要勾严，以保证砂浆饱满。先勾水平缝再勾竖缝，缝内要平滑，缝的深度要一致。勾缝和抹缝之后，应用布或棉纱将表面擦洗干净。

（8）饰边处理。当玻璃砖墙没有外框时需要进行饰边处理，饰边通常有木饰边和不锈钢饰边等。金属型材与建筑墙体结合处以及空心玻璃砖与金属型材框结合处应用弹性密封剂密封。

3. 玻璃砖隔墙施工注意事项

（1）立皮数杆要保持标高一致，挂线时应拉紧，防止出现灰缝不均。

（2）水平缝砂浆要铺得稍厚一些，慢慢挤揉，立缝灌浆要捣实，勾缝要严，以保证砂浆饱满度，防止出现空隙。

（3）所有的加强钢筋、钢板及槽钢等，除不锈钢外均应当进行防锈处理。

（4）空心玻璃装饰砖墙不能承受任何垂直方向的荷载，设计、施工时应特别注意。

（5）固定金属型材框的镀锌膨胀螺栓，固定间距不得大于500mm。

4. 玻璃砖隔墙成品保护

砌筑施工时，随时保持玻璃砖表面的清洁。砌筑完成后，在距玻璃砖墙两侧各约100～200mm处搭设木架，防止玻璃砖墙受磕碰。

四、玻璃隔墙工程质量验收

玻璃隔墙工程质量验收的主控项目与一般项目、允许偏差和检验方法应符合表5-9、表5-10的规定。

玻璃隔墙工程质量验收的主控项目与一般项目　　　　　　　表5-9

类别	内容	检测方法
主控项目	玻璃隔墙工程所用材料的品种、规格、图案、颜色和性能应符合设计要求。玻璃板隔墙应使用安全玻璃	观察,检查产品合格证书、进场验收记录和性能检验报告
	玻璃板安装及玻璃砖砌筑方法应符合设计要求	观察
	有框玻璃板隔墙的受力杆件应与基体结构连接牢固,玻璃板安装橡胶垫位置应正确。玻璃板安装应牢固,受力应均匀	观察、手推检查、检查施工记录
	无框玻璃板隔墙的受力爪件应与基体结构连接牢固,爪件的数量、位置应正确,爪件与玻璃板的连接应牢固	观察、手推检查、检查施工记录
	玻璃门与玻璃墙板的连接、地弹簧的安装位置应符合设计要求	观察、开启检查、检查施工记录
	玻璃砖墙砌筑中埋设的拉结筋应与基体结构连接牢固,数量、位置应正确	手扳检查、尺量检查、检查隐蔽工程验收记录
一般项目	玻璃隔墙表面应色泽一致、平整洁净、清晰美观	观察

续表

类别	内容	检测方法
一般项目	玻璃隔墙接缝应横平竖直,玻璃应无裂痕、缺损和划痕	观察
	玻璃板隔墙嵌缝及玻璃砖隔墙勾缝应密实平整、均匀顺直、深浅一致	观察

玻璃隔墙安装允许偏差和检验方法　　　　　　　表 5-10

项目	允许偏差(mm)		检验方法
	玻璃板	玻璃砖	
立面垂直度	2	3	用 2m 垂直检测尺检查
表面平整度	—	3	用 2m 靠尺和塞尺检查
阴阳角方正	2	—	用 200mm 直角检测尺检查
接缝直线度	2	—	拉 5m 线,不足 5m 拉通线,用钢直尺检查
接缝高低差	2	3	用钢直尺和塞尺检查
接缝宽度	1	—	用钢直尺检查

【项目总结】

　　轻质隔墙特点是自重轻、墙身薄、拆装方便、节能环保、有利于建筑工业化施工。按构造方式和所用材料不同分为砌块隔墙、板材隔墙、骨架隔墙、玻璃隔墙。我们在这一项目中学习了其中最常用的两种类型：骨架隔墙和玻璃隔墙。从它们的构造做法、使用的工具、设备、材料到施工工艺流程，以及质量要求和检测方法等，琐碎的知识点需要大家慢慢积累。

　　无论是家装还是工装，从设计效果到实际工程完成，三分靠材料七分靠施工。就是说，即使是再好的材料，如果施工工艺很差，效果还是一塌糊涂。大家从现在开始就要严格要求自己，学好扎实的理论和实践知识，对于装饰工程的工艺要求要做到精益求精，将"工匠精神"融入学习和实践中，将来才能成为真正的大国工匠。

【技能训练】轻钢龙骨纸面石膏板隔墙设计和实训

　　按照隔墙工位平面图和立面图完成轻钢龙骨纸面石膏板隔墙的龙骨和面板的设计和施工（如图 5-40 所示）。隔墙龙骨为 75 系列隔墙龙骨，9.5mm 厚纸面石膏板，具体要求如下：

　　1. 必须按照操作规程进行施工；

　　2. 竖向龙骨间距不大于 400mm；

　　3. 设置贯通龙骨 1 道，贯通龙骨距离±0.000 标高是 350mm；

　　4. 纸面石膏板之间板缝为 5mm，纸面石膏板与四周墙之间板缝为 5～8mm；

　　5. 在图 5-40 要求范围安装内吸声材料；

　　6. 按照操作规程施工；

　　7. 质量要求按照现行《建筑装饰装修工程质量验收标准》GB 50210 中的有关规定执行。

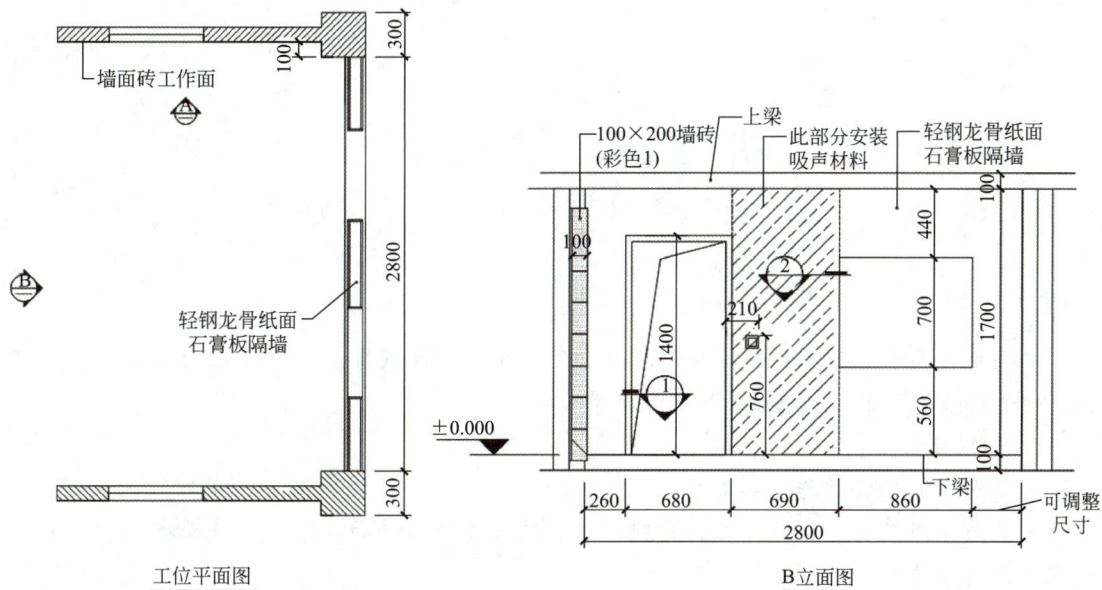

工位平面图　　　　　　　　　　　　　　B立面图

图 5-40　隔墙工位平面图和立面图

【你问我答】

1. 简答题

（1）隔墙和隔断的特点是什么？

（2）叙述轻钢龙骨隔墙的施工工艺流程。

（3）玻璃砖隔墙砌筑时的注意事项有哪些？

答案

2. 填空题

（1）轻钢龙骨石膏板隔墙面板应采用_____固定。周边螺钉的间距不应大于_____ mm，中间部分螺钉的间距不应大于_____ mm，螺钉与板边缘的距离应为_____ mm。

（2）轻钢龙骨隔墙安装横向通贯龙骨，高度低于 3m 的隔墙安装_____道；3～5m 时安装_____道。

（3）玻璃隔墙按采用的材料不同分为_____隔墙工程、_____隔墙工程。

（4）玻璃砖墙宜以_____ m 高为一个施工段，待下部施工段胶结材料达到设计强度后再进行上部施工。

（5）玻璃板隔墙应使用_____玻璃。

（6）骨架隔墙是指在隔墙龙骨两侧安装墙面板以形成墙体的轻质隔墙。龙骨安装的允许偏差，立面垂直_____ mm，表面平整_____ mm。

【素养课堂】

常用轻钢
龙骨规格

项目六　墙面工程

【教学目标】

本项目将围绕七个任务进行细化，以确保学生能够全面理解和掌握墙面工程的基本理论、材料特性、施工工艺及质量控制方法等。

1. 知识目标
- 了解墙面装饰的作用和类型；
- 熟悉抹灰工程、涂饰工程、裱糊工程、软包工程、饰面砖工程、饰面板工程的施工步骤、操作方法。

2. 能力目标
- 能够在施工操作中认识和正确使用相关的施工机具；
- 掌握裱糊工程的施工工艺及操作要点；
- 具备检验壁纸裱糊施工质量的操作能力。

3. 情感目标
- 激发对新技术、新材料的学习热情，培养创新精神和实践能力；
- 增强学生的责任感和安全意识，培养敬业精神，确保施工质量和安全。

【思维导图】

任务 1 认识墙面工程

建筑装饰装修工程中，墙面是建筑空间中所占面积最明显，对空间使用效果影响最明显的部分。墙面的装饰装修设计和施工不但要考虑美观和牢固性，还要能起到保护建筑主体结构、延长建筑墙面使用寿命、弥补建筑空间的缺陷和不足、优化建筑空间序列的作用。

一、墙面工程的功能

墙面工程是空间六界面中的重点装饰部分，在装饰装修中需要满足使用功能和装饰美化两大功能需求，使用功能是保护墙体不直接受到外界不利因素的破坏，提高墙体的保温、隔热和隔声能力，延长墙体的使用寿命等。美化功能就是丰富建筑空间的艺术效果、美化环境等。

1. 装饰功能

通过色彩、图案、纹理等元素，墙面为室内外环境增添艺术感和层次感。建筑外墙面的设计、色彩和材质等因素能够直接影响人们的视觉感受，创造出富有层次感和立体感的视觉效果，提升建筑的美感。建筑内墙面可以与家具、窗帘等室内元素形成和谐的搭配，营造出统一而富有特色的室内风格。墙面装饰装修工程还能够营造出不同的氛围，例如暖色调的墙面可以营造出温馨、舒适的氛围，而冷色调的墙面则可能带来清新、冷静的感觉。不同的墙面工程装饰功能可参考图 6-1。

图 6-1 墙面工程的装饰功能

2. 实用功能

墙面工程能在一定程度上保护墙面免受划痕、污渍等损伤。特别是对于那些容易受潮、受污的墙面，合适的装饰材料可以有效地延长墙面的使用寿命。一些墙面装饰装修还具有实用功能。例如，书架墙、储物墙等设计不仅美观，还能提供额外的储物空间；而黑板墙、白板墙等则方便家庭成员进行涂鸦、记录等活动，如图 6-2 所示。

除此之外，通过墙面装饰装修设计还可以有效地调节室内空间的视觉大小。例如使用镜面或高反光材料作为墙面装饰，可以扩大视觉上的空间感；而使用深色或厚重的装饰，

图 6-2　墙面工程的实用功能

则可能使空间显得更为紧凑和私密。一个经过精心设计的墙面装饰装修方案，可以显著提升居住者的舒适度和幸福感。

二、墙面工程的类型

墙面工程是基础装修中面积最大的项目，不仅关系到建筑装饰装修的整体风格、美观，还影响使用功能，更关系到环保和安全的问题，所以墙面装饰装修从设计、材料选择到施工都一定要慎重考虑。

墙面工程主要有抹灰工程、涂饰工程、裱糊工程、软包工程、饰面砖工程、饰面板工程等，在实际工程施工中几种墙面装饰做法通常会综合使用，如图 6-3 所示。

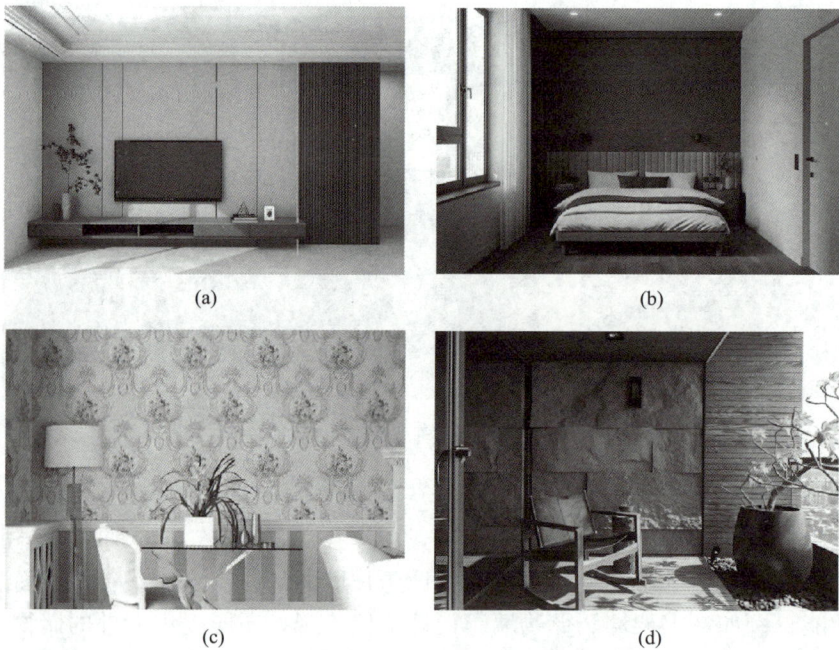

(a)　(b)　(c)　(d)

图 6-3　常见墙面装饰装修类型

（a）饰面板、涂饰工程；（b）涂饰、软包工程；（c）裱糊、饰面板工程；（d）石材、饰面砖工程

任务 2 抹灰工程

一、抹灰工程基本知识

抹灰工程是用灰浆涂抹在建筑物表面，起到找平、装饰和保护墙面的作用，主要用在建筑室内外墙面、顶棚上的一种装饰装修施工工艺。涂饰、裱糊、软包等施工工艺均需要在抹灰找平的基础上进行，因此抹灰工程是墙面装饰装修工程最基础的施工工艺。

1. 抹灰工程分类

抹灰工程可以根据使用要求及装饰效果分为一般抹灰和装饰抹灰，也可以按施工部位分为室内抹灰和室外抹灰等。

一般抹灰所使用的材料有石灰砂浆、水泥砂浆、水泥混合砂浆、聚合物水泥砂浆和麻刀石灰、纸筋石灰、石膏灰等。装饰抹灰的底层、中层同一般抹灰，但面层经特殊工艺施工，是一种通过操作工艺及材料等方面的改进，使抹灰更富有装饰效果的施工工艺，抹灰工程具体分类见表6-1。

抹灰工程分类 表 6-1

分类标准	种类	图片	简介
按使用要求及装饰效果分类	一般抹灰		普通抹灰：一层底层、一层面层，厚度约18mm
			中级抹灰：一层底层、一层中层、一层面层。设标筋、阳角找方正，厚度约20mm
			高级抹灰：一层底层、数层中层、一层面层。设标筋、阳角找方正，厚度约25mm
	装饰抹灰	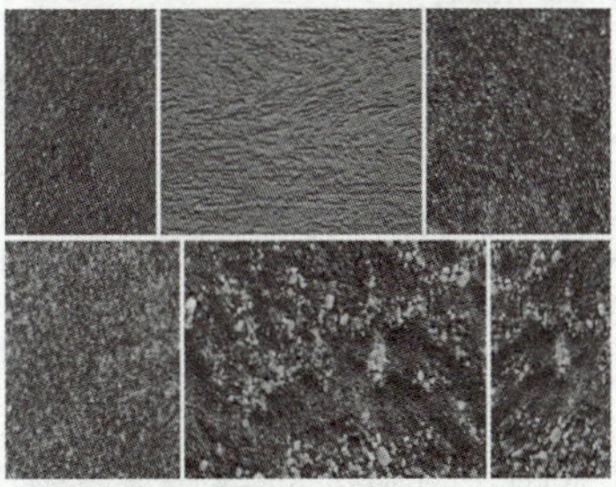	石渣类装饰抹灰：以石渣为骨料直接喷（或甩）在基层表面，或者调制成水泥石渣浆喷（或抹）在基层表面，再使用水洗、斧剁、水磨等方法除去表面水泥露出石渣的施工做法
			砂浆类装饰抹灰：以水泥砂浆和矿物颜料，配以手工操作达到不同装饰效果，包括拉毛灰、假面砖等施工做法
按施工部位分类	室内抹灰		墙面抹灰、顶棚抹灰、楼（地）面抹灰、楼梯抹灰等

续表

分类标准	种类	图片	简介
按施工部位分类	室外抹灰		墙面抹灰、雨篷抹灰、阳台抹灰、女儿墙抹灰等

2. 抹灰工程构造

抹灰工程由底层、中层和面层组成。底层抹灰为粘结层，是涂抹在基层、基体表面上的第一层，主要起粘结基层并初步找平的作用。中层抹灰为找平层，中层抹灰抹在底层灰上，进一步找平并减少龟裂，是保证质量的关键层。面层抹灰抹在中层灰上，满足防水和装饰功能。抹灰工程的构造分层如图 6-4 所示。

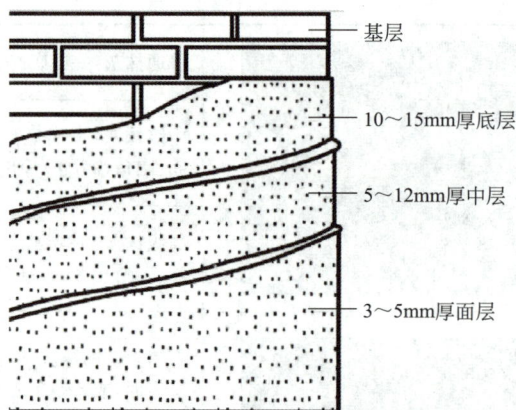

图 6-4　抹灰构造分层

抹灰层必须采用分层分遍涂抹，如果一次涂抹的砂浆过厚，抹灰面层就会由于内外收水快慢不同而出现干裂、起鼓和脱落现象。每道抹灰层的厚度应根据基体材料、砂浆品种、抹灰部位、抹灰等级、质量标准要求以及施工气候条件等因素来确定。

二、抹灰工程施工准备

抹灰工程施工前应做好材料、机具及作业条件方面的准备工作。配备并检查抹灰施工所需的水泥、砂子等材料，准备并校正抹灰施工所需的抹子、靠尺、量斗等工具。检查抹灰施工条件是否具备，需要调整完善的地方做好调整。

1. 抹灰工程材料准备

抹灰工程中常用的材料有水泥、石渣、纤维材料、颜料和胶粘剂等，如表 6-2 所示。

抹灰工程常用材料　　　　　　　　　　　　　　　表 6-2

名称	图片	简介
水泥		属于水硬性胶结材料,加水后能将砾石、砂子等材料胶结在一起,形成坚硬的固体。一般使用强度等级 42.5 级的矿渣硅酸盐或普通硅酸盐水泥,应有出厂证明或复试单
石渣		同一种材质的大小规格在规定范围之内的石料。按装饰抹灰的设计要求常用的有 4mm 的小八厘、6mm 的中八厘、8mm 的大八厘。使用前过筛、洗净,保证粒径均匀,不含黏土等杂质
纤维材料	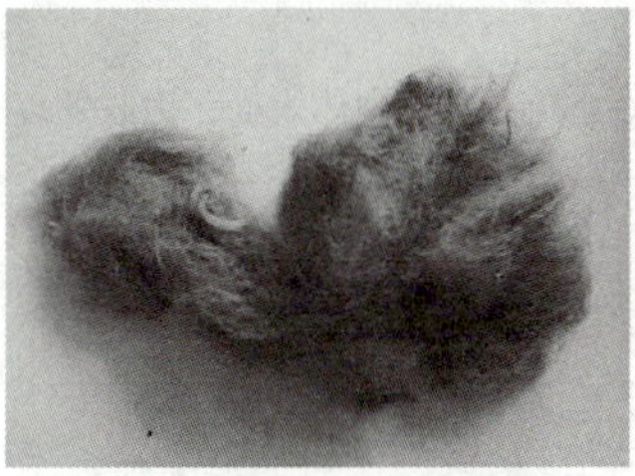	常用的纤维材料有麻刀、纸筋、玻璃纤维等,在抹灰工程中起拉结和骨架作用,可提高抹灰层的抗拉强度、弹性和耐久性,使之不易开裂和脱落
颜料		装饰抹灰用的颜料必须为耐碱、耐光的矿物颜料或无机颜料,颜料能提高抹灰的装饰效果
石灰膏		石灰膏熟化时间必须大于 30d,要求洁白细腻,不含有未熟化颗粒。石灰膏可以提高水泥砂浆的粘结力和抗渗性

续表

名称	图片	简介
胶粘剂	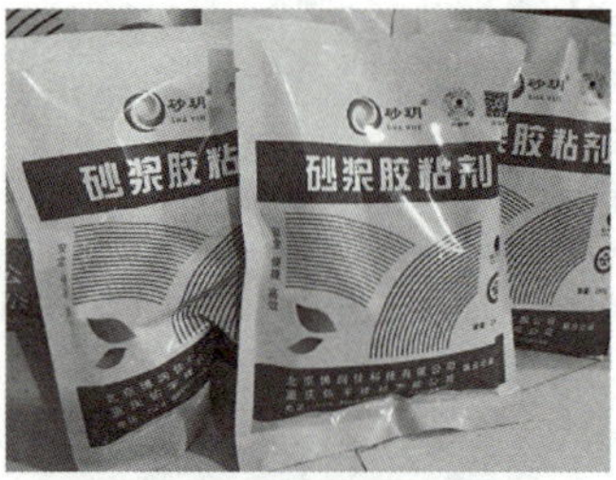	能提高砂浆的粘结性、柔韧性、稠度和保水性,减少面层的开裂和脱落,便于砂浆的施工操作,提高抹灰质量
镀锌钢丝网		抹灰工程中使用的镀锌钢丝网由镀锌铁丝焊接而成,可以增强抹灰层的强度和稳定性,防止抹灰层开裂或脱落
抗裂耐碱玻纤网		能有效避免抹灰层整体表面张力收缩以及外力引起的开裂
PVC护角条		可以在抹灰、腻子等工程的阴阳角上形成直边抵抗破裂或龟裂,还能起到保护的作用
分格条		用于装饰抹灰面层分格,可用木条、PVC条、铜条、铝条和玻璃条等

2. 抹灰工程工具准备

抹灰工程常用工具包括铁抹子、木抹子、塑料抹子、阴阳角抹子、托灰板、刮杠、方尺、钢卷尺、长毛刷、喷壶、墨斗、砂浆搅拌机、灰桶、筛子等,一般抹灰工程常用工具如表 6-3 所示。

一般抹灰工程常用工具

表 6-3

名称	图片	用途
铁抹子、木抹子		铁抹子可以把砂浆抹上墙、抹光,木抹子是把已经上墙的砂浆抹平、拉毛
阴阳角抹子		在抹阴阳角时,用阴阳角抹子对该部位来回拖拉至顺直,呈小圆弧角
托灰板	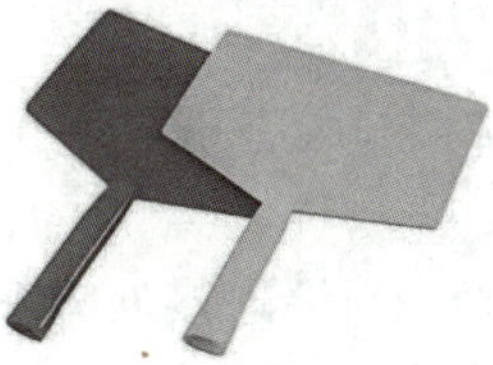	是一种常用建筑工具,在抹灰施工时托灰用
灰桶		泥工在建筑工地上常用的工具,主要用于装载和运输水泥、砂浆等建筑材料
筛子		主要用于去除砂子杂质、控制粒径分布。根据其孔径大小和功能的不同,大致可以分为粗筛、中筛和细筛三大类
钢丝刷子	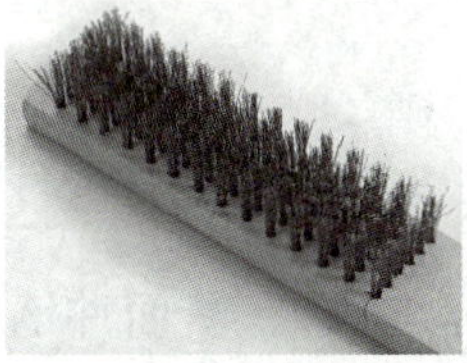	基层表面凸出部分剔平后清理的工具

除此之外，装饰抹灰的工具还因施工工艺不同会用到木拍板、橡胶辊子、喷石机、单刃斧或多刃斧、水壶、水桶、喷雾器、海绵、钢凿、榔头、磅秤、铁锹等，见图6-5。

图6-5　装饰抹灰常用工具

3. 抹灰工程作业条件

（1）结构工程质量验收合格。必须经过有关部门验收合格后，方可进行抹灰工程，并弹好500mm（或1000mm）水平线。

（2）门、窗等处理。检查门窗框位置是否正确，与墙连接处缝隙用1∶3水泥砂浆分层嵌塞密实，若缝隙较大应在砂浆中掺入少量纤维材料嵌塞密实。铝合金门窗框边缝所用嵌缝材料应符合设计要求，且堵塞密实，并事先粘贴好保护膜。壁柜、门框及其他预埋铁件位置和标高应准确无误，并做好防腐、防锈处理。

（3）管道等穿越的洞口处理。应安放套管，并用1∶3水泥砂浆或豆石混凝土填塞密实。电线管、消火栓箱、配电箱安装完毕，并在背后钉好钢丝网。接线盒用纸堵严，防止灰浆污染。

（4）操作平台搭建。根据室内高度和抹灰现场的具体情况，提前搭好抹灰操作的高凳和架子，架子要离开墙面及墙角200～250mm，以利操作。

（5）基层处理。混凝土墙、顶等基层表面凸出部分应剔平，对蜂窝、麻面、露筋等应剔到实处，外露钢筋头和铅丝头等事先清除掉，再用1∶3水泥砂浆分层补平。抹灰前一天，墙、顶应浇水湿润，抹灰时再用笤帚淋水或喷水湿润。抹灰前再用笤帚将顶、墙清扫干净，如有油渍或粉状隔离剂，应用10%火碱水刷洗，清水冲净，或用钢丝刷子彻底刷干净。

（6）冬期施工。应事先对基层采取解冻措施，待其完全解冻，而且室内温度保持在5℃以上，方可进行室内墙、顶抹灰。

三、一般抹灰

1. 一般抹灰施工工艺流程

基层处理→吊直、套方、找规矩→贴灰饼（标志块）、墙面冲筋→阳角做护角→抹底层灰→抹中层灰→抹罩面灰→清理、养护。

2. 一般抹灰施工操作要点

（1）基层处理。基层处理是为了避免抹灰层可能出现的空鼓、脱落，确保抹灰砂浆与基体粘结牢固。首先，不同基体交接部位挂网。使用镀锌钢丝网或耐碱玻纤网加强连接，减少日后开裂的可能性。挂网采用钢钉或水泥钉固定，间距不宜大于 300mm。其次，混凝土墙面将凸出的混凝土剔平，钢模施工的混凝土应凿毛或甩浆毛化，并用钢丝刷满刷一遍。再次，对于较干燥的墙面应浇水湿润，单砖薄墙浇透一遍即可，厚度 240mm 以上墙体应浇水两遍。最后，施工前再清除表面杂物、尘土、残留灰浆等，不同基层处理方法见图 6-6。

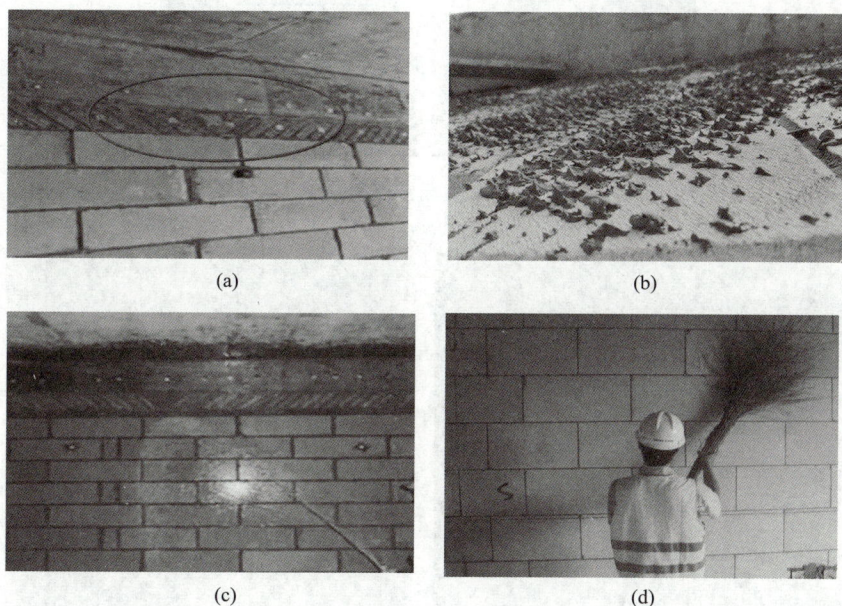

(a)　　　　　　　　　　　(b)

(c)　　　　　　　　　　　(d)

图 6-6　基层处理
(a) 需挂网部位；(b) 甩浆毛刺；(c) 浇水湿润；(d) 清扫墙面

（2）吊直、套方、找规矩。此道工序的目的是有效控制抹灰层的垂直度、平整度和厚度，符合抹灰工程的质量标准。利用主体测量控制点在距离墙边 200mm 处用激光水平仪测量出墙体的垂直和水平控制线，由此得出房间标准斗方线，俗称吊直、套方，如图 6-7 所示。再依据弹出的垂直线和水平线，配合卷尺复核墙体位置偏差，根据斗方线与垂直度偏差值，确定抹灰层厚度在 7～20mm 之间，下一步制作灰饼。

（3）贴灰饼（标志块）、墙面冲筋。用激光水平仪或线坠、方尺、拉通线等方法贴灰饼。首先用 1∶3 水泥砂浆在高度 2m，距墙角 100mm 处，依照弹线位置先作上灰饼，灰饼水平距离为 1.2～1.5m，厚度为中层抹灰的厚度，大小 50mm×50mm 见方。然后，依据做好的标准标志块做下灰饼。挂垂线确定下灰饼的位置，一般在踢脚上方 200～300mm 处，下灰饼也作为踢脚板依据。用托线板找好垂直，使上下两个标志块在一条垂直线上，如图 6-8 (a) 所示。第三步墙面冲筋。冲筋又叫标筋，是在上下两块标志块之间先抹出一条长梯形灰埂，其宽度约 100mm，厚度与标志块相平，作为墙面抹底子灰填平的标准，如图 6-8 (b) 所示。

抹灰施工工艺

95

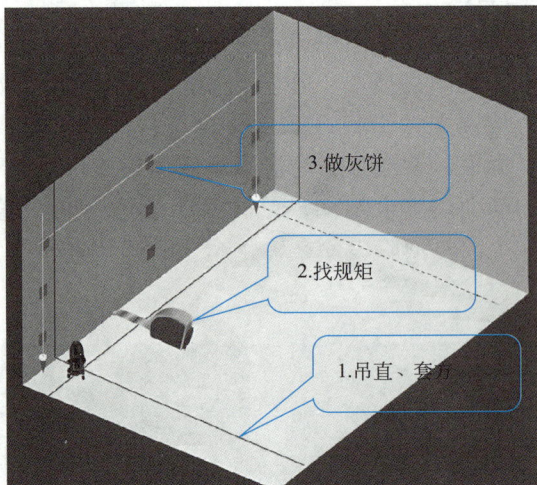

图 6-7　抹灰套方控制线施工

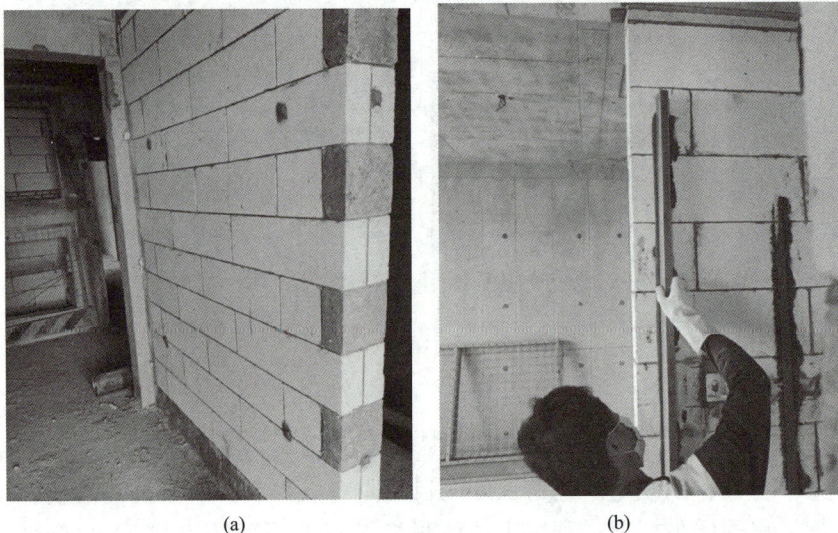

(a)　　　　　　　　　　　　　　　　(b)

图 6-8　墙面贴灰饼、冲筋施工

（a）贴灰饼；（b）冲筋

（4）阳角做护角。室内门窗洞口、墙的阳角处在使用和施工中容易被碰撞和损坏，因此要做护角保证抹灰线条的清晰、顺直。护角可以采用 1：2 的水泥砂浆抹制，其高度一般不应低于 2m，每侧包过阳角宽度不应小于 50mm，具体做法如图 6-9 所示。

（5）抹底层灰。护角完成约 2h 左右，砂浆达到七八成干时，即可进行底层抹灰。底层灰用于初步找平并与基层墙体粘结，俗称"刮糙"。抹底层灰由一面墙开始，将灰浆抹在两条标筋之间，其厚度约 7～9mm，整体低于标筋。木抹子搓平搓毛增加粘结力，确保后续抹灰层的附着力和平整度，如图 6-10 所示。

（6）抹中层灰。底层砂浆稍收水后，即可进行中层抹灰。将调制好的砂浆抹在两条标筋之间的底灰之上，自上而下，从左到右涂抹，厚度略高于标筋。随即用木杠进行刮平，

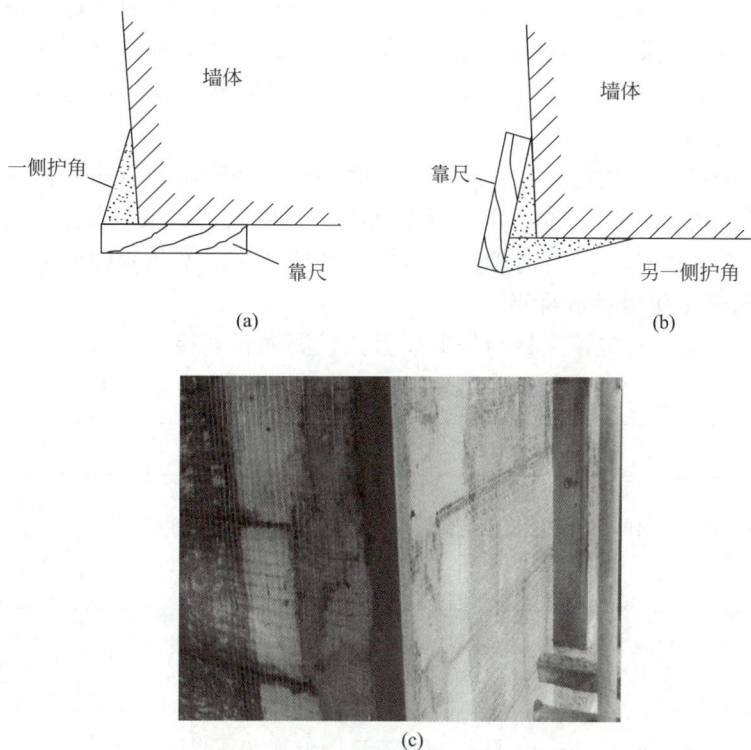

图 6-9　护角施工步骤及效果

（a）一侧护角；（b）另一侧护角；（c）墙体护角完成效果

俗称"刮杠"。刮杠时人站成骑马式，双手握紧木杠，用木杠宽度小的侧面，两端紧贴左右两条标筋，由下而上用力均匀地进行刮压，刮高补低、反复找补，直至中层抹灰与标筋齐平，如图 6-11 所示。

图 6-10　抹底层灰

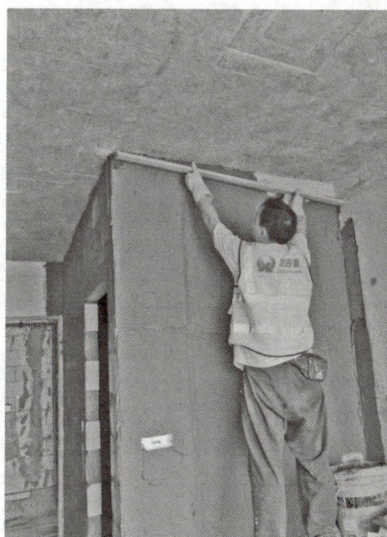

图 6-11　刮杠找平

（7）抹罩面灰。中层灰七八成干，手压不下陷但有浅显印痕时，即可抹罩面灰。最好两人同时操作，一人先薄刮一遍使其与底层灰抓牢，另一人随即抹平。按照先上后下的顺序进行赶光压实，然后用铁抹子压一遍，用塑料抹子顺抹纹压光，随即用毛刷蘸水将罩面灰污染的门窗框等清刷干净。

（8）清理、养护。抹灰完成后，应检查墙面垂直度和阴阳角方正。抹灰达到一定强度后浇水养护，养护时间不少于 7d，防止面层快干。冬期施工应采取保温措施，抹灰层硬化初期不得受冻。施工完成后及时清理施工垃圾，避免扬尘污染抹灰面层。

3. 一般抹灰施工质量验收标准

（1）一般抹灰施工的主控项目与一般项目的检测内容和检测方法如表 6-4 所示。

一般抹灰施工的主控项目与一般项目　　　　　　　　　　表 6-4

类别	检测内容	检测方法
主控项目	一般抹灰所用材料的品种和性能应符合设计要求及国家现行标准的有关规定	检查产品合格证书、进场验收记录、性能检验报告和复验报告
	抹灰前基层表面的尘土、污垢、油渍等应清除干净，并应洒水润湿或进行界面处理	检查施工记录
	抹灰工程应分层进行。当抹灰总厚度大于或等于 35mm 时，应采取加强措施。不同材料基体交接处表面的抹灰，应采取防止开裂的加强措施，当采用加强网时，加强网与各基体的搭接宽度不应小于 100mm	检查隐蔽工程验收记录和施工记录
	抹灰层与基层之间及各抹灰层之间必须粘结牢固，抹灰层应无脱层、空鼓，面层应无爆灰和裂缝	观察、用小锤轻击检查施工记录
一般项目	普通抹灰表面应光滑、洁净、接槎平整，分格缝应清晰；高级抹灰表面应光滑、洁净、颜色均匀、无抹纹，分格缝和灰线应清晰美观	观察、手摸检查
	护角、孔洞、槽、盒周围的抹灰表面应整齐、光滑；管道后面的抹灰表面应平整	观察
	抹灰层的总厚度应符合设计要求；水泥砂浆不得抹在石灰砂浆层上；罩面石膏灰不得抹在水泥砂浆层上	检查施工记录
	抹灰分格缝的设置应符合设计要求，宽度和深度应均匀，表面应光滑，棱角应整齐	观察、尺量检查
	有排水要求的部位应做滴水线（槽）。滴水线（槽）应整齐顺直，滴水线应内高外低，滴水槽的宽度和深度均不应小于 10mm	观察、尺量检查

（2）一般抹灰工程的允许偏差和检验方法应符合表 6-5 的规定。

一般抹灰工程的允许偏差和检验方法　表 6-5

项次	项目	允许偏差（mm）		检验方法
		普通抹灰	高级抹灰	
1	立面垂直度	4	3	用 2m 垂直检测尺检查
2	表面平整度	4	3	用 2m 靠尺和塞尺检查
3	阴阳角方正	4	3	用 200mm 直角检测尺检查
4	分格条（缝）直线度	4	3	拉 5m 线，不足 5m 拉通线，用钢直尺检查
5	墙裙、勒脚上口直线度	4	3	拉 5m 线，不足 5m 拉通线，用钢直尺检查

四、装饰抹灰

装饰抹灰是在一般抹灰的底层灰抹好后，面层通过操作工艺及材料等方面的改进，使抹灰更富有装饰效果，主要包括水刷石、干粘石、假面砖、斩假石、拉毛与拉条灰，以及机械喷涂、弹涂、滚涂、彩色抹灰等。有些地方历史文化遗产建筑修缮中也有应用案例，如图 6-12 所示为上海慎余里保护性修缮工程中水刷石饰面的应用。近年来在干粘石的基础上发展的胶粘石，水刷石基础上发展的水洗石适用于各种服装店、茶楼、咖啡厅、餐厅、别墅等墙面的装饰装修。

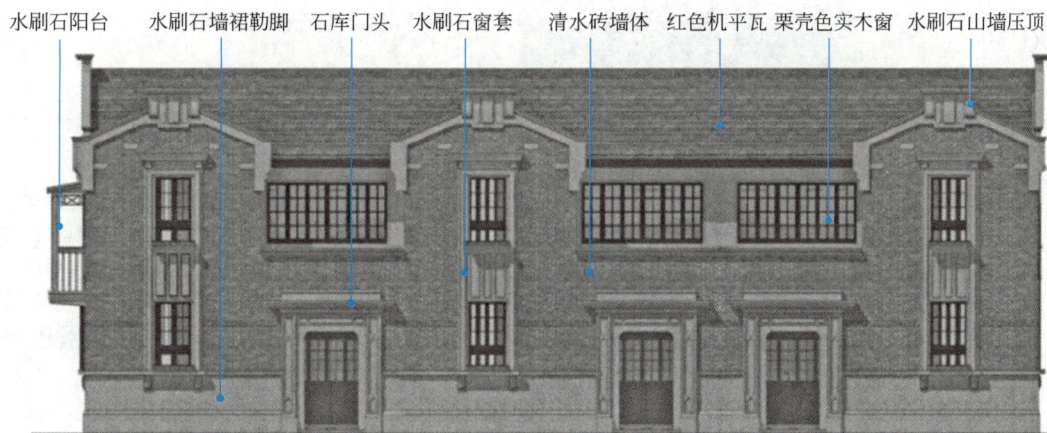

水刷石阳台　水刷石墙裙勒脚　石库门头　水刷石窗套　清水砖墙体　红色机平瓦　栗壳色实木窗　水刷石山墙压顶

图 6-12　上海慎余里保护性修缮工程中水刷石饰面

装饰抹灰按照面层材料不同，主要分为石渣类装饰抹灰和砂浆类装饰抹灰。石渣类装饰抹灰是将石渣骨料直接喷（或甩）在基层表面，或者调制成水泥石渣浆喷（或抹）在基层表面，再使用水洗、斧剁、水磨等方法除去表面水泥露出石渣的施工做法。砂浆类装饰抹灰主要以水泥砂浆和矿物颜料，配以手工操作达到不同装饰效果，包括拉毛灰、假面砖等。装饰抹灰的常见种类介绍见表 6-6。

装饰抹灰常见种类 表 6-6

种类		图例	简介
石渣类装饰抹灰	水刷石（水洗石）	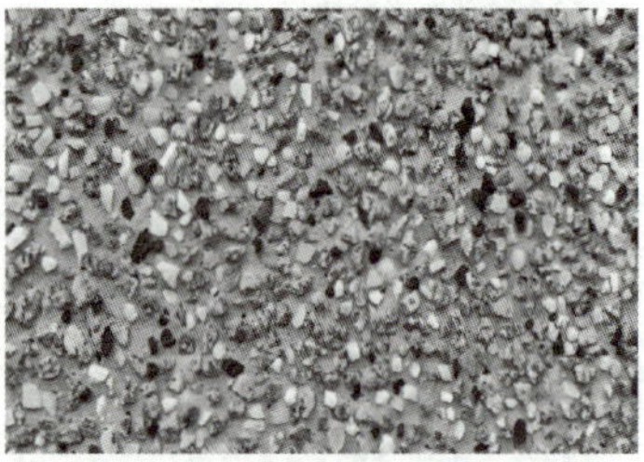 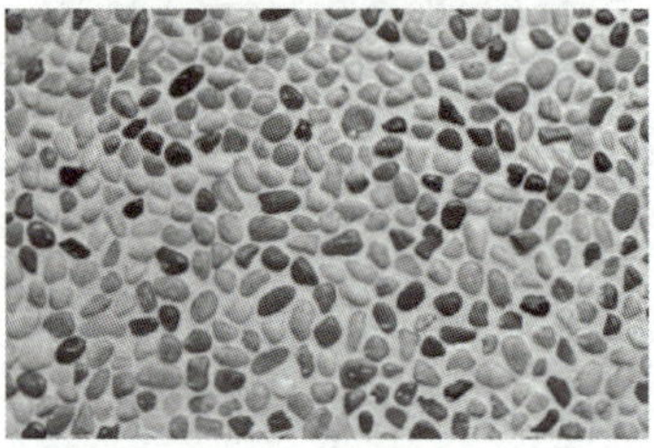	也称水洗石，是用水泥、石渣或卵石（粒径 6～8mm）、颜料等加水拌和的水泥石渣浆抹在建筑物的表面，半凝固后用海绵（硬毛刷等）蘸水刷去表面的水泥浆而使石渣半露的墙面做法，近年来有再度流行的趋势
	干粘石		抹灰基层上抹纯水泥浆，然后喷（甩、撒）小石渣（粒径 4～6mm），并用工具将石渣压入水泥浆里，做出的装饰抹灰。是水刷石的改良工艺，没有水污染，但石渣粘结性稍差
	胶粘石		在干粘石工艺基础上发展的新型墙面装饰革新工艺。使用胶粘石胶水将石渣充分搅拌均匀，抹在基层表面，在表面还未完全干燥之前，利用工具进行模压使其表面的花纹更为清晰、美观。适用于服装店、茶楼、咖啡厅、餐厅、别墅等墙面、地面、台阶等部位
	斩假石		一种人造石料，又称剁斧石。将掺入石渣的水泥砂浆涂抹在建筑物表面，硬化后用斩凿方法使其成为有纹路的石面样式

续表

种类		图例	简介
石渣类装饰抹灰	水磨石		在传统水磨石的基础上，将碎石、玻璃、石英石等骨料拌入水泥粘结料制成混凝土制品后，经表面研磨、抛光的装饰抹灰，近年来有再度流行的趋势
砂浆类装饰抹灰	拉毛灰		在已抹好的中层砂浆上面进行面层砂浆装饰抹灰，形成具有波纹和毛头的装饰面。这种工艺具有施工简单、就地取材、造价低廉的优点，并且能够给人一种雅致、大方的美感
	假面砖		是一种在水泥砂浆之中掺入氧化铁黄或者氧化铁红等颜料，加以手工操作，以最终达到模仿面砖效果的装饰抹灰做法

　　不同装饰抹灰的区别主要在于面层材料、施工工艺不同。下面以水刷石为例学习装饰抹灰的施工工艺和施工质量验收标准。

　　水刷石是一种传统的施工工艺，近年来有再度流行的趋势，也称水洗石。它能使墙面具有天然质感，而且色泽庄重美观，饰面坚固耐久不褪色，也比较耐污染。制作过程是用水泥、石渣或卵石（粒径 6～8mm）、颜料等加水拌和成水泥石渣浆抹在建筑物的表面，半凝固后用海绵（硬毛刷等）蘸水刷去表面的水泥浆而使石渣半露。

　　1. 水刷石施工工艺流程

　　基层处理→吊垂直、套方、找规矩→抹灰饼、冲筋→抹底层灰→分格弹线、粘分格条→抹粘结层砂浆→批刮石渣浆面层→修整、收光→喷刷、水洗→起条、勾缝、刷罩面漆（可选工序）→养护。

　　2. 水刷石施工操作要点

　　水刷石的前期施工流程（基层处理→吊垂直、套方、找规矩→抹灰饼、冲筋→抹底层灰）与一般抹灰基本相同，不再赘述。从分格弹线、粘分格条开始施工操作要点如下：

（1）分格弹线、粘分格条。根据设计图纸要求弹出分格线，然后粘分格条。弹线、分格应设专人负责，以保证分格符合设计要求。分格条要粘在所弹分格线的同一侧，防止左右乱粘，出现分格不均匀。分格条根据材质不同，分为木质、PVC、金属、玻璃等。木分格条使用前要用水浸透，用黏稠的水泥浆（宜掺建筑胶）在分格条两侧固定，水泥浆抹成45°或60°八字坡形，如图 6-13 所示。全部工序完成后木分格条可取出，PVC、金属、玻璃等分格条无需取出，PVC 分格条粘贴过程如图 6-14 所示。

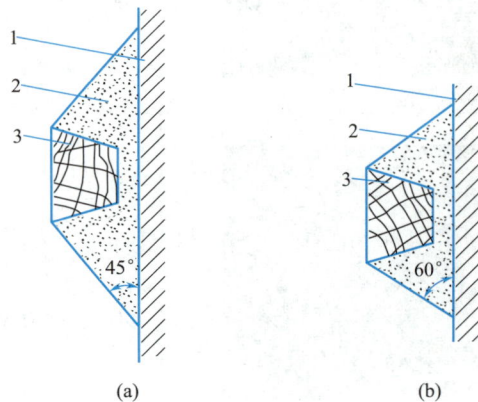

图 6-13　木分格条两侧斜角示意

（a）当天抹灰做 45°斜角；（b）隔夜条做 60°斜角

1—墙面；2—粘贴砂浆；3—分格条

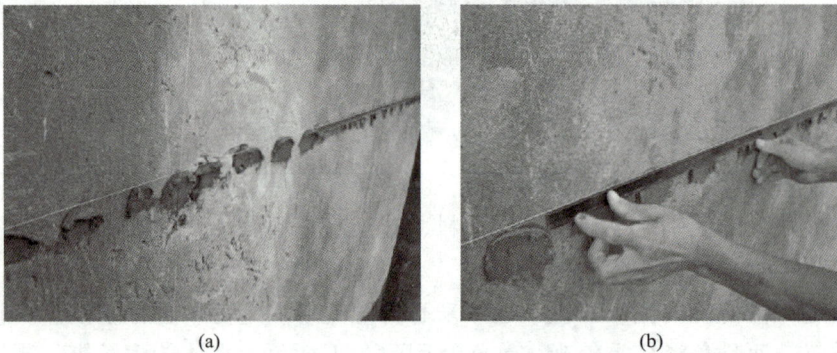

图 6-14　PVC 分格条粘贴过程

（a）弹线、抹砂浆；（b）固定分格条

（2）抹粘结层砂浆。为保证粘结层质量，抹灰前应用水湿润墙面，粘结层厚度以所使用石渣粒径确定，抹灰时如果有干得过快的部位应补水湿润。

（3）批刮石渣浆面层。石渣浆是先将水泥和石渣搅拌均匀后，再加水搅拌。然后将搅拌好的水泥石渣浆用抹子从下往上批刮上墙，防止材料掉落，如图 6-15 所示。

（4）修整、收光。石渣面层抹灰应拍平压实，拍平时应注意阴阳角处石渣的饱满度。赶实压光时可拿喷壶向墙上喷水进行墙面收光平整，如图 6-16 所示，压实后尽量保证石渣大面朝上。

图 6-15　批刮石渣浆面层

(a)　　　　　　　　　　　　　　　(b)

图 6-16　压光面层

（a）喷水、赶实；（b）收光

（5）喷刷、水洗。一般 5～6h 后石渣面层初凝，这时指按无痕，并且用刷子刷不掉石粒，就可以开始刷洗面层水泥浆。喷刷宜分两遍进行，先用水刷洗一遍，再用海绵把表面擦拭干净，石子宜露出表面 1～2mm，如图 6-17 所示。

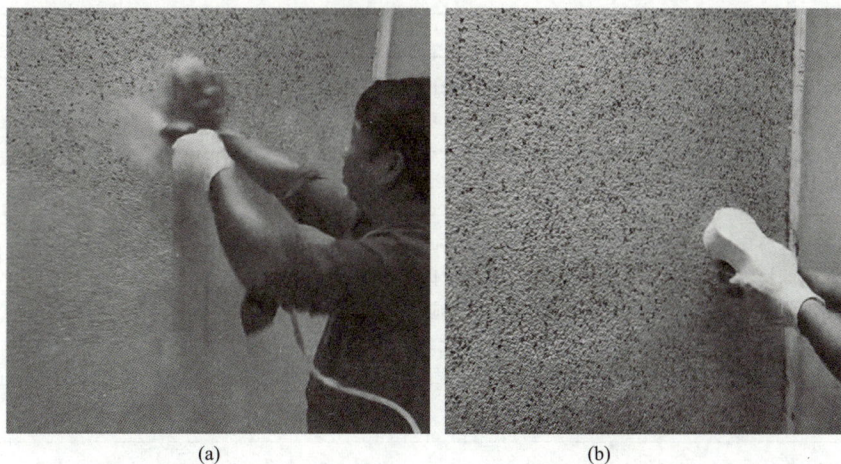

(a)　　　　　　　　　　　　　　　(b)

图 6-17　喷刷面层

（a）第一遍喷刷；（b）第二遍擦拭

（6）起条、勾缝、刷罩面漆（可选工序）。需要将分格条取出的，在前工序全部完成检查无误后，随即将分格条、滴水线条取出。取分格条时要认真小心，防止将边棱碰损，分格条起出后用抹子轻轻地按一下石渣面层，以防拉起面层造成空鼓现象。然后待水泥达到初凝强度后，用素水泥膏勾缝。格缝要保持平顺挺直、颜色一致。近年来用于室内的水刷石一般都会刷罩面漆，增强面层装饰效果的同时，还可以使面层石渣或卵石更牢固，见图 6-18。

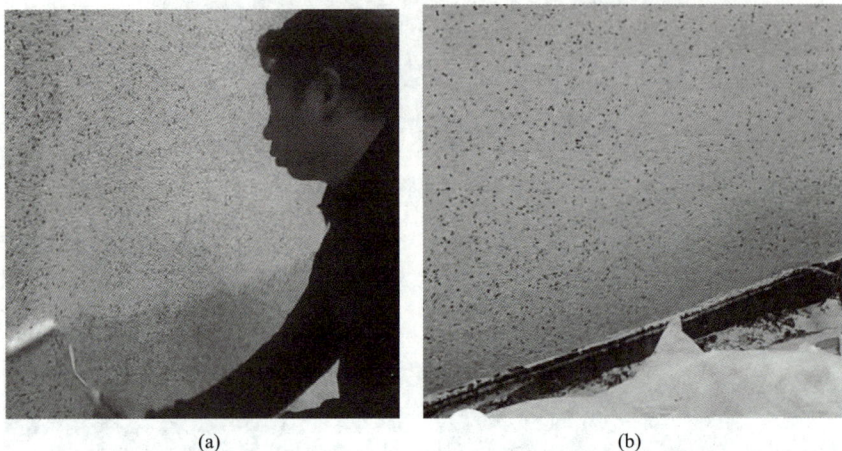

图 6-18　罩面处理
(a) 刷罩面漆；(b) 完工效果

（7）养护。面层完成后，常温 24h 后喷水养护，养护期不少于 2～3d，夏日阳光强烈，气温较高时应适当遮阳，避免阳光直射，并适当增加喷水次数，以保证工程质量。

3. 装饰抹灰施工质量验收标准

（1）装饰抹灰施工主控项目与一般项目的检测内容和方法如表 6-7 所示，适用于水刷石、斩假石、干粘石、假面砖等装饰抹灰工程质量验收。

装饰抹灰施工的主控项目与一般项目　　表 6-7

类别	内容	检测方法
主控项目	装饰抹灰工程所用材料的品种和性能应符合设计要求及国家现行标准的有关规定	检查产品合格证书、进场验收记录、性能检验报告和复验报告
	抹灰前基层表面的尘土、污垢、油渍等应清除干净，并应洒水润湿	检查施工记录
	抹灰工程应分层进行。当抹灰总厚度大于或等于 35mm 时，应采取加强措施。不同材料基体交接处表面的抹灰，应采取防止开裂的加强措施，当采用加强网时，加强网与各基体的搭接宽度不应小于 100mm	检查隐蔽工程验收记录和施工记录
	各抹灰层之间及抹灰层与基体之间必须粘结牢固，抹灰层应无脱层、空鼓和裂缝	观察、用小锤轻击检查、检查施工记录
一般项目	水刷石表面应石粒清晰、分布均匀、紧密平整、色泽一致，应无掉粒和接槎痕迹	观察、手摸检查

类别	内容	检测方法
一般项目	斩假石表面剁纹应均匀顺直、深浅一致，应无漏剁处；阳角处应横剁并留出宽窄一致的不剁边条，棱角应无损坏	观察、手摸检查
	干粘石表面应色泽一致、不露浆、不漏粘，石粒应粘结牢固、分布均匀，阳角处应无明显黑边	观察、手摸检查
	假面砖表面应平整、沟纹清晰、留缝整齐、色泽一致，应无掉角、脱皮、起砂等缺陷	观察、手摸检查
	装饰抹灰分格条(缝)的设置应符合设计要求，宽度和深度应均匀，表面应平整光滑，棱角应整齐	观察
	有排水要求的部位应做滴水线(槽)。滴水线(槽)应整齐顺直，滴水线应内高外低，滴水槽的宽度和深度均不应小于10mm	观察、尺量检查

（2）装饰抹灰工程的允许偏差和检验方法如表 6-8 所示，水刷石的允许偏差和检验方法可依据表中要求执行。

装饰抹灰工程的允许偏差和检验方法　　　　　　表 6-8

项次	项目	允许偏差（mm）				检验方法
		水刷石	斩假石	干粘石	假面砖	
1	立面垂直度	5	4	5	5	用2m垂直检测尺检查
2	表面平整度	3	3	5	4	用2m靠尺和塞尺检查
3	阳角方正	3	3	4	4	用直角检测尺检查
4	分格条(缝)直线度	3	3	3	3	拉5m线，不足5m拉通线，用钢直尺检查
5	墙裙、勒脚上口直线度	3	3	—	—	拉5m线，不足5m拉通线，用钢直尺检查

任务 3　涂饰工程

一、涂饰工程基本知识

涂饰工程是指将涂料涂覆于基层表面，在一定条件下形成与基层牢固结合的、连续、完整的固体膜层的施工工艺。涂饰工程是建筑物内外墙最简便、经济、易于维修更新的墙面装饰装修方法。

涂料能与基体材料很好地粘结并形成完整而坚韧的保护膜，与其他饰面材料相比具有重量轻、色彩鲜明、附着力强、施工简便、省工省料、维修方便、质感丰富、价廉质好，以及耐水、耐污染、耐老化等特点。能起到美化居住环境，改善工作环境，保护建筑实体，防水、防火、防霉、吸声等特殊作用。

1. 涂饰工程分类

建筑装饰装修工程中的涂饰工程可以按照分散介质、涂膜厚度、使用部位等进行如表 6-9 所示的分类。

涂饰工程分类　　　　　　　　　　　　　　　　　表 6-9

分类标准	分类	图片	特点
分散介质	水性涂料涂饰		以水为稀释剂制得的涂料，是应用最多的涂料。能有效减少施工污染，降低毒性和易燃性。乳胶漆就是常见的水性涂料
	溶剂型涂料涂饰		以有机溶剂为分散介质而制得的涂料。虽然存在着污染环境、浪费能源等问题，但有自身明显的优势。在有高装饰性要求的场合，水性涂料丰满度达不到人们的要求时，多使用溶剂型涂料
涂膜厚度	薄涂料（薄质涂料）涂饰		有水性薄涂料、合成树脂乳液薄涂料、溶剂型（包括油性）薄涂料等。黏度低，刷涂后能形成较薄的涂膜，表面光滑、平整、细致，但对基层凹凸线型无改变作用。一般使用喷涂或滚涂，一遍底涂、两遍面涂的常规施工做法
	厚涂料涂饰		以液态或干粉类的合成树脂和骨料为主要原料，与各种辅助添加剂混合而成，主要有合成树脂乳液厚涂料等，一般使用喷涂或滚涂等方法涂布于建筑物内外墙。涂料黏度较高，上墙后不流淌，成膜后能形成有一定粗糙质感的较厚涂层
	复层涂料涂饰		也称凹凸花纹涂料或浮雕涂料，是应用较广的建筑物内外墙涂料和防腐、防水涂料。由封底涂料、主层涂料及罩面涂料组成。施工时 2～3 道多次涂刷，增加厚度，可混搭多种涂料，并且可以让底层水性涂料不容易挥发
使用部位	内墙涂饰		成分中基本上由水、颜料、乳液、填充剂和各种助剂组成，包括液态涂料和粉末涂料。常见的乳胶漆、墙面漆属于液态涂料。粉末涂料包括硅藻泥、海藻泥等
	外墙涂饰		用于涂刷建筑外立墙面，要能抗紫外线照射，要求长时间照射不变色。部分外墙涂料还要求有抗水性能，要求有自涤性

分类标准	分类	图片	特点
使用部位	防水涂料涂饰		防水涂料经固化后形成的防水薄膜具有一定的延伸性、弹塑性、抗裂性、抗渗性及耐候性,能起到防水、防渗和保护作用,一般用在卫生间、厨房、阳台等有防水要求的部位
	地涂料涂饰		采用环氧树脂原料为主剂,经过调配而成的地面装饰材料。能达到保护地面、防尘、耐磨、清洁、防潮的效果,现代工业地面、商业地面、车库地面广泛使用和推广
涂饰方式	刷涂法涂饰		先将基层清扫干净,涂料用排笔或刷子刷刷。涂料使用前应搅拌均匀,适当加水稀释,防止头遍漆刷不开。干燥后复补腻子,用砂纸磨光,清扫干净
	滚涂法涂饰		将蘸取涂料的滚筒刷先按"W"形路径将涂料大致涂在基层上,然后用不蘸涂料的滚筒刷紧贴基层上下、左右来回滚动,使涂料在基层上均匀展开。最后用蘸取涂料滚筒刷按一定方向满滚一遍,阴角及上下口处则宜采用排笔刷找齐
	喷涂法涂饰		喷枪压力宜控制在 0.4~0.8MPa 范围内。喷涂时,喷枪与墙面应保持垂直,距离宜在 500mm 左右,匀速平行移动,重叠宽度宜控制在喷涂宽度的 1/3

2. 新型墙面涂饰

目前在墙面的涂饰工程中还出现了一些新的产品,应用比较多的是微水泥、真石漆、硅藻泥、壁砂漆、氟碳漆等,常见的新型墙面涂饰种类见表 6-10,我们将在拓展知识里介绍硅藻泥饰面。

知识拓展:
硅藻泥

新型墙面涂饰种类　　　　　　　　　　　　　　　　　　　　　　　表 6-10

种类	图片	特点
微水泥涂饰		是一种科技含量高、功能全面的新型涂料。微水泥涂料可以渗透 3~15mm 深度,让墙面腻子与表面漆膜形成一个整体。施工比较简单,只需要将涂料均匀地涂刷在需要装饰的表面上即可

种类	图片	特点
真石漆涂饰		是一种装饰效果酷似大理石、花岗岩的涂料涂饰工程。主要采用各种颜色的天然石粉配制而成，应用于建筑外墙的仿石材效果，因此又称液态石。真石漆采用水性乳液，无毒环保，符合人们对环保的要求
壁砂漆涂饰		是一种以水溶性树脂、填充粉料、石英砂及助剂研制而成的墙面涂料涂饰工程。具有色彩鲜艳、耐碱性好、不分层且流动性好、抗风干、抗霉性好等特点。壁砂漆施工无接缝，非常适用于大面积墙面涂装，可用于内墙和外墙装饰，也可以和其他墙体材料配合使用
氟碳漆涂饰		指以氟树脂为主要成膜物质的涂料涂饰工程。又称氟碳涂料、氟涂料、氟树脂涂料等。具有优异的耐候性及耐摩擦、耐擦拭、耐沾污、耐酸、耐碱等性能，在超高建筑、标志性建筑、重点工程等方面具有无与伦比的竞争优势
硅藻泥涂饰		主要成分是硅藻土。硅藻土是一种生物成因的硅质沉积岩，主要由古代硅藻的遗骸所组成，是一种多孔材料，具有极强的物理吸附性能和离子交换性能，因此能缓慢持续释放负氧离子，分解甲醛、苯、氡气等有害致癌物质

二、涂饰工程施工准备

1. 涂饰工程材料准备

涂饰工程中需要的材料主要包括涂料、界面剂、腻子等，所需材料如表 6-11 中所列。涂料种类和颜色要按设计要求及样板颜色选用，其他所用材料也应一次备齐，所有的材料都应符合国家、行业现行规范标准。

涂饰工程材料表 表 6-11

名称	图片	简介
涂料		涂料的品种、颜色应符合设计要求，并应有产品合格证和检测报告，包括出厂合格证、质量保证书、性能检测报告、有害物质含量检测报告等

名称	图片	简介
腻子粉		刮腻子是涂饰工程前必不可少的一道工序。腻子粉是平整墙体表面的材料,涂料粉刷前涂施于底漆上或直接涂施于物体上,用以清除被涂物表面上高低不平的缺陷
抗裂耐碱玻纤网		也称为玻璃纤维网格布,是一种由玻璃纤维机织物制成的材料。具有良好的抗拉伸性和耐腐蚀性,常用于墙面抹灰或批刮腻子前,以增强涂料的附着力、抗裂性能和耐久性能
墙面固化剂（墙固）		是一种绿色环保、高性能的界面处理材料,具有优异的渗透性,能充分浸润墙体基层材料表面,使基层密实,提高界面附着力。适用于墙面抹灰或批刮腻子前基层的密实处理,以提高腻子、乳胶漆、墙纸、灰浆等与基层的结合性
抗碱封闭底漆（界面剂）		用于混凝土基材作防护封闭底漆。对混凝土附着力超强,具有突出的耐碱性和封闭性能,与多种涂料配套性好

2. 涂饰工程机具准备（表 6-12）

涂饰工程机具表　　　　　　　　　　　　　　　　表 6-12

名称	图片	用途
涂料搅拌器		将需要融合的材料进行混合搅拌的电动工具,用于涂料混合
喷枪		把涂料从涂料贮罐中吸出来,并在压缩空气高速喷射力的作用下,雾化成微粒喷洒在被涂物表面
气泵		一种压缩气体的设备,和喷枪一起把涂料喷于被涂物表面

续表

名称	图片	用途
胶皮刮板		用来刮打底腻子
腻子托板	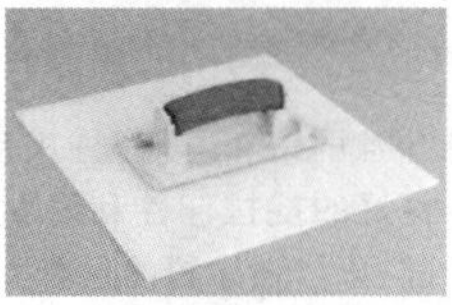	用来托装腻子
排笔		将涂料刷涂在物体表面，一般用于小面积涂刷
刷子		由手柄与细毛组成，在装饰装修的涂饰工程中，主要用来刷小面积边角处的涂料
滚筒刷	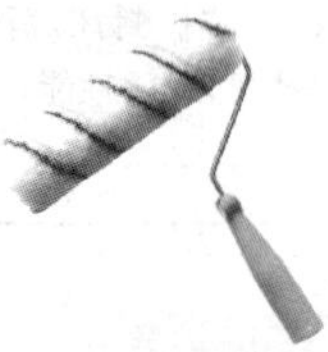	又称滚筒，分为长毛、中毛、短毛三种，是一种用于大面积涂料滚涂的工具
砂纸		用于磨光涂饰表面，耐水砂纸（水磨砂纸）用于在水中或油中磨光金属或非金属表面
砂纸架		用于固定砂纸。打磨时，注意力度和速度，避免过度用力导致砂纸损坏或工作表面受损
调漆桶		盛放油漆的容器，一般由白铁皮制成，表面有一层防锈用的包装涂料
墙壁打磨机		又称为磨墙机、墙面砂光机、腻子打磨机、抛光机等，可快速打磨大面积墙面

续表

名称	图片	用途
建筑分格缝专用胶带		又称分色带纸，是一种高科技装饰、喷涂用纸，广泛应用于装饰装修的涂饰工程中，保证涂饰工程的分色界线清晰、明朗

涂饰工程种类繁多，下面我们选取最基础的水性涂料乳胶漆内墙面涂饰工程为例进行涂饰工程的施工工艺学习。

三、水性涂料涂饰施工

水性涂料按照化学成分不同分为溶剂型涂料、乳液型涂料、水溶性涂料等。按照涂膜的厚度又分为薄涂料、厚涂料等。常见的乳胶漆是以合成树脂乳液为基料，加入颜料、填料及各种助剂配制而成的水性涂料，属于乳液型涂料。

乳胶漆一般有配套的底漆和面漆，底漆用于填平漆面、支撑面漆。面漆则是表面涂层，通过涂刷面漆的方法来增加漆膜厚度，对墙面达到更好的保护作用，也会对室内环境起到很好的装饰作用。乳胶漆内墙面构造做法见图6-19。

混凝土墙基层
界面剂1道
20厚1:2.5水泥砂浆抹灰
毛坯墙基层处理
刮腻子2～3遍磨平
乳胶漆底漆1道
乳胶漆面漆2道

图 6-19　乳胶漆内墙面构造做法

1. 乳胶漆内墙面涂饰施工作业条件

（1）基层检查验收。各种孔洞修补及抹灰作业全部完成，验收合格。基层应平整、清洁、无浮砂、无起壳。混凝土及抹灰面层的含水率应在10%以下，pH值小于9。通常新抹的基层在通风状况良好的情况下，夏季应干燥10d，冬季20d以上。未经检验合格的基层不得进行施工。

（2）施工环境。施工环境要清洁、通风、无尘埃，作业环境温度应在5～35℃。

（3）现场保护。门窗、灯具、电器插座及地面等应进行遮挡，以免施工时被涂料污染。

（4）制作样板。施工面积较大时，应按设计要求做出样板间，经设计、监理、建设单位及有关质量部门验收合格后再大面积施工。

2. 乳胶漆内墙面施工工艺流程

毛坯墙基层处理→刮腻子→刷底漆→刷面漆→养护。

3. 乳胶漆内墙面施工操作要点

（1）毛坯墙基层处理。毛坯墙通常指的是房屋交付时，进行过一般抹灰处理，但未经其他装修或粉刷处理的原始墙面。第一步，清理基层，刷墙面固化剂。铲除墙上的灰块、浮渣等杂物，如表面有油污，用清洗剂和清水洗净，干燥后再用棕刷将表面灰尘清扫干净，刷墙面固化剂封闭墙面的浮灰。

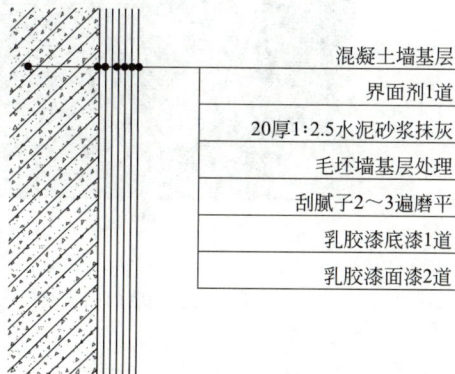

基层处理

第二步，裂缝处挂抗裂耐碱玻纤网，阴阳角找直。墙体有明显裂缝、大孔洞等先用石膏处理后，再挂玻纤网进行处理。如果墙面质量太差也可以整墙挂网，保证涂饰工程基层质量。阴阳角要用激光水平仪找直，用 PVC 护角条在阴阳角形成直边，起到保护作用。石膏板墙面钉眼处点涂防锈漆，防止生锈。毛坯墙基层处理方法见图 6-20。

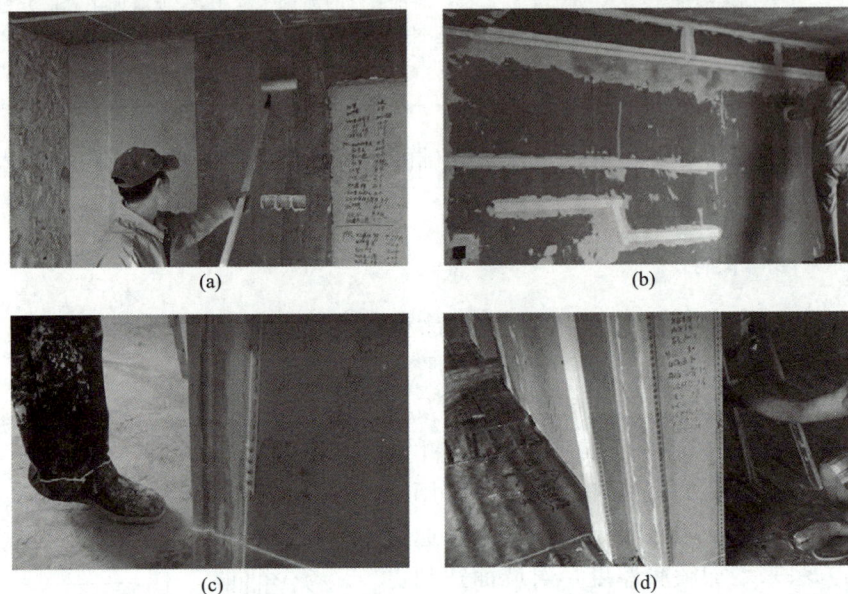

图 6-20 毛坯墙基层处理方法
（a）刷墙面固化剂；（b）裂缝处挂玻纤网；（c）阴阳角找直
（d）阴阳角贴护角条

（2）刮腻子。南方地区用耐水腻子防水防潮，北方可用普通腻子，但厨卫等有防水要求的都刮耐水腻子。刮腻子遍数可由墙面平整程度决定，一般情况为 2～3 遍。第一遍用胶皮刮板横向满刮，一刮板接一刮板，接头不得留槎，每一刮板最后收头要干净利索。关窗阴干后用打磨机打磨大面，边角手工砂纸配合强光灯打磨，精细打磨后清扫干净。第二遍满刮腻子方法同第一遍，但刮抹方向与前腻子相垂直。刮得尽量薄，将墙面刮平、刮光。干燥后用细砂纸磨平、磨光，不得遗漏或将腻子磨穿，用强光灯照射墙面没有明显不平，再将墙面清扫干净。平整度达不到要求再进行第三遍刮腻子施工，刮腻子过程见图 6-21。

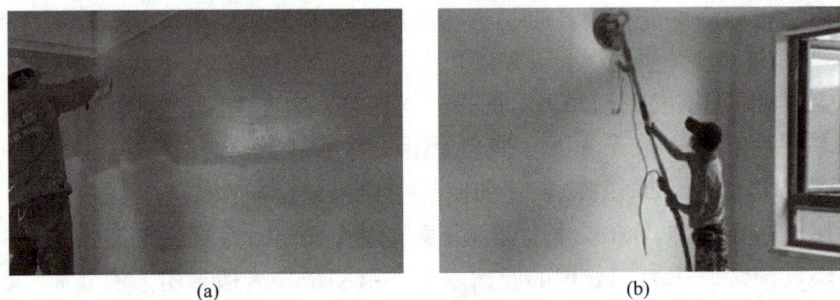

图 6-21 刮腻子过程（一）
（a）刮腻子；（b）打磨机打磨大面

图 6-21　刮腻子过程（二）

(c) 手工打磨边角；(d) 清扫干净

　　（3）刷底漆一遍。一般乳胶漆都有配套的底漆和面漆，乳胶漆具体兑水比例以产品说明为准，一般加 10%～20% 水搅拌均匀。将滚筒清理浮毛后直接放入乳胶漆内，沾好乳胶漆，滤掉多余漆后在墙面滚涂。滚涂完第一遍底漆后干燥 8h 以上。底漆干燥后如果需要找补，打磨的地方一定要用底漆再上一遍。

　　（4）刷面漆两遍。底漆干燥后涂刷第一遍面漆，一般都是底漆刷完后第二天刷面漆。面漆是表面涂层，涂刷顺序是先刷顶棚后刷墙面，墙面是先上后下，先左后右操作。根据使用工具不同，涂饰工程施工方式有三种：滚涂法、喷涂法、刷涂法，见图 6-22。等第一遍面漆干燥 4h 以后可以进行第二遍涂刷。先用细砂纸将墙面小疙瘩打磨掉，清扫干净再进行涂刷。一般滚涂完整个房间，在距离房顶 10cm 以内的位置，改用排笔或刷子统一描边。大面积施工时应几人配合一次完成，避免出现干燥后再接槎的情况。

涂饰施工工艺

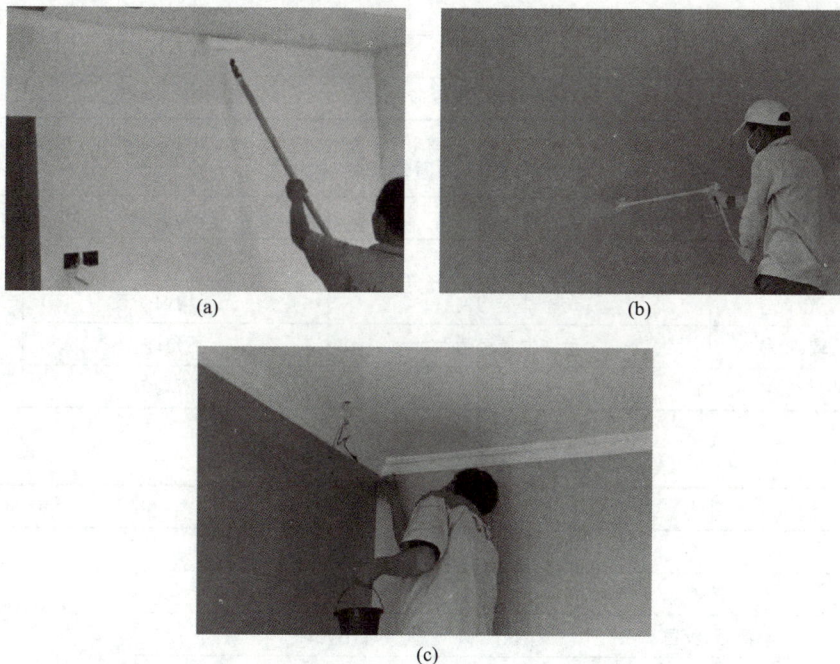

图 6-22　刷涂料方法

(a) 滚涂法；(b) 喷涂法；(c) 刷涂法

（5）养护。涂刷完成后，进行漆膜保养，期间窗户可以留些间隙，不要直接吹风，7d 后再开窗通风，建议通风 14d 以上。

4. 水性涂料涂饰质量验收标准

（1）水性涂料涂饰施工主控项目与一般项目的检测内容和方法应符合表 6-13 要求。

水性涂料施工主控项目与一般项目   表 6-13

类别	内容	检测方法
主控项目	水性涂料涂饰工程所用涂料的品种、型号和性能应符合设计要求及国家现行标准的有关规定	检查产品合格证书、性能检验报告、有害物质限量检验报告和进场验收记录
	水性涂料涂饰工程的颜色、光泽、图案应符合设计要求	观察
	水性涂料涂饰工程应涂饰均匀、粘结牢固，不得漏涂、透底、开裂、起皮和掉粉	观察、手摸检查
	水性涂料涂饰工程的基层处理应符合相关标准的规定	观察、手摸检查、检查施工记录
一般项目	薄涂料的涂饰质量和检验方法应符合表 6-14 的规定	观察
	厚涂料的涂饰质量和检验方法应符合表 6-15 的规定	观察
	复层涂料的涂饰质量和检验方法应符合表 6-16 的规定	观察
	涂层与其他装修材料和设备衔接处应吻合，界面应清晰	观察

薄涂料的涂饰质量和检验方法   表 6-14

项次	项目	普通涂饰	高级涂饰	检验方法
1	颜色	均匀一致	均匀一致	观察
2	光泽、光滑	光泽基本均匀，光滑无挡手感	光泽均匀一致，光滑	
3	泛碱、咬色	允许少量轻微	不允许	
4	流坠、疙瘩	允许少量轻微	不允许	
5	砂眼、刷纹	允许少量轻微砂眼，刷纹通顺	无砂眼，无刷纹	

厚涂料的涂饰质量和检验方法   表 6-15

项次	项目	普通涂饰	高级涂饰	检验方法
1	颜色	均匀一致	均匀一致	观察
2	光泽	光泽基本均匀	光泽均匀一致	
3	泛碱、咬色	允许少量轻微	不允许	
4	点状分布	—	疏密均匀	

复层涂料的涂饰质量和检验方法   表 6-16

项次	项目	质量要求	检验方法
1	颜色	均匀一致	观察
2	光泽	光泽基本均匀	
3	泛碱、咬色	不允许	
4	喷点疏密程度	均匀，不允许连片	

（2）水性涂料涂饰工程的允许偏差和检验方法应符合表 6-17 要求。

水性涂料涂饰工程的允许偏差和检验方法 表 6-17

| 项目 | 允许偏差（mm） | | | | | 检验方法 |
| | 薄涂料 | | 厚涂料 | | 复层涂料 | |
	普通涂饰	高级涂饰	普通涂饰	高级涂饰		
立面垂直度	3	2	4	3	5	用 2m 垂直检测尺检查
表面平整度	3	2	4	3	5	用 2m 靠尺和塞尺检查
阳角方正	3	2	4	3	4	用 200mm 直角检测尺检查
装饰线、分色线、直线度	2	1	2	1	3	拉 5m 线，不足 5m 拉通线，用钢直尺检查
墙裙、勒脚上口直线度	2	1	2	1	3	拉 5m 线，不足 5m 拉通线，用钢直尺检查

任务 4 裱糊工程

一、裱糊工程基本知识

裱糊工程是在建筑物内墙和顶棚表面粘贴壁纸、墙布、锦缎等制品的施工。作用是美化环境、满足使用要求，并对墙体、顶棚起一定的保护作用。

裱糊技艺在中国古代建筑中有着悠久的历史，在唐代已形成专项工艺，宋代以后不少建筑物已用裱糊取代粉刷。清朝裱糊技艺在故宫等重要建筑中得到了广泛应用，由纸裱发展到绫绢裱，展现了极高的艺术价值和历史价值，见图 6-23。

图 6-23 故宫内廷室内裱糊

1. 裱糊工程分类

现今建筑装饰装修工程中，壁纸和墙布的品种逐渐增多，裱糊工程施工有了新的发展。裱糊工程按照面层材料品种进行分类，如表 6-18 所列。后面我们以壁纸裱糊工程为例进行裱糊工程的学习。

裱糊工程分类　　　　　　　　　　　　表 6-18

分类标准	分类	图片	特点
面层材料	壁纸裱糊		也称墙纸裱糊，是指将壁纸用胶粘剂裱糊在建筑结构基层的表面上。由于壁纸的图案、花纹多样，色彩丰富，故显得室内装饰豪华、美观、艺术、雅致，同时对墙壁起到一定的保护作用
	墙布裱糊		将墙布粘贴在室内墙面或天花板上的装饰工程。墙布是以丝、毛、棉、麻等天然纤维纺织布为原材料制成。墙布也称"壁布"，种类有锦缎墙布、玻璃纤维墙布、化纤装饰墙布、无纺墙布等。无缝墙布一般幅宽在 2.7～3.10m，墙布幅宽大于或等于室内墙面高度，一个房间用一块布粘贴，无需拼接

2. 裱糊工程构造

裱糊工程为在建筑基层完成抹灰找平和刮腻子处理的底层上，刷基膜或清漆封底，再使用胶粘剂裱糊面层的施工工艺，壁纸裱糊工程的构造做法如图 6-24 所示。

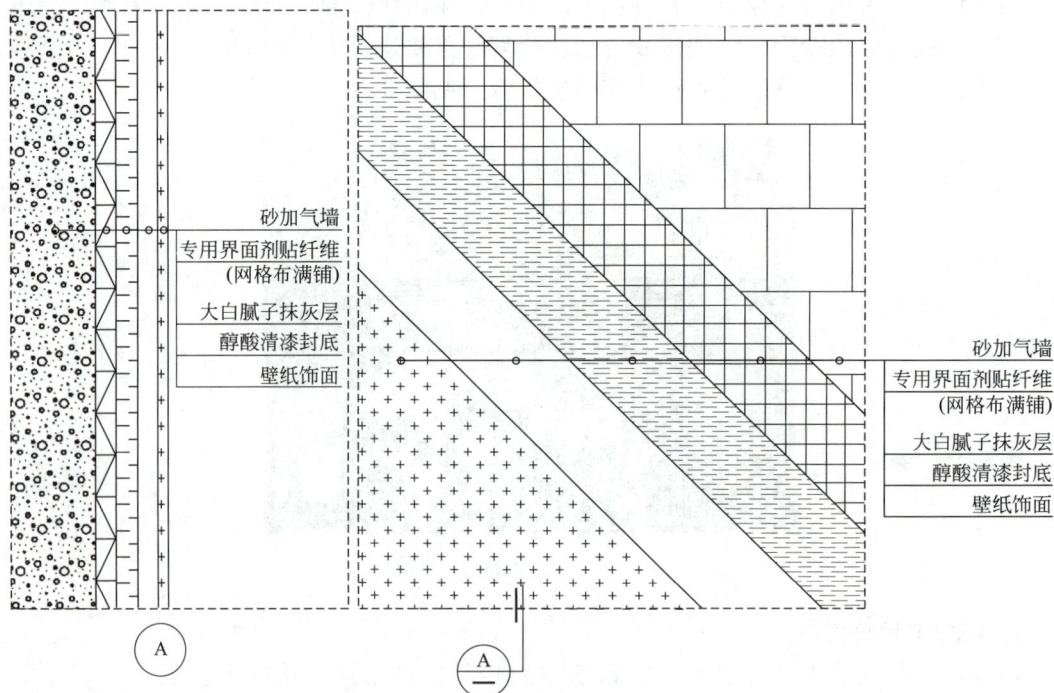

图 6-24　壁纸裱糊工程构造做法

3. 裱糊面层材料符号标志

裱糊所需的面层材料壁纸和墙布，根据材质不同在施工过程中有不同的施工要求。材料符号标志通常用于标识这些面层材料的各种性能和施工要求，帮助施工人员正确施工。表 6-19 是一些常见的壁纸、墙布的符号标志及意义，例如可洗符号通常表示该材料可以清洗，适合用于容易沾污的区域。

常见壁纸、墙布的符号标志及意义　　　　　　　　　　　　　　　　表 6-19

符号	说明	符号	说明
	可擦拭		一般耐光（3 级）
	可洗		耐光良好≥4 级
	特别可洗		随意拼接
	可刷洗		换向交替拼接
	墙纸要涂敷胶粘剂		直接拼接
	墙上要涂敷胶粘剂		错位拼接
	基层已涂胶		可双层切割

二、壁纸裱糊工程施工准备

1. 壁纸裱糊工程材料准备

壁纸裱糊工程饰面材料主要是各种壁纸、胶粘剂、壁纸基膜等，见表 6-20。壁纸的图案、品种、色彩等应符合设计要求，并附有产品合格证。胶粘剂应按壁纸的品种选配，并应具有防霉、防菌、耐久等性能，如有防火要求则胶粘剂应具有耐高温性能等。所有进入现场的产品，均应有产品质量保证资料和近期检测报告。

壁纸裱糊工程材料列表   表 6-20

名称	图片	简介
壁纸		壁纸是现代常用的一种墙面装饰材料,有多种材质,如 PVC 塑料壁纸、无纺纸壁纸、复合纸质壁纸,还有金属壁纸、植绒壁布等
胶粘剂	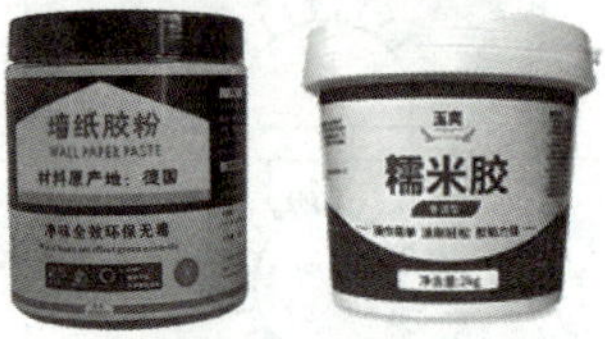	常用的胶粘剂有糯米胶、桶装的墙纸胶和淀粉胶。糯米胶使用天然糯米和糯玉米为原料,绿色环保,适用范围广,黏性好。桶装的墙纸胶也是使用十分普遍的一种墙纸粘贴材料,使用方便,粘贴力强。淀粉胶一般由淀粉和胶浆双组分组成
壁纸基膜	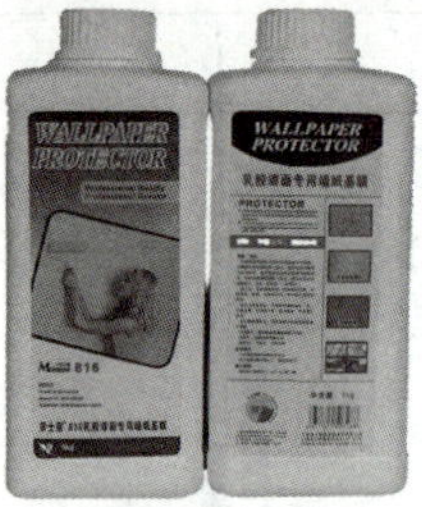	抗碱、防潮、防霉的墙面处理材料,能有效地防止施工基面的潮气及碱性物质外渗,避免对墙体装饰材料如墙纸、涂料层、胶合板、装饰板的返潮、发霉发黑等不良损害

2. 壁纸裱糊工程机具准备

壁纸裱糊工程施工机具如表 6-21 所示,除此之外还要用到水平仪、裁纸工作台、钢尺（1m 长）、壁纸刀、毛巾、塑料水桶、脸盆、手持搅拌器、排笔、盒尺、铅笔、笤帚等。

壁纸裱糊工程施工机具   表 6-21

名称	图片	用途
软胶辊		可用于壁纸接缝的压紧
塑料刮板		用于壁纸上墙后的刮平、赶胶等
马鬃刷		用于植绒壁纸、刺绣壁纸等不适宜使用刮板刮平的壁纸铺贴

名称	图片	用途
刷胶工具		滚筒刷子、排笔可用于大面积涂胶，小毛刷可用于局部涂胶
壁纸刷胶机		可以快速均匀地给壁纸上胶

3. 壁纸裱糊工程作业条件

壁纸裱糊工程施工前除了对施工人员进行技术交底，强调技术措施和质量要求外，还要准备好以下作业条件。

（1）基层处理。混凝土和墙面抹灰已完成且经过干燥，含水率不高于 8％，木材制品不得大于 12％。事先将突出墙面的设备部件等卸下收存好，待壁纸粘贴完后再将其部件重新装好复原。

（2）其他部位准备。顶棚喷浆、门窗油漆、地面装修已完成，并将面层保护好。如地面铺木地板，可先裱糊壁纸后铺木地板。

（3）较高房间已提前搭设脚手架或准备铝合金折叠梯子，较矮房间已提前钉好木马凳。

（4）壁纸的品种、花色、色泽样板已确定。在裱糊施工中及壁纸干燥前，应避免气温突然变化或穿堂风吹。

如果是大面积施工还应做样板间，经质检部门鉴定合格后，方可组织班组施工。

三、壁纸裱糊工程施工

1. 壁纸裱糊工程施工工艺流程

基层处理（清理、刷界面剂、刮腻子、刷基膜）→确定起铺位置、弹线分格→测量、裁纸、编号→刷胶粘剂→裱糊→细部处理→修整、养护。

2. 壁纸裱糊工程施工操作要点

（1）基层处理（清理、刷界面剂、刮腻子、刷基膜）。首先，将基层表面的污垢、尘土清除干净，基层面要牢固、平整、干净、不掉粉，阴阳角应顺直。然后，用软刷子或滚筒将稀释后的界面剂涂刷在基层上，涂刷要均匀不遗漏，不得形成局部积液。其次，抹灰墙面可满刮腻子 2～3 道找平、磨光，但不可磨破灰皮。石膏板墙用嵌缝腻子将缝堵实堵严，粘贴网格布，然后局部刮腻子补平。如墙面疏松或不平整，需把旧找平层清除后，重新刮腻子找平、磨光，浮灰清理干净。最后涂刷基膜，一般在裱糊壁纸前一天，腻子找平层打磨且浮灰清理干净后涂刷。可以起到封闭基层表面的碱性物质和防止墙面吸收壁纸胶太快的作用，便于粘贴时揭开壁纸，矫正图案和对花位置，并且再更换壁纸时不伤基层。基层处理如图 6-25 所示。

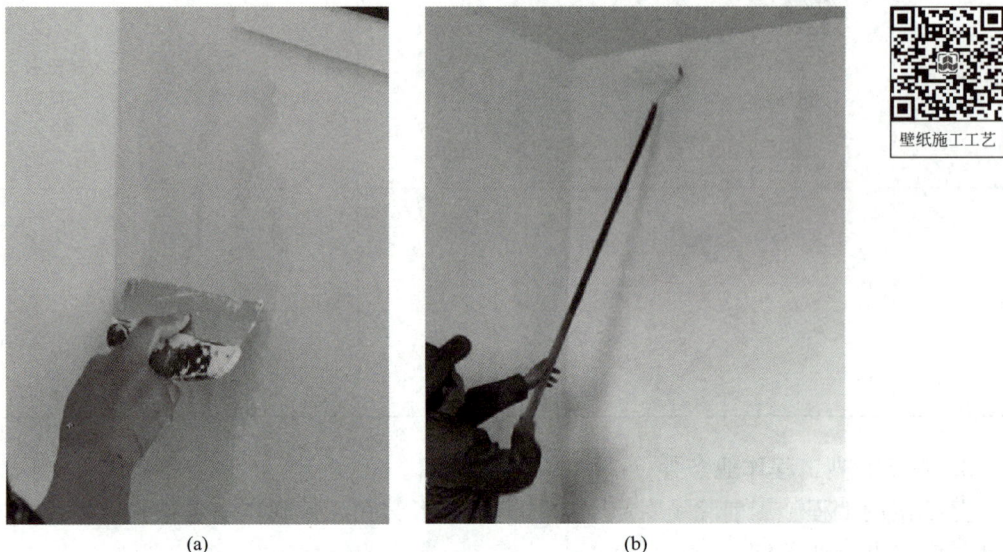

(a)　　　　　　　　　　　　　　　　(b)

图 6-25　基层处理

（a）刮腻子；（b）涂刷基膜

（2）确定起铺位置、弹线分格。从预定的阴角开始，利用激光水平仪按照墙纸的幅面尺寸投射控制线。无图案壁纸通常做法是从进门左阴角处开始铺贴第一张，有图案墙纸应根据设计要求进行分块，并按照编号顺序进行铺贴。按照壁纸的尺寸进行分块弹线控制，电视背景墙等局部裱糊宜从中间往两边贴，使壁纸对称。

（3）测量、裁纸、编号。家装中最常用的壁纸规格为每卷长 10m，宽度为 530mm。在估算房间墙面所用墙纸时，一般用房间面积×3÷5.3＝所需卷数，购买时在所需卷数基础上再加一卷作为富余量。根据裱糊面尺寸和材料规格统筹规划，并考虑修剪量，两端各留出 30～50mm，剪出第一段壁纸。裁纸时尺子压紧壁纸后不得再移动，确认无误后一刀裁成，如图 6-26 所示。裁割后的壁纸要按弹线的位置进行编号待用。有图案的壁纸应将图形从上部开始对花。

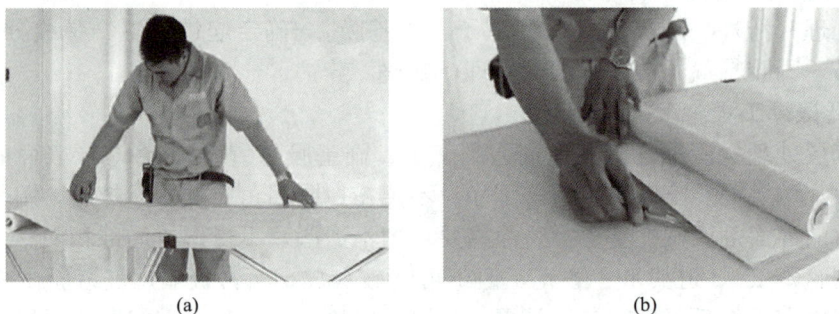

(a)　　　　　　　　　　　　　　　　(b)

图 6-26　裁切壁纸

（a）测量；（b）裁纸

（4）刷胶粘剂。涂刷胶粘剂选用优质短毛滚子，边角处用小滚子滚涂，刷胶要求薄而均匀，不裹边，不漏刷。墙面涂刷宽度要比预贴的壁纸宽 20～30mm。塑料壁纸、发泡壁纸、金属壁纸需要提前泡水使之膨胀，上墙干燥后会更平整。复合纸质壁纸、纺织纤维壁纸只需在刷胶后将壁纸叠放静置 5min，这样可以使胶粘剂附着更均匀，壁纸软化后更容易裱糊，如图 6-27 所示。

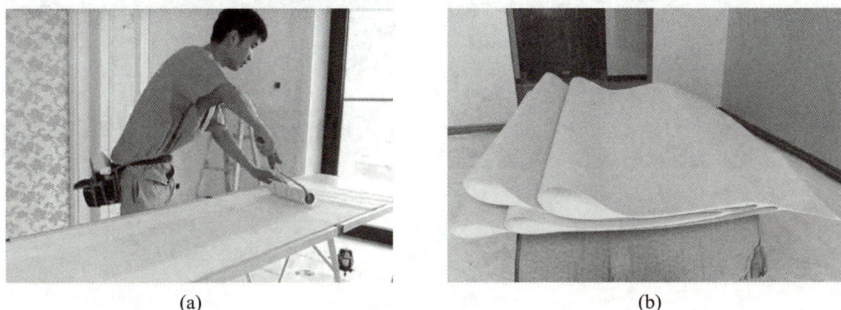

图 6-27　刷胶粘剂
（a）背面刷胶；（b）刷胶后对折静置

（5）裱糊。壁纸裱糊原则是先垂直面后水平面，先细部后大面。首幅铺贴将墙纸的侧边与墙面已画好的垂直线或激光仪投射的控制线对正，从上往下，由中间向两侧用手轻轻平压，再用刮板刮平。上、下阴角处压实，挤出气泡和多余胶液，并用海绵或湿毛巾擦干净，见图 6-28。借助刮板将与顶、踢脚线搭接处多余壁纸切除，切割刀具应锋利不要留下毛边，撕去多余边料，压实墙纸上、下边缘。

（6）细部处理。壁纸接缝处可以用软胶辊将接缝处压平。墙面上有开关、插座盒时，在壁纸相应位置沿盒子的对角划十字线开洞，注意十字线不要划出盒子范围。植绒壁纸等表面有绒毛，正面不要沾到胶或水，不能用刮板等赶压，要用马鬃刷、毛巾或海绵进行压敷，裱糊工程的细部处理如图 6-29 所示。壁纸在阳角处不得有接缝，应包角压实，包过阳角不小于 20mm。阴角应采用顺光搭接缝，不允许整张裹角铺贴，避免产生空鼓与皱褶，阴阳角处理如图 6-30 所示。

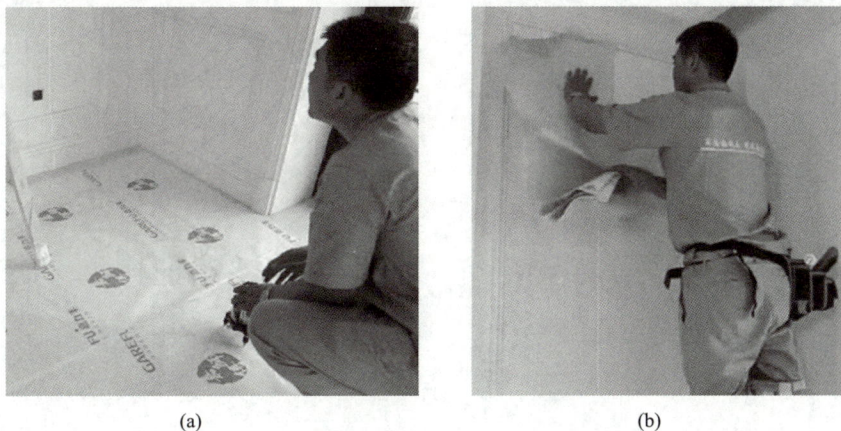

图 6-28　裱糊过程（一）
（a）找垂直；（b）壁纸上墙

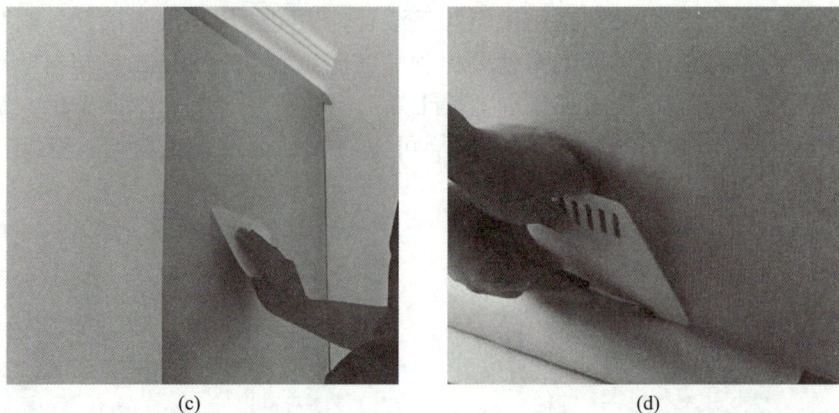

图 6-28　裱糊过程（二）

（c）刮板刮平；（d）切除边料

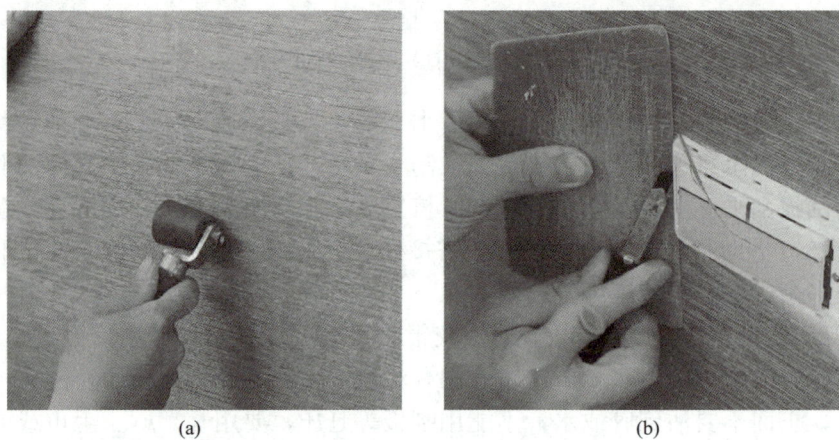

图 6-29　裱糊细部处理

（a）压辊压缝；（b）开关、插座开洞

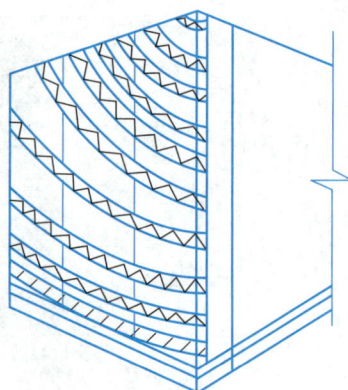

(a)

图 6-30　阴阳角处理（一）

（a）阳角包角压实

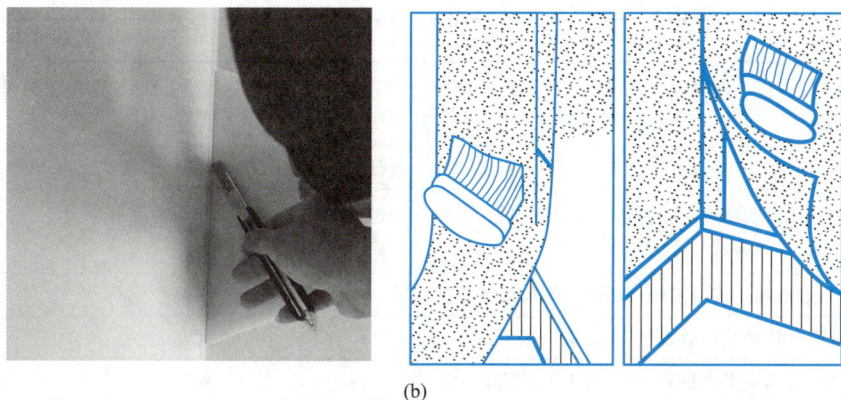

(b)

图 6-30 阴阳角处理（二）

（b）阴角顺光搭接

（7）修整、养护。壁纸边挤出的胶液要马上用毛巾擦净，以免干后不好清理留下胶痕。死褶是由于没有顺平就赶压刮平所致，修整时应在壁纸未干时用干净毛巾热敷后刮压平整。气泡主要原因是胶液涂刷不均匀、裱糊时未赶出气泡，可用注射用针管插入壁纸抽出空气，再注入适量的胶液后用橡胶刮板刮平。离缝或亏纸主要原因是裁纸尺寸测量不准、铺贴不垂直，可用同色乳胶漆描补或用相同纸搭槎粘补，如离缝或亏纸较严重，则应撕掉重裱。墙纸裱糊完的房间应及时清理干净，壁纸未干时不要随意触摸墙纸。壁纸裱糊完毕后关紧门窗 2～3d 阴干处理，阳光直射和穿堂风会导致壁纸干燥过快出现起翘等质量问题，见图 6-31。

(a)   (b)

图 6-31 壁纸修整和养护

（a）清理胶痕；（b）阴干处理

3. 裱糊工程施工质量验收标准

（1）裱糊工程施工主控项目与一般项目的检测内容和方法可参考表 6-22 内容。

裱糊工程施工的主控项目与一般项目　　　　　　　　　　　　　　　　表 6-22

类别	内容	检测方法
主控项目	壁纸、墙布的种类、规格、图案、颜色和燃烧性能等级必须符合设计要求及国家现行标准的有关规定	观察，检查产品合格证书、进场验收记录和性能检测报告
	裱糊工程基层处理质量应符合规范要求	观察、手摸检查、检查施工记录

类别	内容	检测方法
主控项目	裱糊后各幅拼接应横平竖直，拼接处花纹、图案应吻合，不离缝，不搭接，不显拼缝	观察、拼缝检查距离墙面 1.5m 处正视
	壁纸、墙布应粘贴牢固，不得有漏贴、补贴、脱层、空鼓和翘边	观察、手摸检查
一般项目	裱糊后的壁纸、墙布表面应平整，色泽应一致，不得有波纹起伏、气泡、裂缝、皱折及斑污，斜视时应无胶痕	观察、手摸检查
	复合压花壁纸的压痕及发泡壁纸的发泡层应无损坏	观察
	壁纸、墙布与各种装饰线、设备线盒应交接严密	观察
	壁纸、墙布边缘应平直整齐，不得有纸毛、飞刺	观察
	壁纸、墙布阴角处搭接应顺光，阳角处应无接缝	观察

（2）裱糊工程施工的允许偏差和检验方法如表 6-23 所示。

裱糊工程施工的允许偏差和检验方法 表 6-23

项次	项目	允许偏差（mm）	检验方法
1	表面平整度	3	用 2m 靠尺和塞尺检查
2	立面垂直度	3	用 2m 垂直检测尺检查
3	阴阳角方正	3	用 200mm 直角检测尺检查

任务 5　软包工程

一、软包工程基本知识

室内建筑装饰装修工程中，软包适合追求舒适性、隔声、防撞的装修需求，外观漂亮美观，艺术性强且容易打理，能大幅提升装修档次和实用性。

软包是指一种在室内墙表面用皮革、布艺等柔性材料包裹中间芯层（玻璃棉或自熄泡沫等）的墙面装饰方法。软包所使用的材料质地柔软，色彩柔和，能够柔化整体空间氛围，其纵深的立体感亦能提升家居档次。除了美化空间作用外，还具有吸声、隔声、防潮、防撞的功能。适用于有吸声要求的会议室、多功能厅、娱乐厅、消声室、住宅起居室、儿童卧室等室内空间。

室内装饰装修还会用到没有中间芯层的软包装饰做法，俗称硬包，在现代居室、酒店、办公场所也有大量使用。硬包是将密度板做成相应的设计造型后，包裹在皮革、布艺等材料里面。相比软包，硬包没有中间的芯层，具有鲜明的棱角，线条感更强，更适用于现代风格家居的墙面装饰。软硬包的比较效果见图 6-32。

图 6-32　床头背景墙软包和硬包比较

1. 软包工程分类

软包是室内空间设计经典元素，常运用在背景造型中，如电视背景、沙发背景、床头背景等。有中间芯层的软包和没有中间芯层的软包（俗称硬包）的底层和面层是一样的，只是多了一层玻璃棉或自熄泡沫等填充层。因此从触觉上软包摸起来较软，硬包摸起来较硬。软包按照面层材料和款式可以分成如表 6-24 中所示的常见种类。

软包工程分类　　　　　　　　　　　　　　表 6-24

分类标准	分类	图片	特点
面层材料	布艺		常见绒布、棉麻，一些墙布材质都可做软（硬）包的面层材料
	皮革		皮革的常见种类有四种：真皮、超纤皮、环保PU皮（又称西皮）、PVC人造革
面层款式	常规		就是普通软包，常规面料上不做任何处理的软硬包，价格最低
	车线		在皮革表面车线，是常见的皮革类软包表面处理方式
	铆钉		在面层材料表面钉铆钉，需要注意铆钉材质，铆钉要选用不容易生锈和褪色的材质

续表

分类标准	分类	图片	特点
面层款式	拉扣		拉扣有皮质的也有水晶材质的,拉扣可居软包块中央,或软包拼接处,常用于床头背景
	刺绣、印花		高端的刺绣软包价格昂贵,比较彰显品位,常用于电视或沙发背景

2. 软包工程构造

软包墙面的构造基本上可分为基层、填充层（芯层）和面层三大部分，硬包墙面的构造基本上可分为基层和面层两大部分，如图 6-33 所示，不论哪一部分均必须采用防火材料。

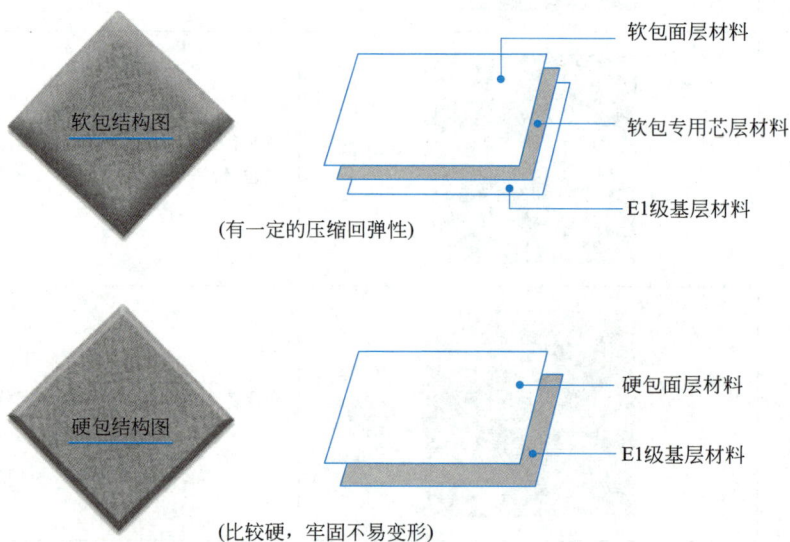

图 6-33　软（硬）包构造比较

软包工程一般用轻钢龙骨或木龙骨固定做了防火处理的底层板，底层板具有极好的平整度、强度和刚度。软包面层的材质、颜色、图案、燃烧性能和等级应符合设计要求及国家现行标准规定，具有防火检查报告。面层材料包裹软质填充层固定在刷防火涂料的多层板基层或细木工板底层板上。填充层必须采用质轻不燃的多孔材料，如阻燃海绵、自熄型泡沫塑料等。硬包工程是直接把布艺或皮革饰面包裹基层板做成所需造型，然后固定在底层板上。图 6-34 所示为木龙骨硬包构造和轻钢龙骨软包构造，软包构造和施工做法更复杂，因此后面我们就以加填充层的软包为例学习软包工程的施工。

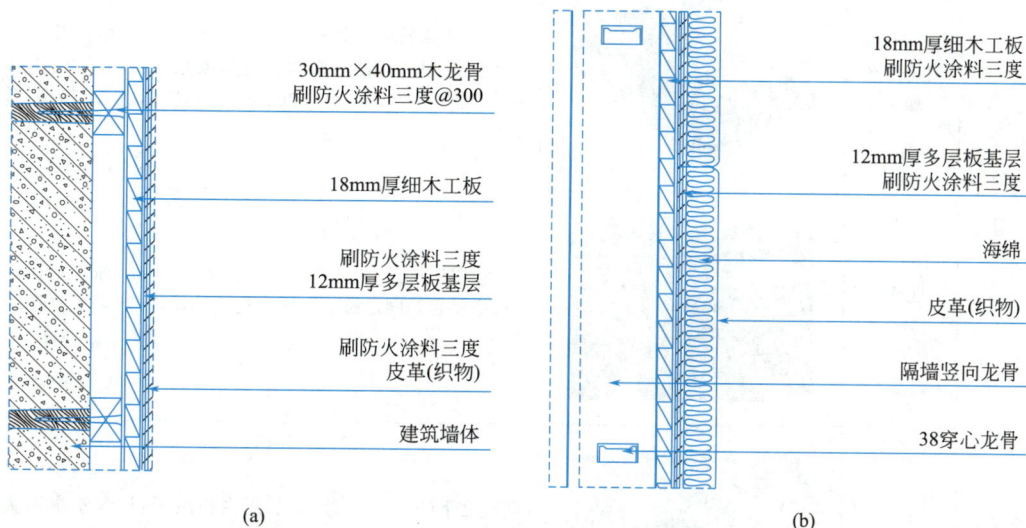

图 6-34　软（硬）包工程构造图
（a）木龙骨硬包构造；（b）轻钢龙骨软包构造

二、软包工程施工准备

1. 软包工程材料准备（表 6-25）

软包工程主要材料 　　　　　　　　　　　　　　　　　　　表 6-25

构造层	名称	图片	简介
面层	布料		作为软包饰面材料之一，具有很好的吸声降噪效果，具有很强的装饰效果。布料需进行两次防火处理并检测合格
	皮革		作为软包饰面材料之一，保温、阻燃、防霉防潮、质轻、耐用、防尘
填充层	阻燃海绵		又称防火海绵、防火棉、阻燃棉。根据设计要求来选择厚度不一样的阻燃海绵，包裹在布料或者皮革里使用

127

续表

构造层	名称	图片	简介
填充层	自熄泡沫塑料		是一种特殊的泡沫塑料，具有在火焰上可燃但移开火源后能迅速自熄的特性。作为软包的填充材料，它不仅能够提供美观的外观，还能有效减少噪声的传播，提升室内环境舒适度
基层	底板、衬板		底板和衬板可以用多层板、密度板、防水板、细木工板等材料，主要起到固定海绵和面层材料的作用，均需预先作防火处理
	木龙骨	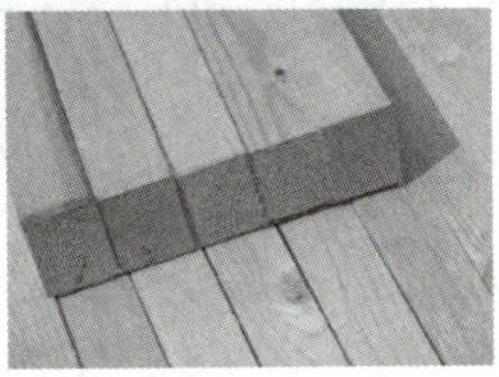	底板之下的打底龙骨，一般用白松烘干料，含水率不大于12%，厚度应符合设计要求，不得有腐朽、结疤、劈裂、扭曲等瑕疵，并预先经防腐、防火处理
	轻钢龙骨		一般用在工装软包工程中，用来固定底板，可以使用U型、C型和卡式龙骨等，具有重量轻、强度高、工期短、施工简便等优点

2. 软包工程机具准备

软包工程施工要用到码钉枪、码钉、裁刀、软包塞刀、剪刀、手工刨等施工机具，如表 6-26 所示。

软包工程施工机具　　　　　　　　　　　　　表 6-26

名称	图片	用途
码钉枪、码钉	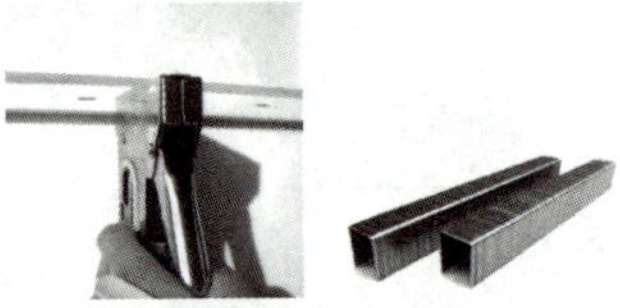	码钉枪又称射钉器，是利用发射空包弹产生的火药燃气作为动力发射码钉，将面层材料固定在衬板或底板上
裁刀	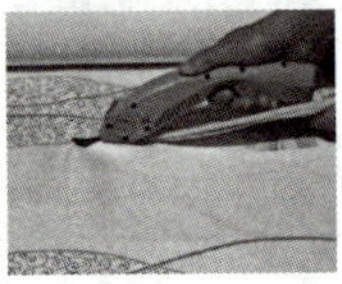	用来裁切海绵、布料或皮革等

名称	图片	用途
软包塞刀	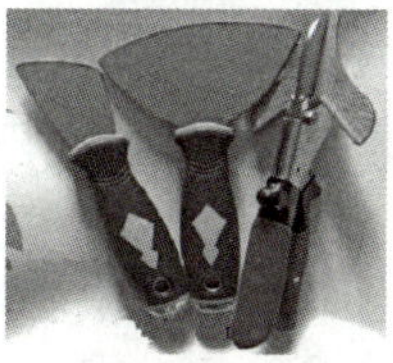	用于固定海绵和面层
剪刀		用来裁剪面层皮革和布料等
手工刨		用来刨平木方条

3. 软包工程作业条件

在软包工程施工前，墙体抹灰、机电盒及相邻饰面（如顶棚、地面、墙面石材、木饰面等）需安装完成。

（1）基层检查验收。混凝土和墙面抹灰已完成，基层已按设计要求埋设木砖或木筋，水泥砂浆找平层已抹完灰并刷冷子底油，且经过干燥，含水率不大于8％，木材制品基层的含水率不得大于12％。未经检验合格的基层不得进行施工。

（2）施工环境。施工环境要清洁、通风、无尘埃，作业环境温度应在5～35℃。

（3）房间里的吊顶、地面分项工程基本完成，并符合设计要求、水电及设备、顶墙上预留预埋件已完成。

（4）房间里的木护墙和木基层板已完成，并符合设计要求。

（5）已对施工人员进行质量、安全、环保技术交底，特别是面料带图案或颜色和造型复杂的软包，必要时应另附详图。

三、软包工程施工

1. 软包工程施工工艺流程

墙体基层处理→安装底板→制作安装软包→软包固定、修整→成品保护。

2. 软包工程施工操作要点

（1）墙体基层处理。软包的墙体基层要在抹灰干燥后，进行空鼓与平整度检测。还需要对墙体作防潮、防腐、防火处理（如涂刷防腐剂、防潮剂等），防止墙体的潮气使其基层板变形而影响装饰质量。

（2）安装底板。底板主要起到固定海绵和面层材料的作用，可以用多层板、密度板、防水板、细木工板等材料。底板之间留变形缝 2～3mm，距地 20mm 满足防潮要求。在底板安装前要先在背面涂刷防火涂料，涂满、涂匀，再将底板固定在龙骨上，检查底板安装是否牢固、平整。根据墙体情况和设计要求，底板有两种安装方式：木龙骨固定、轻钢龙骨固定。木龙骨一般固定在混凝土或砌块墙的预埋木砖上，轻钢龙骨通过预埋件或膨胀螺栓固定在墙面上，然后检查平整度是否符合要求。如图 6-35 所示为轻钢龙骨和底板安装固定的效果。

底板之间留变形缝2～3mm

底板底边距地20mm

(a)   (b)

图 6-35　安装底板

（a）固定轻钢龙骨；（b）龙骨上固定底板

（3）制作安装软包。软包工程安装方法有两种：一是直接铺贴法，直接在木底板上做软包墙面；二是拼装预制软包块法。第一种做法是将裁好的填充层材料（自熄泡沫塑料等）用胶满粘在底板上，再将裁好的面料周边抹胶粘在底板上拉平整，面料的接缝正对软包设计分格线，将装饰线条钉在分格线处。钉木线角的同时调整面料平整度，钉牢拉平，保证外观平整美观。第二种做法是将预制单块软包块组合拼装成软包墙面。首先制作单块软包块，根据分格尺寸，把衬板、内衬材料、软包面料预裁好，将内衬材料用胶粘贴在衬板上，把软包面料（规格尺寸大于基层板 50～80mm）沿衬板卷到板背面，展平后用码钉枪固定，码钉间距不大于 30mm。然后进行拼装，经过试拼达到设计要求效果后，将单块软包预制块安装到预先定好的边框内，用气钉枪将单块软包块与底板钉牢。最后安装盖缝条、帽头钉等装饰，见图 6-36。

（4）软包固定、修整。采取直接铺贴法施工时，应待墙面细木装修基本完成、边框油漆达到交活条件，方可粘贴面料。采取拼装预制软包块法施工则不受此限制，可事先进行粘贴面料工作。软包安装完成后要进行检查，如发现面料拉不平、有皱折，图案不符合设计要求的情况应及时修整。

（5）成品保护。如果软包施工较早，完成施工后要使用成品保护膜覆盖，拓荒保洁时拆除保护膜。

3. 软包工程施工质量验收标准

（1）软包工程的主控项目与一般项目如表 6-27 所示。

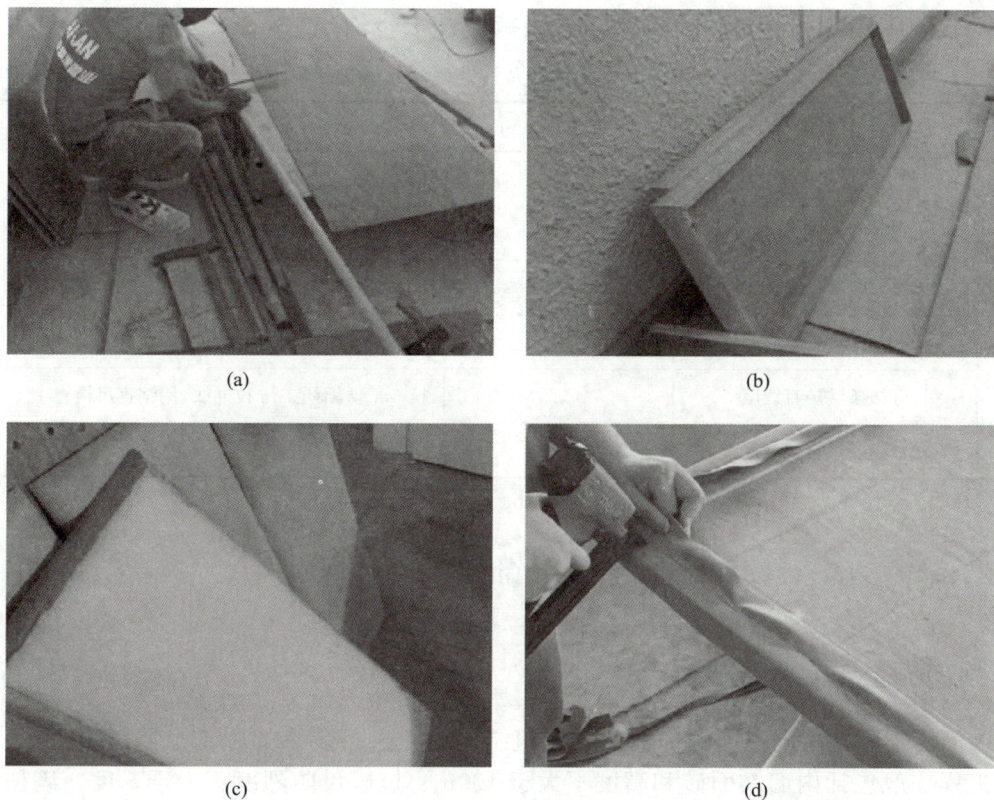

(a)　　　　　　　　　　　　　(b)

(c)　　　　　　　　　　　　　(d)

图 6-36　制作单块软包块

（a）切割衬板；（b）预制单块软包块；（c）固定填充材料；（d）面料固定

软包工程的主控项目与一般项目　　　　　　　　　　表 6-27

类别	内容	检测方法
主控项目	软包工程的安装位置及构造做法应符合设计要求	观察、尺量检查、检查施工记录
	软包边框所选木材的材质、花纹、颜色和燃烧性能等级应符合设计要求及国家现行标准的有关规定	观察，检查产品合格证书、进场验收记录、性能检验报告和复验报告
	软包衬板材质、品种、规格、含水率应符合设计要求。面料及内衬材料的品种、规格、颜色、图案及燃烧性能等级应符合国家现行标准的有关规定	观察，检查产品合格证书、进场验收记录、性能检验报告和复验报告
	软包工程的龙骨、边框应安装牢固	手扳检查
	软包衬板与基层应连接牢固，无翘曲、变形，拼缝应平直，相邻板面接缝应符合设计要求，横向无错位拼接的分格应保持通缝	观察、检查施工记录
一般项目	单块软包面料不应有接缝，四周应绷压严密。需要拼花的拼接处花纹、图案应吻合。软包饰面上电气槽、盒的开口位置、尺寸应正确，套割应吻合，槽、盒四周应镶硬边	观察、手摸检查
	软包工程的表面应平整、洁净、无污染、无凹凸不平及皱折；图案应清晰、无色差，整体应协调美观、符合设计要求	观察
	软包工程的边框表面应平整、光滑、顺直，无色差、无钉眼；对缝、拼角应均匀对称、接缝吻合。清漆制品木纹、色泽应协调一致	观察、手摸检查
	软包内衬应饱满，边缘应平齐	观察、手摸检查

131

（2）软包工程安装的允许偏差和检验方法如表 6-28 所示。

软包工程安装的允许偏差和检验方法　　　　　　　　　　表 6-28

项次	项目	允许偏差(mm)	检验方法
1	单块软包边框水平度	3	用 1m 水平尺和塞尺检查
2	单块软包边框垂直度	3	用 1m 垂直检测尺检查
3	单块软包对角线长度差	3	从框的裁口里角用钢尺检查
4	单块软包宽度、高度	0，−2	从框的裁口里角用钢尺检查
5	分格条(缝)直线度	3	拉 5m 线,不足 5m 拉通线,用钢直尺检查
6	裁口线条结合处高度差	1	用直尺和塞尺检查

任务 6　饰面砖工程

一、饰面砖工程基本知识

饰面砖工程是指用不同的饰面砖在建筑结构面上进行装饰的施工工艺（图 6-37）。饰面砖工程一般包括内墙饰面砖和高度不大于 100m、抗震设防烈度不大于 8 度、满粘法施工方法的外墙饰面砖工程。

图 6-37　饰面砖工程

1. 饰面砖工程分类

饰面砖是一种用于建筑内外墙和地面装饰的瓷砖，其主要功能是提供装饰效果并保护基层。饰面砖工程根据使用部位的不同，可以分为外墙饰面砖、内墙饰面砖等。从烧制的材料及其工艺来分，主要有陶瓷锦砖（马赛克）饰面砖、全瓷饰面砖、火石质饰面砖、釉面饰面砖等，饰面砖工程分类见表 6-29。

饰面砖工程分类　　　　　　　　　　　　　　　表 6-29

分类依据	种类	图片	特点和用途
使用部位	外墙饰面砖工程		外墙砖用于外面墙壁铺贴,起到保护和装饰作用。外墙砖多为通体材质,耐酸碱、抗腐蚀,适应气候变化。外墙砖色彩朴素,适合多种设计风格
	内墙饰面砖工程	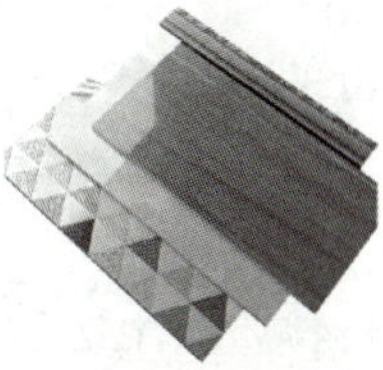	内墙饰面砖主要用于室内的墙壁装修,具备较好的耐酸碱性和抗腐蚀性。在质地和花色上满足人们对美的需求,装饰效果经典大方。内墙砖不适用于外墙面铺贴
饰面材料	陶瓷锦砖(马赛克)饰面砖工程		具有质地坚实、抗压强度高、色泽明净、图案美观、耐污染、耐腐、耐磨、耐水、抗火、抗冻、不吸水、不滑、易清洗、造价较低等特点。彩色陶瓷锦砖还可用于镶拼成壁画,其装饰性和艺术性均较好
	全瓷饰面砖工程		指的是吸水率小于 0.5% 的瓷砖,其吸水率非常低,胚底为白色或灰色。具有硬度高、耐磨的特点,俗称玻化砖、通体砖、抛光砖等,广泛用于墙面饰面,敲击声清脆悦耳
	炻质饰面砖工程		即半瓷砖,吸水率 0.5%~10%。胚底为斑点状,仿古砖、小地砖、水晶砖、耐磨砖、哑光砖等均为炻质饰面砖,敲击声较沉闷
	釉面饰面砖工程		指陶土烧制表面经过烧釉处理的砖,一般吸水率大于 10%。釉面砖胚底为红色,是装修中最常见的饰面砖,由于色彩图案丰富,被广泛使用于内墙墙面和地面装修。砖体结构粗糙多孔,敲击声沉闷

2. 内墙饰面砖工程构造

内墙饰面砖在写字楼或住宅建筑中的卫生间和厨房得到大量的使用,在某些要求洁净的厂房建筑中也应用广泛。内墙饰面砖的施工在很多方面与外墙饰面砖有着相同的地方，内墙饰面砖构造做法如图 6-38 所示，后面我们以内墙饰面砖施工为例介绍饰面砖工程。

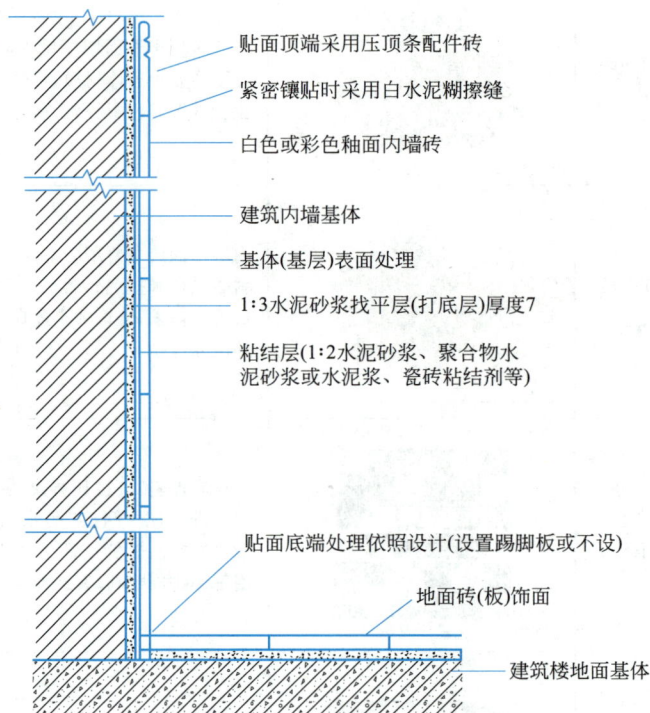

图 6-38　内墙饰面砖构造做法

二、内墙饰面砖工程施工准备

1. 内墙饰面砖工程材料准备

内墙饰面砖工程的材料准备除了饰面砖外，还需要准备水泥、中砂、水、瓷砖粘结剂等，如表 6-30 中所列。

内墙饰面砖工程材料列表　　　　　　　　　　表 6-30

名称	图片	简介
内墙饰面砖		可以选用釉面砖、全瓷砖、炻质砖、陶瓷锦砖等。要求质地坚硬、防潮防污、易于清洗，且环保健康、无毒无味。可应用于客厅、卧室、厨房、卫生间等多个空间
水泥		强度等级 42.5 的普通硅酸盐水泥或矿渣硅酸盐水泥。应采用同一厂家、同一批号生产的水泥。有出厂合格证、复检合格试验单

名称	图片	简介
中砂		粒径为 0.35～0.5mm,含泥量不大于 3%,干净,无有机杂物等
瓷砖粘结剂（瓷砖胶）		粘结力强,与传统水泥净浆粘贴法相比更安全、牢固
瓷砖填缝剂		填缝剂黏合性强、收缩小、颜色固着力强,具有防裂纹的柔性,装饰质感好,抗压力,耐磨损,抗霉菌
界面剂		适用于砖混墙面、腻子批刮、瓷砖粘结、砖石背涂及保温板材等的基层界面预处理

2. 内墙饰面砖工程机具准备

内墙饰面砖工程的施工机具有激光水平仪、筛子、木抹子、铁抹子、小灰铲、直木杠、托线板、水平尺、楔形塞尺、墨斗、尼龙线、2m 靠尺、洒水壶、钢丝刷、长毛刷、小铁锤、钢扁铲、钢直尺、角尺、齿形抹子、瓷砖高低调节器、石材切割机、手持搅拌器、内外直角检测尺、手动瓷砖切割机及拌灰工具等，如表 6-31 所示。

内墙饰面砖工程施工机具　　　　　　　　　　　　　　表 6-31

名称	图片	用途
激光水平仪		可以精准找出饰面砖工程所需的水平线和垂直线
水平尺		用于测量饰面砖工程的水平度,还可测量垂直度

名称	图片	用途
楔形塞尺		用于测量饰面砖工程表面平整度误差和缝隙尺寸
2m靠尺	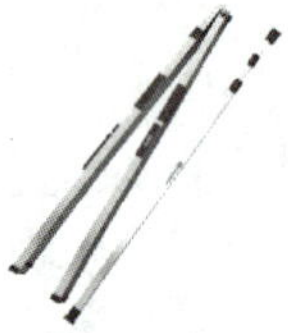	饰面砖工程的质量检测中使用频率最高的一种检测工具，用于检测饰面砖墙面的垂直度、水平度和平整度等
齿形抹子（齿形刮板）		铺刮瓷砖胶，有利于排除瓷砖背面的空气，对满浆率有很好的保障。同时，选择不同大小的齿形刮板，能够有效控制胶浆的用量，从而控制粘贴层厚度，提高施工效率，节省材料
瓷砖高低调节器		又称墙砖定位器，适用于贴墙面饰面砖时定位用。使用简单方便、定位精准、省工省时
石材切割机（云石机）		适用于饰面砖切割、开槽作业。具有切削效率高、加工质量好、使用简便、劳动强度低的优点
手动瓷砖切割机		手动瓷砖切割机不用电、无粉尘、无噪声、低损耗，用于饰面砖的切割
手持搅拌器		进行砂浆或瓷砖粘贴剂的混合搅拌，可以节省人力成本，提高工程的进展速度
瓷砖十字卡件		是一种在瓷砖铺贴过程中使用的十字形卡扣，用来确保瓷砖之间缝隙均匀、排列整齐

名称	图片	用途
内外直角检测尺 （指针式）		是检测物体上内外（阴阳）直角的偏差及一般平面的垂直度与水平度的工具

3. 内墙饰面砖工程作业条件

（1）顶面工程基本完成，墙、地面做好防水层、保护层、垫层。墙面上统一弹出 +500（+1000）mm 水平线。

（2）做好内隔墙，水电管线、门、窗框安装完毕。按设计及规范要求堵塞门窗框与洞口缝隙，嵌塞严实。对铝合金门窗框应做好保护，一般用塑料薄膜缠绕。

（3）墙柱面必须坚实、清洁，无油污、浮浆、残灰等。影响面砖铺贴凸出墙柱面部分应凿平。

（4）大面积施工前，应先做样板墙或样板间。经公司质检部门以及现场监理认定验收后，方可组织队组按照样板间（墙）要求施工。

三、内墙饰面砖工程施工

1. 内墙饰面砖工程工艺流程

选砖→基层处理、抹底灰→排砖、弹线→贴标准点→垫底尺、贴面砖→面砖勾缝与擦缝。

2. 内墙饰面砖工程施工操作要点

一般内墙用的瓷砖尺寸相对较小、厚度相对较薄，所以常用镶贴法施工，施工操作要点如下：

（1）选砖。镶贴前应对面砖的品种、颜色、图案、规格进行挑选，首先检查品种、颜色、图案是否与设计要求相符。对规格进行严格挑选，根据内墙饰面砖的标准长宽尺寸，做一个 U 形木框进行选砖。将面砖按大、中、小分类堆放，同一类尺寸用在同一房间或同一面墙上，可以做到接缝均匀一致。同时将裂纹、缺楞掉角、窜角、翘曲等有缺陷的面砖剔出不得使用。吸水率大于 3% 的面砖，施工前要用水浸泡 2h 后晾干备用，见图 6-39。

（2）基层处理、抹底灰。墙面基层处理平整，清洗油污。检查墙面的平整度、垂直度后，将基层湿润。混凝土基层先刷界面处理剂，再用 1∶3 水泥砂浆打底、压实找平，施工工艺同墙面抹灰施工操作，见图 6-40。

（3）排砖、弹线。根据大样图及墙面尺寸进行排砖，以保证面砖缝隙均匀，符合设计图

图 6-39　浸砖

图 6-40　基层处理抹底灰

（a）基层刷界面处理剂；（b）抹底灰

纸要求。注意墙面、柱子等主要部位要尽量排整砖，非整砖应排在次要部位，如窗间墙或阴角处等，非整砖不得小于 1/4 砖，还要注意一致和对称。如有突出的卡件、孔洞、槽盒、管根等，应整砖套割吻合，不得用非整砖随意拼凑镶贴，见图 6-41。镶贴时由阳角开始，自下而上进行，尽量使非整砖留在阴角处。在底层灰上应弹垂直与水平控制线，竖线间距为 1m 左右，横线根据面砖规格尺寸，每 5～10 块弹一道水平控制线，有墙裙的弹在墙裙上口。现在贴墙砖时多用激光水平仪的射线代替弹墨线，准确、高效、省力。贴水池、镜框时必须从中心往两边贴。浴盆、水池等上口和阳角，用云石机切割面砖并磨边对缝。

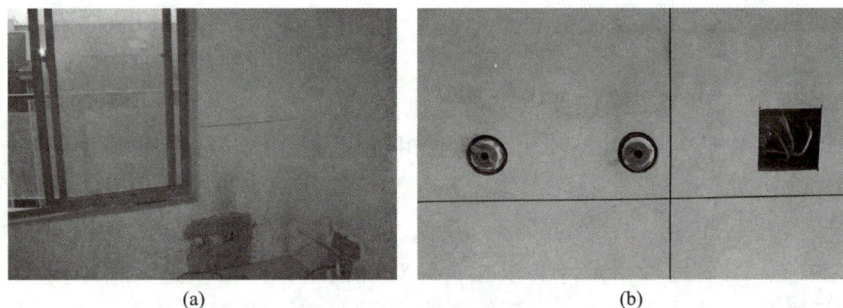

图 6-41　瓷砖铺贴

（a）排砖、弹线；（b）瓷砖套割

（4）贴标准点。标准点是用废面砖粘贴在底层砂浆上，用混合砂浆粘贴，上下两块用托线板挂直，用以控制面砖的表面平整度。横向每隔 1.5m 左右做一个标志块，在门洞口或阳角处，用拉线或靠尺校正平整度和垂直度，阳角处可双面挂直，如图 6-42 所示。

（5）垫底尺、贴面砖。底尺起支撑作用，防止墙砖未粘牢前因为自重下滑或掉落，见图 6-43（a）。根据计算从最下一皮砖下口标高垫底尺，也可从第二皮开始。最下一皮应比地面低 10mm 左右，以便地面（砖）压住墙砖。底尺安放必须水平，底尺的垫点间距应在400mm 以内。也可用瓷砖高低调节器代替垫尺，高低调节更方便。面砖用 1∶2.5 水泥砂浆或瓷砖粘贴剂由下往上镶贴，在砖背面抹一层 8mm 厚砂浆，紧靠底尺上皮将面砖贴在

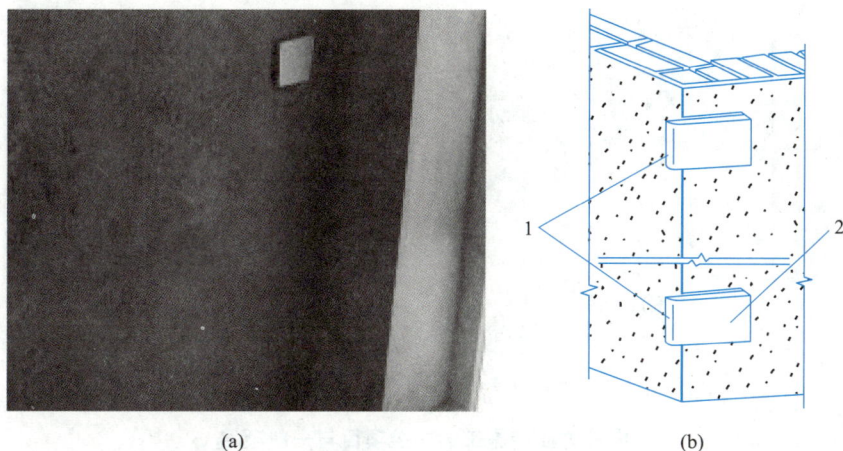

图 6-42 贴标准点
(a) 标准点；(b) 双面挂直

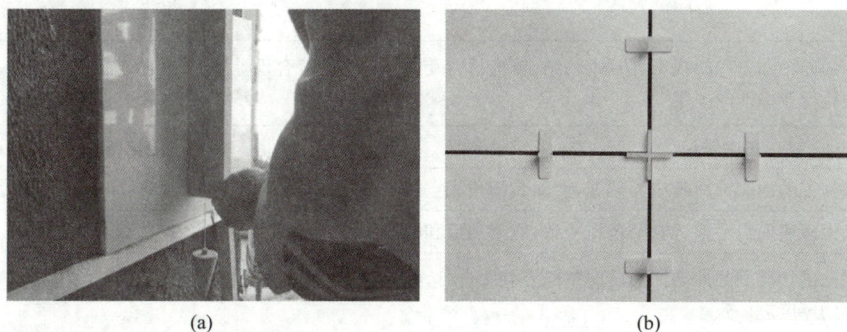

图 6-43 贴面砖
(a) 底尺；(b) 瓷砖十字卡件

墙上，用橡皮锤轻轻敲击砖面，使灰浆挤满，上口要求以水平线为标准，贴好底层一皮砖后，用靠尺板横向靠平，不平时用橡皮锤敲平。门口或阳角处，以及长墙每间距 2m 左右均应先竖向贴一排砖，作为墙面垂直、平整的标准，密拼用 1mm 左右韧性垫片（塑料包装片）垫牢，使缝隙一致。留缝要采用专用瓷砖十字卡件保证缝隙的均匀，见图 6-43（b）。阳角处两块砖做 45°倒角。镶贴施工过程中，应随时用靠尺检查表面平整度和垂直度，如误差过大要及时返工修正。

（6）面砖勾缝与擦缝。面砖贴完后自检，无空鼓、不平、不直的情况，再用棉丝擦干净。一般贴砖 24h 后即可勾缝或擦缝。用橡胶填缝刀或刮刀将填缝剂填入面砖缝隙，直至填充料与瓷砖齐平，用软布或海绵将墙砖表面擦拭干净，如图 6-44 所示。

3. 饰面砖工程施工质量验收标准

（1）饰面砖工程施工的主控项目与一般项目的质量验收内容和检测方法见表 6-32 和表 6-33，表 6-32 适用于内墙饰面砖的质量检测和验收，表 6-33 适用于外墙饰面砖（粘贴高度不大于 100m、抗震烈度不大于 8 度、采用满粘法施工）的质量检测和验收。

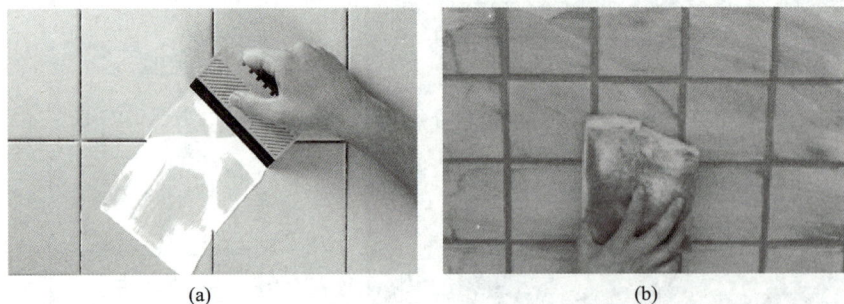

(a)   (b)

图 6-44   勾缝与擦缝

（a）抹勾缝剂；（b）擦净

内墙饰面砖施工的主控项目与一般项目   表 6-32

类别	内容	检测方法
主控项目	内墙饰面砖的品种、规格、图案、颜色和性能应符合设计要求及国家现行标准的有关规定	观察，检查产品合格证书、进场验收记录、性能检验报告和复验报告
	内墙饰面砖粘贴工程的找平、防水、粘结、填缝材料及施工方法应符合设计要求和现行行业标准的规定	检查产品合格证书、复验报告和隐蔽工程验收记录
	内墙饰面砖粘贴应牢固	手拍检查、检查施工记录
	满粘法施工的内墙饰面砖应无裂缝，大面和阳角无空鼓	观察、用小锤轻击检查
一般项目	内墙饰面砖表面应平整、洁净、色泽一致，应无裂痕和缺损	观察
	内墙面凸出物周围的外墙饰面砖应整砖套割吻合，边缘应整齐，墙裙、贴脸突出墙面的厚度应一致	观察、尺量检查
	内墙饰面砖接缝应平直、光滑，填嵌应连续、密实；宽度和深度应符合设计要求	观察、尺量检查

外墙饰面砖施工的主控项目与一般项目   表 6-33

类别	内容	检测方法
主控项目	外墙饰面砖的品种、规格、图案、颜色和性能应符合设计要求及国家现行标准的有关规定	观察，检查产品合格证书、进场验收记录、性能检验报告和复验报告
	外墙饰面砖粘贴工程的找平、防水、粘结、填缝材料及施工方法应符合设计要求和现行行业标准的规定	检查产品合格证书、复验报告和隐蔽工程验收记录
	外墙饰面砖粘贴工程的伸缩缝设置应符合设计要求	观察、尺量检查
	外墙饰面砖粘贴应牢固	检查外墙饰面砖粘结强度检验报告和施工记录
	外墙饰面砖工程应无空鼓、裂缝	观察、用小锤轻击检查

续表

类别	内容	检测方法
一般项目	外墙饰面砖表面应平整、洁净、色泽一致,应无裂痕和缺损	观察
	饰面砖外墙阴阳角构造应符合设计要求	观察
	墙面凸出物周围的外墙饰面砖应整砖套割吻合,边缘应整齐,墙裙、贴脸突出墙面的厚度应一致	观察、尺量检查
	外墙饰面砖接缝应平直、光滑,填嵌应连续、密实;宽度和深度应符合设计要求	观察、尺量检查
	有排水要求的部位应做滴水线(槽)。滴水线(槽)应顺直,流水坡向应正确,坡度应符合设计要求	观察、用水平尺检查

（2）饰面砖工程的允许偏差和检验方法见表 6-34。

饰面砖工程的允许偏差和检验方法　　　　　　表 6-34

项目	允许偏差（mm）		检验方法
	外墙饰面砖	内墙饰面砖	
立面垂直度	3	2	用 2m 垂直检测尺检查
表面平整度	4	3	用 2m 靠尺和塞尺检查
阴阳角方正	3	3	用直角检测尺检查
接缝直线度	3	2	拉 5m 线,不足 5m 拉通线,用钢直尺检查
接缝高低差	1	1	用钢直尺和塞尺检查
接缝宽度	1	1	用钢直尺检查

任务 7　饰面板工程

一、饰面板工程基本知识

饰面板工程是指用龙骨或细木工板（大芯板）做完骨架后，表面使用石板、陶瓷板、木板、金属板或塑料板等板材装饰的墙面装饰施工工艺，见图 6-45。饰面板工程有许多优点，包括耐久性好、易安装、外观效果好、经济实惠、环保等。作为一种常用的外墙材料，建筑饰面板的选择取决于建筑设计的要求和实际情况。

1. 饰面板工程优缺点

（1）饰面板工程优点。首先，饰面板有较好的耐久性。饰面板采用石材、金属、陶瓷等材料制成，能够承受各种天气、污染和自然磨损，保证长期使用效果。其次，饰面板易安装。模块化设计使得面板可以分段拼装，安装便捷。第三，饰面板外观效果多样。饰面板的造型和颜色可以适用于不同风格建筑，满足不同需求。除此之外，还具有较好的环保性、质感好，因此使用范围很广。

（2）饰面板工程缺点。一般饰面板的价格相对较高，且工厂颜色不可更改。木饰面板的耐用性较差，容易变色、腐蚀，不耐磨，易开裂和变形。木饰面板在制作过程中使用大

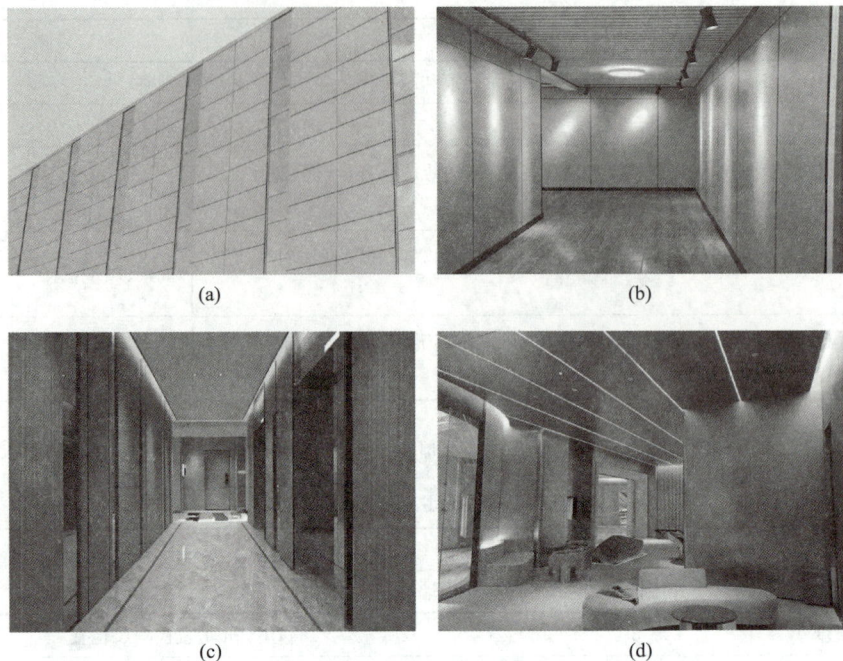

图 6-45　饰面板工程

（a）陶瓷饰面板；（b）塑料饰面板；（c）木饰面板；（d）金属饰面板

量胶水，可能导致室内污染物超标。此外，防火性能较差，会增加火灾风险等。

2. 饰面板工程种类

饰面板工程种类繁多，采用的石板饰面板有花岗石、大理石、板石、人造石材等；陶瓷板饰面板有平板型、异型；金属板饰面板有钢板、铝板等品种；还有大量的复合材料板和新型材料饰面板，如铝塑复合板、陶瓷石材复合板、木塑复合板、蜂窝板、岩板、竹炭纤维板等，详细介绍见表 6-35。

饰面板种类　　　　　　　　　　　　　　　　　　　　表 6-35

种类	图片	简介
石板饰面板		结构致密、质地坚硬、耐酸碱、耐气候性好，可以在室外长期使用。饰面板工程采用的石板有花岗石、大理石、板石和人造石材
陶瓷板饰面板		是一种由陶土、矿石等多种无机非金属材料，成型后经 1200℃高温煅烧等生产工艺制成的板状陶瓷制品。陶瓷板具有硬度大、性能稳定、安全牢固、环保健康、装饰性强等特性
木板饰面板		将实木板精密刨切成厚度 0.2mm 左右的微薄木皮，以夹板为基材，经过胶粘制作而成的具有单面装饰作用的装饰板材

续表

种类	图片	简介
金属板饰面板		是一种表面是金属材质或者整体为金属材质的饰面装饰板材,由于是饰面板,厚度一般很薄,一般在 0.4~1.5mm 之间,常见的金属板饰面板多为铝板或者不锈钢板两种
塑料板饰面板	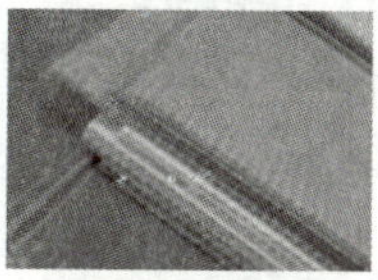	主要包括塑料贴面装饰板、覆塑装饰板、有机玻璃板材等。在制造过程中可以仿制各种人造材料和天然材料的花纹图案,如桃花心木、花梨木、水曲柳、大理石、孔雀石、橘皮、皮革、纤维织物等纹理,或设计其他不同图案
木塑复合板		复合材料板的一种,其他复合材料还包括铝塑复合板、陶瓷石材复合板、岩板、竹炭纤维板等

3. 饰面板工程构造

饰面板工程可根据饰面板材料、安装位置、实地环境等因素选择干挂、湿作业（锚固灌浆法）、粘贴、镶嵌等不同的施工方式。饰面板工程中最常见的石板饰面板墙面安装有三种方法：干挂法、湿作业法（锚固灌浆法）和满粘法，构造做法区别见表6-36。

石板饰面板传统的湿作业（锚固灌浆法）容易出现空鼓、返碱的质量问题，并且现场湿作业工序复杂，所以这种施工工艺应用越来越少了。现在除较小规格的石板采用满粘法的工艺外，一般都采用石材干挂法。后面我们以石板饰面板工程的石板干挂施工工艺为例进行饰面板工程的学习。

石板饰面板墙面安装方法　　　　表 6-36

种类	图片	简介
干挂法	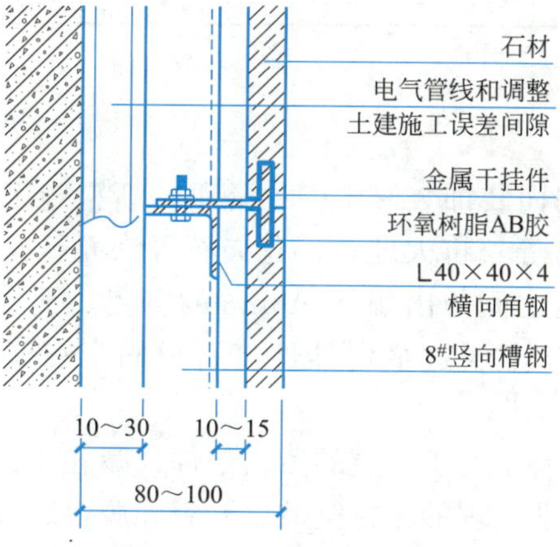	石材干挂法又名空挂法,是在主体结构上设主要受力点,通过金属挂件将石材固定在建筑物上,形成石材饰面板墙面。该方法用金属挂件将饰面石材直接吊挂于槽钢和角钢组成的钢架或墙面预埋件之上,不需再灌浆粘贴

续表

种类	图片	简介
湿作业法（锚固灌浆法）	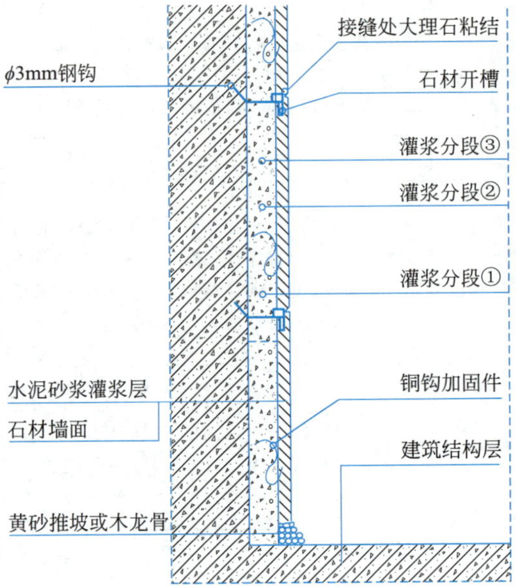	湿作业法是一种用于固定石材或其他建筑材料的施工方法，也被称为锚固灌浆法。其基本原理是在建筑基体上固定好石材板后，在板材饰面的背面和基层表面所形成的空腔内灌注水泥砂浆或水泥石屑浆，从而将天然石板整体固定牢固
满粘法	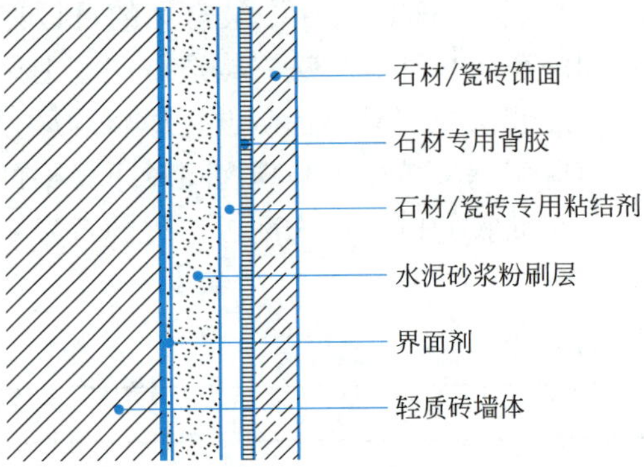	适用于墙面施工高度在 3.5m 以下，石材厚度在 8mm 以下、单件重量小于 40kg、单块板材面积小于 $1m^2$ 的薄石材，可以像瓷砖饰面一样使用水泥砂浆或胶粘剂将石材粘贴到墙面上。其优点是施工简便，但对石材和墙面的精度要求较高

二、石材干挂工程施工准备

石材干挂法又名空挂法，是墙面装饰装修中一种常用的新型施工工艺。该工艺是利用耐腐蚀的螺栓、连接件、干挂件等，将大理石、花岗石等饰面石材直接空挂在建筑结构外表面的钢架之上，石材与结构之间留出 40～50mm 的空腔，不需要再灌浆粘贴，如图 6-46 所示。其原理是在主体结构上通过金属挂件将石材固定在建筑物上，形成石材饰面。

石材干挂工艺在一定程度上改善了施工人员的劳动条件，减轻了劳动强度，有助于加快工程进度，还有效避免传统湿作业出现的板材空鼓、开裂、脱落、板面泛白、变色等现象，提高了建筑物的安全性和耐久性。

图 6-46 石材干挂
（a）完工效果；（b）施工过程；（c）干挂节点1；（d）干挂节点2

1. 石材干挂工程材料准备（表 6-37）

石材干挂工程材料清单 表 6-37

名称	图片	简介
装饰石材		是从天然岩体中开采出来,加工成块状或板状,具有装饰性的建筑石材。根据设计要求,确定石材的品种、颜色、花纹和尺寸规格,饰面板多用花岗石,干挂石材的常用厚度为25～30mm,单块板面积不宜大于 1.5m²
槽钢		干挂石材的骨架,用型钢（角钢固定件）固定在土建承重结构上的竖向龙骨

名称	图片	简介
角钢	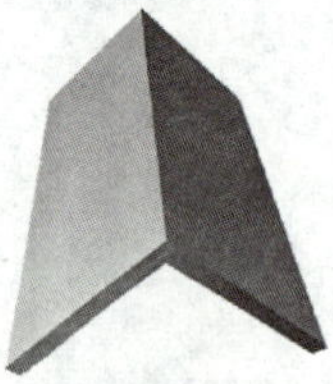	干挂石材的骨架，固定于土建承重结构上的横向龙骨
膨胀螺栓		打到混凝土墙面上的孔中后，通过拧紧膨胀螺栓上的螺母，达到固定的效果，用来连接骨架和墙面
干挂件	 双钩码 　单钩码 　托钩码平码 　T形码 　锚定码 	连接石材面板和角钢骨架的连接件，金属干挂件受力托板厚度不小于 4mm，并按有关规范进行截面验算
环氧树脂A、B胶	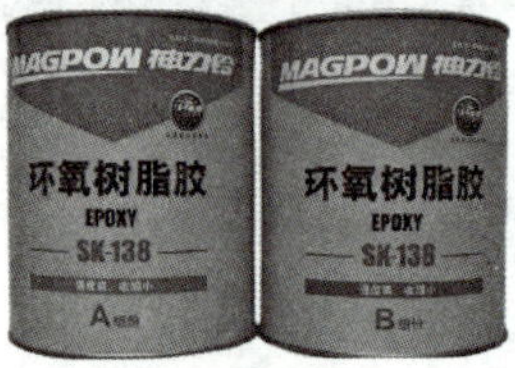	环氧树脂双组分耐高温胶粘剂，主要适用于耐高温金属、陶瓷等的胶接。所选用的填缝胶应符合国家建材行业标准，并采用 1：1 混合比
玻璃纤维网格布	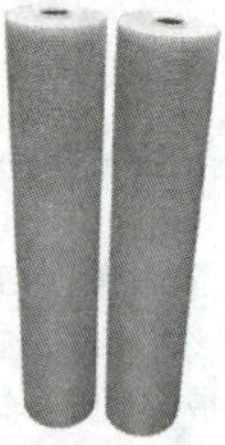	将玻璃纤维网格布贴合在石材背面，作为石材的背衬材料，主要用于增强石材的强度和稳定性
防水胶		用于密封连接件，防止水分渗透，确保石材干挂系统的稳定性和耐久性

名称	图片	简介
弹性泡沫填充棒		在石材缝隙中填入后再打耐候胶,起到支撑和密封作用。它可以在石材之间起到缓冲的作用,防止石材的脱落和滑动,还可以起到防水、隔热的作用
防锈漆		是一种可保护金属表面免受大气、海水等化学或电化学腐蚀的涂料,用于骨架焊接处金属的防锈
密封胶	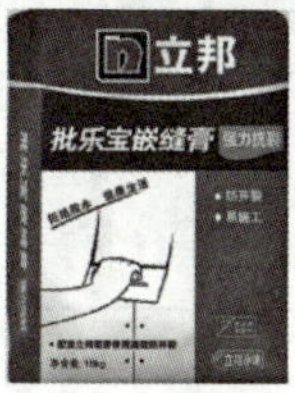	主要用于填补石材之间的缝隙,提高整体的美观度、耐久性和密封性

2. 石材干挂工程机具准备

石材干挂工程中使用到的机具主要有：无齿锯、专用手推车、卷尺、锤子、各种形状钢凿子、靠尺、水平尺、方尺、多用刀、剪子、铅丝、粉线包、墨斗、小白线、笤帚、铁锹、开刀、灰槽、灰桶、手套等,部分工具如表 6-38 所示。在施工过程中,一定要按照使用操作规范要求,安全第一。

石材干挂工程机具　　　　　　　　　　　　　表 6-38

名称	图片	用途
金属切割机		一种电动工具,用于切断铁质线材、管材、型材。可轻松切割各种混合材料,如钢材、铜材、铝型材等
冲击钻		用于在砖、砌块及轻质墙等材料上钻孔的电动工具。这里主要用于在石料上冲击打孔

续表

名称	图片	用途
开口扳手		紧固或拆卸六角头螺栓或螺母和方头螺栓或螺母
嵌缝枪		又称打胶枪，将筒装的液态密封材料置于半圆形枪身后，用手扣动板掣，驱动活塞挤压胶液流出，注入密封部位
电焊机		利用正负两极在瞬间短路时产生的高温电弧来熔化电焊条上的焊料和被焊材料，使龙骨和预埋件或龙骨和龙骨之间焊成一体

三、石材干挂工程施工

1. 石材干挂工程工艺流程

基层处理→安装钢骨架→石材加工→干挂件安装→安装石材→密封胶灌缝、清理饰面。

2. 石材干挂工程操作要点

（1）基层处理。清理基层表面，同时将预做石材的结构表面吊直、套方，根据设计图纸弹出垂直线和水平线，见图 6-47，确定龙骨的定位线。

图 6-47　基层弹线

（2）安装钢骨架。龙骨是整个干挂石材工艺中最基础的部分。根据施工图纸在墙上先安装预埋件，再将竖向龙骨焊接或栓接在预埋件上。最后将水平龙骨焊接在竖向龙骨上，完成整个龙骨的安装如图 6-48～图 6-50 所示。龙骨安装完成后，根据施工图纸进行验收。验收完成后，焊接处涂刷防锈漆两遍。

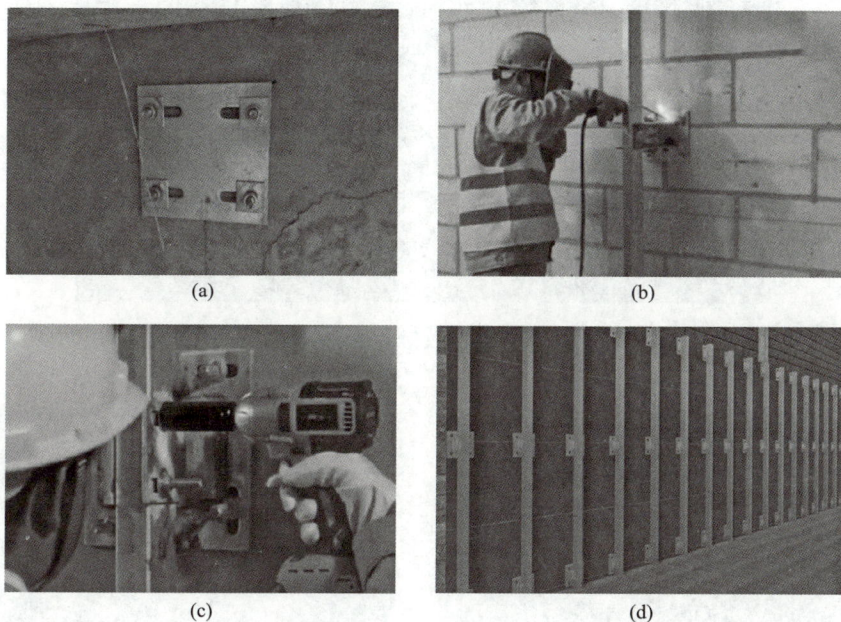

图 6-48　安装竖向龙骨

（a）预埋件；（b）焊接连接件；（c）固定竖向龙骨；（d）竖向龙骨施工完成

图 6-49　安装横向龙骨

（a）焊接横向龙骨；（b）横、竖龙骨焊接处刷防锈漆

（3）石材加工。石材根据设计尺寸和图纸要求，进行石材打孔或开槽，如图 6-51 所示，开槽深度要保证挂件完全嵌入石材内。

（4）干挂件安装。不锈钢干挂件有多种形式，常用的双钩码干挂件安装如图 6-52 所示。挂件用螺栓连接在横龙骨预先打好的孔上，位置可适当调节，保证面板连接固定位置紧固可靠。

（5）安装石材。干挂件安好后，即可进行底层面板安装。安装板块的顺序是自下而上

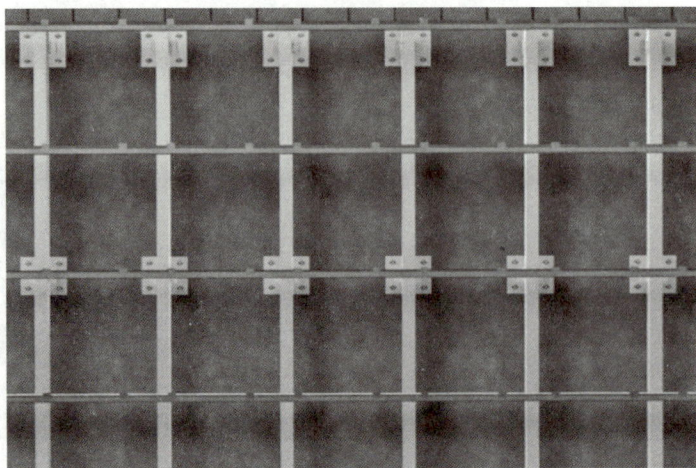

图 6-50　石材干挂骨架

(a)

(b)

图 6-51　石材开槽

（a）放线；（b）开槽

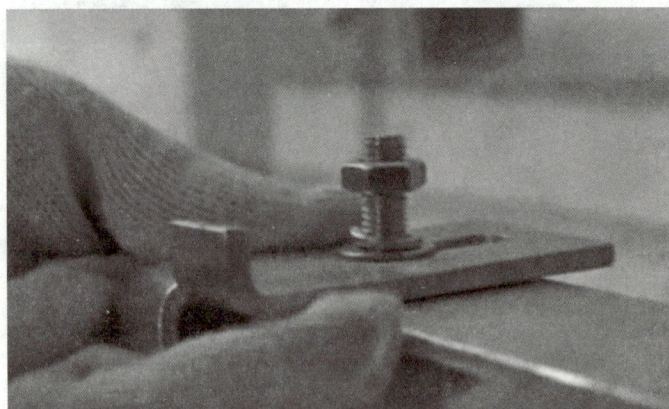

图 6-52　干挂件安装

进行，在墙面最下一排板材安装位置的上下口拉两条水平控制线，板材从中间或墙面阳角开始就位安装。先安装第一块作为基准，经预挂校准平整度和垂直度后，下槽涂满环氧树脂 A、B 胶插入干挂件中，用夹具将石材临时固定，然后将石材上槽内灌入环氧树脂 A、B 胶，调整石板固定。待底层面板全部就位后，整体调平，拧紧调节螺栓。按此方法自下而上逐行安装，如图 6-53 所示。

(a)　　　　　　　　　　　　　　　　(b)

图 6-53　干挂件固定石板
(a) 插入下槽；(b) 插入上槽

（6）密封胶灌缝、清理饰面。在石材间缝隙处嵌弹性泡沫填充（棒）条，在填充（棒）条外的板缝内打入耐候密封胶，在石材表面用棉丝擦拭干净，见图 6-54。

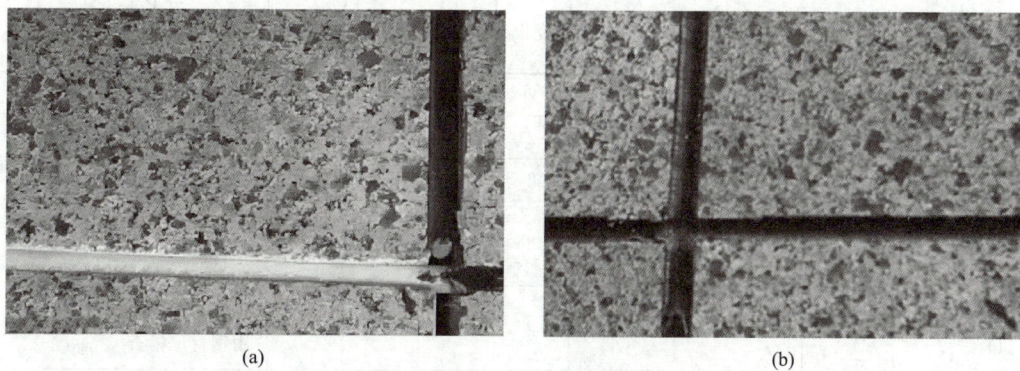

(a)　　　　　　　　　　　　　　　　(b)

图 6-54　石材封缝
(a) 填入弹性泡沫填充棒；(b) 打耐候胶

3. 饰面板工程质量验收标准

饰面板工程施工质量验收一般包括表观质量和实体质量，表观质量可以通过肉眼观察及触摸饰面板外观检查，实体质量可以通过测量工具进行检测。

（1）石板饰面板安装工程的主控项目与一般项目的检测内容和方法应符合表 6-39 要求。

（2）饰面板工程的允许偏差和检验方法参照表 6-40 执行。

石板饰面板安装工程的主控项目与一般项目　　表 6-39

类别	内容	检测方法
主控项目	石板的品种、规格、颜色和性能应符合设计要求及国家现行标准的有关规定	观察，检查产品合格证书、进场验收记录、性能检验报告和复验报告
	石板孔、槽的数量、位置和尺寸应符合设计要求	检查进场验收记录和施工记录
	石板安装工程的预埋件（或后置埋件）、连接件的材质、数量、规格、位置、连接方法和防腐处理应符合设计要求。后置埋件的现场拉拔力应符合设计要求。石板安装应牢固	手扳检查，检查进场验收记录、现场拉拔检验报告、隐蔽工程验收记录和施工记录
	用满粘法施工的石板工程，石板与基层之间的粘结料应饱满、无空鼓。石板粘结应牢固	用小锤轻击检查、检查施工记录、检查外墙石板粘结强度检验报告
一般项目	石板表面应平整、洁净、色泽一致，应无裂痕和缺损。石板表面应无泛碱等污染	观察
	石板填缝应密实、平直，宽度和深度应符合设计要求，填缝材料色泽应一致	观察、尺量检查
	采用湿作业法施工的石板安装工程，石板应进行防碱封闭处理。石板与基体之间的灌注材料应饱满、密实	用小锤轻击检查、检查施工记录
	石板上的孔洞应套割吻合，边缘应整齐	观察

饰面板工程的允许偏差和检验方法　　表 6-40

项目	允许偏差（mm）							检验方法
	石材			瓷板	木材	塑料	金属	
	光面	剁斧石	蘑菇石					
立面垂直度	2	3	3	2	2	2	2	用2m垂直检测尺检查
表面平整度	2	3	—	2	1	3	3	用2m靠尺和塞尺检查
阴阳角方正	2	4	4	2	2	3	3	用直角检测尺检查
接缝直线度	2	4	4	2	2	2	2	拉5m线，不足5m拉通线，用钢直尺检查
墙裙、勒脚上口直线度	2	3	3	2	2	2	2	拉5m线，不足5m拉通线，用钢直尺检查
接缝高低差	1	3	—	1	1	1	1	用钢直尺和塞尺检查
接缝宽度	1	2	2	1	1	1	1	用钢直尺检查

【项目总结】

　　无论是内墙还是外墙，室内柱还是室外柱体，墙面工程都具有保护基体，保证墙、柱体的使用功能和装饰立面的功能。墙面装饰材料种类很多，常用的材料有涂料、木材、壁纸、墙布、石材（花岗石、大理石等）、人造石材、陶瓷制品（瓷砖、釉面砖、

知识拓展：玻璃幕墙

知识拓展：墙面贴文化石施工

陶瓷锦砖等）、水泥石渣预制板（如水刷石、斩假石、水磨石饰面板）等。墙面装饰工程根据所用材料不同采用不同的施工方法，如涂刷、裱糊、钉固、粘结、镶贴、嵌装法、干挂、湿作业（锚固灌浆法）等。在家装或者工装中，根据工程项目的实际情况灵活选用墙面的装饰施工工艺。

【技能训练】裱糊工程实训

按照如图 6-55 所示工位平面图和 A 立面图完成墙面裱糊壁纸的实训任务，具体要求如下：

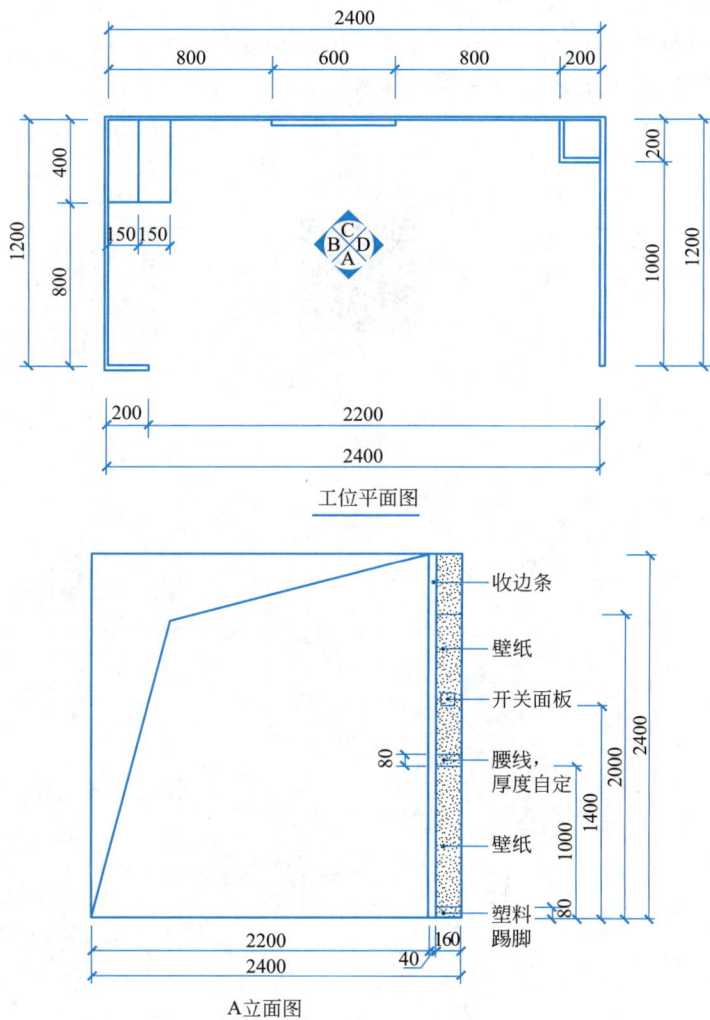

工位平面图

A立面图

图 6-55　施工图纸

1. 施工内容包括内墙面壁纸的裱糊及踢脚线的安装；
2. 裱糊区域见图纸要求；
3. 壁纸裱糊高度为 2m；
4. 踢脚线安装时要考虑铺装复合地板的预留高度，但是台阶部位（包括顶面、侧面）

不需要预留间隙；

5. 质量要求按照《建筑装饰装修工程质量验收标准》GB 50210—2018 中的有关规定执行。

【你问我答】

答案

（1）釉面砖主要用于哪里？

（2）内墙饰面砖墙面施工须注意哪些问题？

（3）内墙饰面砖墙面施工工艺有哪些操作要点？

（4）石材干挂法又名什么？简述其工艺。

（5）什么是石材干挂工艺？石材干挂工艺的优点是什么？

（6）石材干挂的施工工艺流程有哪些步骤？

【素养课堂】

碳晶板墙板

项目七　吊顶工程

【教学目标】

本项目将围绕四个任务进行细化，以确保能够全面掌握吊顶工程的基本理论、材料特性、施工工艺及质量控制方法等。

1. 知识目标
- 掌握轻钢龙骨纸面石膏板吊顶的构造、施工工艺；
- 掌握金属板吊顶的构造、施工工艺；
- 了解金属格栅吊顶的构造、施工工艺；
- 熟悉吊顶工程的质量验收标准。

2. 能力目标
- 能够识别不同吊顶工程的材料及其特点；
- 能够安全使用吊顶工程的施工机具；
- 培养解决吊顶工程现场施工常见工程质量问题的能力。

3. 情感目标
- 培养精细操作能力和质量意识，确保吊顶工程的施工质量；
- 培养安全意识，严格遵守施工规范，确保吊顶工程的施工安全。

【思维导图】

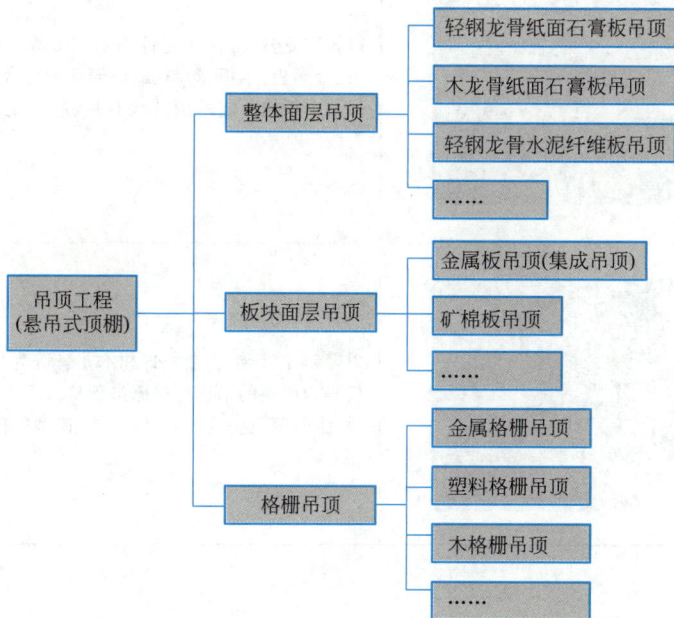

任务 1 认识吊顶工程

室内顶面的装饰施工有直接式顶棚和悬吊式顶棚两种。直接式顶棚是直接在楼板底面进行装饰材料的涂刷、抹灰、粘贴等而形成的顶棚。一般用于层高较低或装修要求不高的房间，是一种简单实用的装修形式；悬吊式顶棚也称吊顶，是在建筑结构层下部悬吊由骨架及饰面板组成的装饰构造层，是建筑装饰工程的一个重要子分部工程。吊顶具有保温、隔热、隔声、弥补房屋本身的缺陷、增加空间的层次感、便于补充光源、便于清洁的作用，同时也是通风、空调、通信、防火等管线设备工程的隐蔽层。

吊顶的类型很多，按照不同的分类标准有不同的分类。如按照龙骨材料可分为木龙骨吊顶、轻钢龙骨吊顶、铝合金吊顶等；按照顶棚结构层的显露状况可分为开敞式吊顶、封闭式吊顶；按照顶棚承重能力可分为上人吊顶、不上人吊顶；按照面层结构和施工工艺可分为整体面层吊顶、板块面层吊顶、格栅吊顶等，具体分类见表 7-1。

吊顶分类   表 7-1

类别	图片	内容
整体面层吊顶		以轻钢龙骨、铝合金龙骨和木龙骨等为骨架，以石膏板、水泥纤维板和木板等为整体面层的吊顶。最常见的是轻钢龙骨纸面石膏板吊顶，表面处理完成后，看不到接缝
板块面层吊顶		以轻钢龙骨、铝合金龙骨和木龙骨等为骨架，以石膏板、矿棉板、金属板、木板、塑料板、玻璃板和复合板等块材作为面层的吊顶。板块面层吊顶外表有接缝，但是不能看到吊顶后面的管线等
格栅吊顶		以轻钢龙骨、铝合金龙骨和木龙骨等为骨架，以方格、垂片、挂板等为面层的吊顶。格栅吊顶从外观可以看到吊顶后面的风道、水管等设备管线，开阔立体，造型独特

任务 2　整体面层吊顶工程

　　整体面层吊顶工程指以轻钢龙骨、铝合金龙骨和木龙骨等为骨架，以石膏板、水泥纤维板和木板等为整体面层的吊顶。下面以轻钢龙骨纸面石膏板吊顶为例进行详细讲解。

一、轻钢龙骨纸面石膏板吊顶构造

　　轻钢龙骨纸面石膏板吊顶是以轻钢龙骨为吊顶的基本骨架，纸面石膏板作为基层板材，再在表面进行装饰饰面的顶棚，骨架和面板的构造如图 7-1、图 7-2 所示。

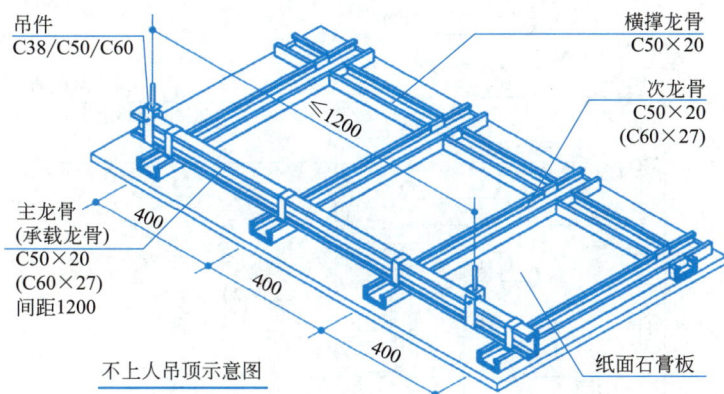

图 7-1　轻钢龙骨纸面石膏板吊顶示意图

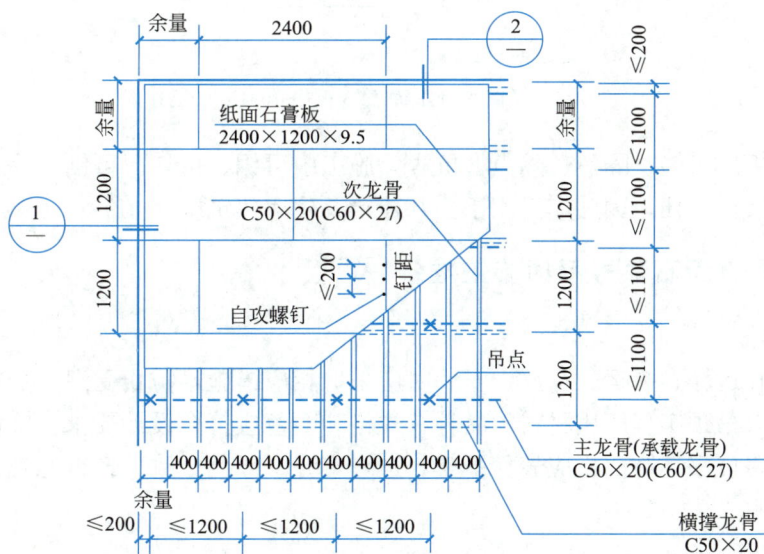

图 7-2　轻钢龙骨纸面石膏板吊顶构造（一）

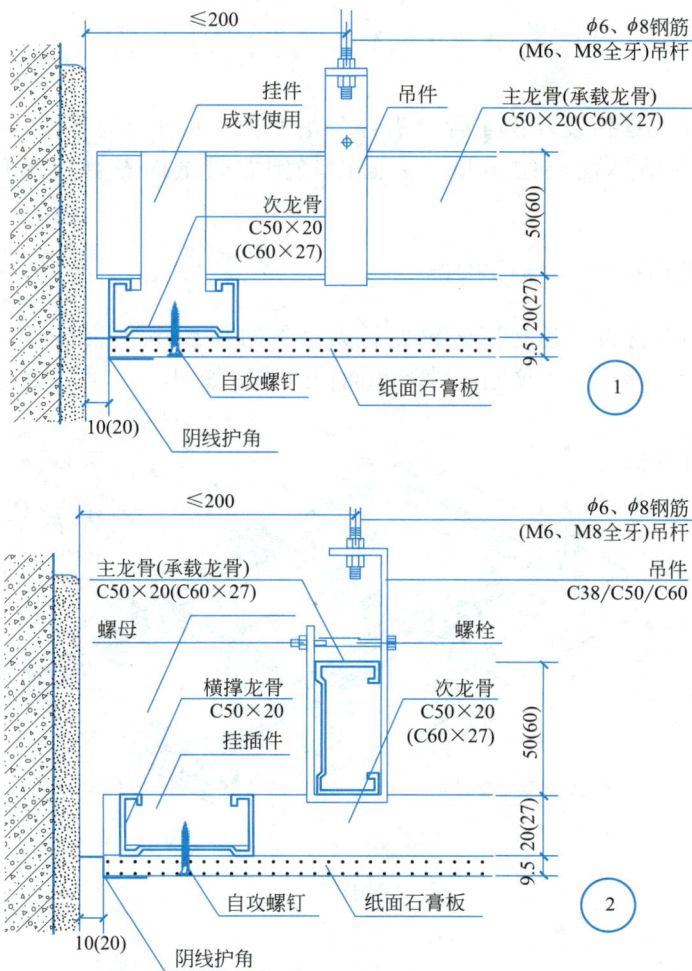

图 7-2 轻钢龙骨纸面石膏板吊顶构造（二）

纸面石膏板质量轻、隔热、隔声、抗震，施工中可锯、可切、可刨、易加工，这种吊顶设置灵活、装拆方便，因此广泛用于公共建筑及住宅建筑中。

二、轻钢龙骨纸面石膏板吊顶施工准备

1. 材料准备

吊顶材料在运输、搬运、存放、安装时应采取相应措施，防止受潮、变形及损坏板材的表面和边角。吊顶工程所用材料的品种、规格和颜色应符合设计要求。饰面板、金属龙骨应有产品合格证书。饰面板应表面平整，边缘整齐、颜色一致。轻钢龙骨纸面石膏板吊顶施工所需材料见表 7-2。

2. 机具准备

轻钢龙骨纸面石膏板吊顶用到的机具设备大多与轻钢龙骨纸面石膏板隔墙相同，包括墨斗、冲击钻、切割机、拉铆枪、链带螺钉枪（或电动螺丝刀）、美工刀、铲刀、靠尺、钢卷尺、水平尺等，除此之外还会用到无尘打磨机等，见表 7-3。

轻钢龙骨纸面石膏板吊顶材料　　　　　　　　　表 7-2

类别	名称	图片	简介
龙骨	主龙骨		也称主骨,上面与吊杆连接,下面通过次龙骨、横撑龙骨,为面层罩面板提供安装节点,是吊顶中承上启下的构件
	次龙骨、横撑龙骨		也称副骨,用于固定纸面石膏板,使用时平面向下,开口向上
	卡式龙骨	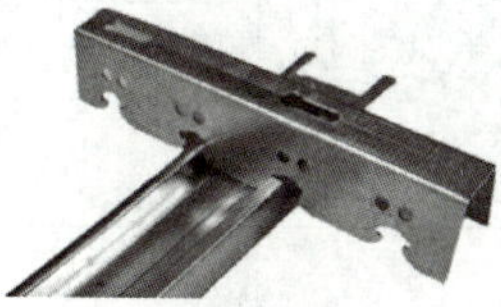	主龙骨的一种,龙骨上卡槽可直接卡紧副龙骨,无需使用其他连接件,可使面板与顶棚间距更小
	边龙骨		沿墙固定,用于固定面板,也起到收口的作用
吊挂件	吊杆		吊杆多采用螺纹吊杆,可根据吊顶高度设计切割不同长度,上部连接膨胀螺栓,下部连接吊件。一般轻型吊顶用 $\phi 6 \sim \phi 8$ 的吊杆,重型(上人)吊顶用 $\phi 8 \sim \phi 10$ 的吊杆,或经结构计算确定吊杆断面尺寸
	吊件	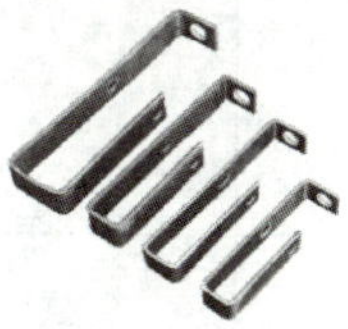	用于连接吊杆和主龙骨,型号应与主龙骨配套
	挂件	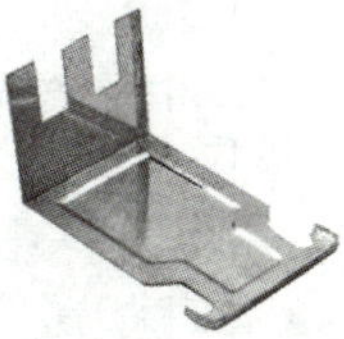	将次龙骨挂在主龙骨上,必要时可两个一组使用,提高承重能力

类别	名称	图片	简介
连接件	接长件	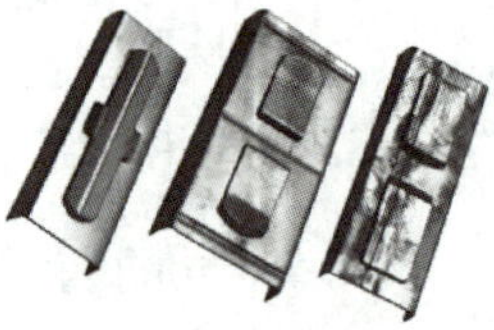	当吊顶面积较大，长度超出主龙骨长度时，需将主龙骨用此接长件连接，保证龙骨稳定
	挂插件		也叫副龙骨支托，是次龙骨与横撑龙骨的连接件
饰面板	纸面石膏板		用于吊顶工程的纸面石膏板有多种类型和型号，包括适用于干燥环境的普通纸面石膏板，适用于特殊环境的耐水纸面石膏板、耐火纸面石膏板等
辅助材料	防锈漆	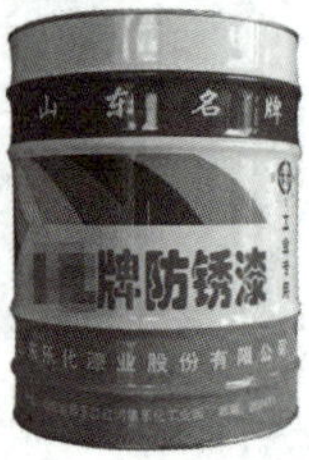	涂刷在金属表面，用于金属材料防锈

轻钢龙骨纸面石膏板吊顶机具　　　　　　　　　　　　　　表 7-3

名称	图片	简介
无尘打磨机		适用于大面积打磨，自带吸尘器，打磨效率高，更卫生，避免扬尘对工人的呼吸道伤害，但灵活性较差
石膏板倒角刨	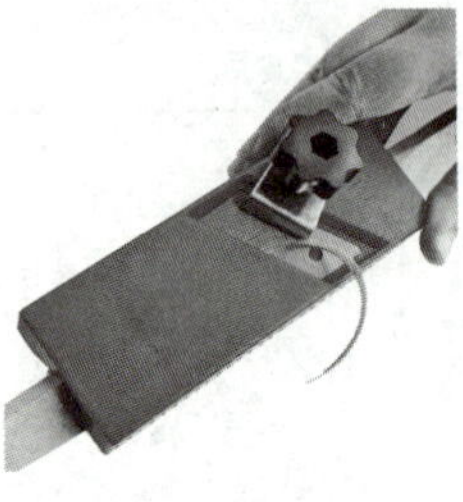	用于石膏板切割边的倒角处理

3. 作业条件

（1）屋面防水、隐蔽工程验收合格。顶棚中各种管线及设备已安装完毕并通过验收。确定好灯位、通风口及各种明露孔口位置。

（2）操作平台架设完毕，通过安全验收。

（3）材料进场验收，配套材料齐全。

（4）大面积施工前应做样板间，对顶棚的起拱度、灯槽、通风口等处进行构造处理，通过样板间决定分块及固定方法，经鉴定认可后方可大面积施工。

三、轻钢龙骨纸面石膏板吊顶施工工艺

1. 施工工艺流程

测量放线定位→安装吊杆→安装边龙骨→安装主龙骨→安装次龙骨→安装横撑龙骨→安装罩面板→面层处理。

2. 施工操作要点

（1）测量放线定位。测量放线包括水平标高线、吊杆位置线、顶棚造型位置线、大中型灯位线。标高线应根据室内墙面施工水平基准线确定，由水平基准线用尺量至顶棚的设计标高位置，在四周墙上用墨线弹线，弹线应清晰、准确。按设计要求弹好主、次龙骨的安装位置线，如图 7-3 所示。

图 7-3　吊顶弹线

（2）安装吊杆。主龙骨吊点间距、起拱高度应符合设计要求。当设计无要求时，吊点间距应小于 1.2m。吊杆距主龙骨端部距离不得超过 300mm，超过 300mm 应加设吊杆。当吊杆与设备相遇时，应调整吊点或增设吊杆。吊杆与结构连接固定有三种方法，一是在吊点位置预留埋件，二是钉入带孔射钉，三是打孔埋膨胀螺栓。图 7-4 所示为第三种固定方法，用冲击钻在顶棚弹好的吊杆位置上钻孔埋入膨胀螺栓，将吊挂件安装到螺纹吊杆上，可通过吊杆上的螺栓调整吊件的位置，从而调整主龙骨的高度。

（3）安装边龙骨。边龙骨沿墙面或柱面标高线钉牢，用射钉或高强水泥钉固定，钉的间距应为 400～600mm，如图 7-5 所示。有附加荷载的吊顶需按 900～1000mm 的间距预

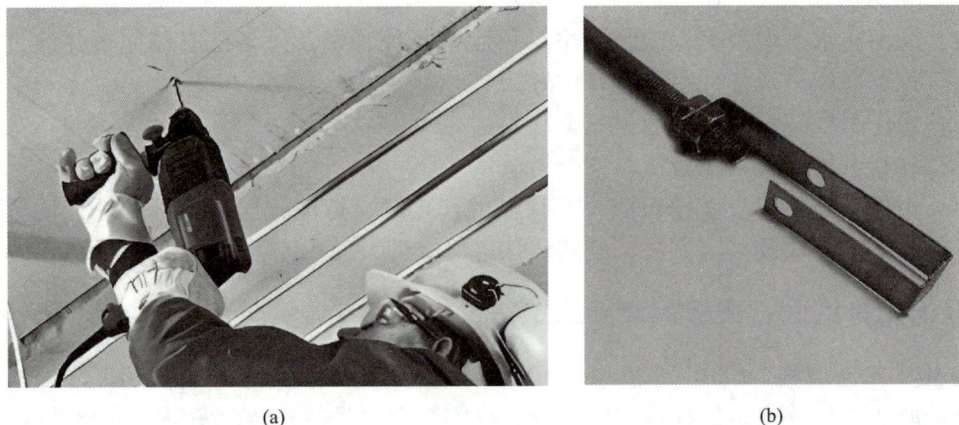

(a)   (b)

图 7-4　安装吊杆

（a）顶棚钻孔；（b）吊挂件

埋防腐木砖，将边龙骨与木砖固定。边龙骨底面应与吊顶标高基线平（罩面板钉装时应减去板材厚度）且必须牢固可靠。

（4）安装主龙骨。主龙骨间距一般为不大于 1100mm，离墙边第一根主龙骨距离不超过 200mm（排列最后距离超过 200mm 应增加一根主龙骨）。将主龙骨放置到吊杆的吊挂件中，拧紧吊挂件上的螺母固定主龙骨，如图 7-6 所示。主龙骨接长需用专用接长件，相邻龙骨连接位置应错开。主龙骨与吊件、吊杆安装就位后利用吊杆上的螺母进行整体调平，主龙骨按房间短向跨度的 1‰～3‰ 起拱。

图 7-5　安装边龙骨

图 7-6　吊杆、吊件、主龙骨

卡式主龙骨上部有预留孔洞，可直接与吊杆连接，不需使用吊件，如图 7-7 所示。重型灯具、电扇及其他重型设备严禁安装在吊顶龙骨上，应通过吊杆直接与结构相连接。

（5）安装次龙骨。次龙骨通过挂件吊挂在主龙骨上，并落在边龙骨内，如图 7-8 所示。次龙骨间距一般为 400～600mm，主龙骨与次龙骨的配套挂件将二者上下连接固定，挂件的下部挂住次龙骨，上端搭在主龙骨上，如图 7-9 所示。使用卡式主龙骨可直接卡紧次龙骨，不需使用挂件。

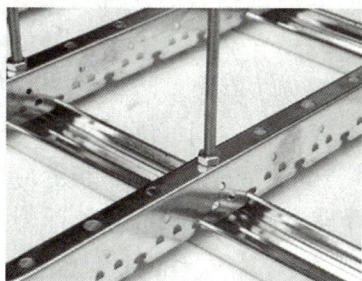

图 7-7　卡式主龙骨与吊杆、次龙骨连接

图 7-8　次龙骨、边龙骨位置

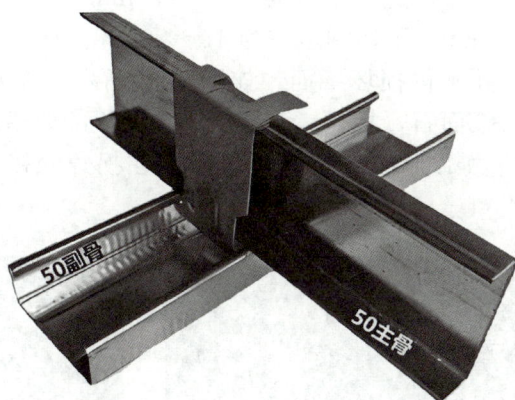

图 7-9　挂件连接主、次龙骨

（6）安装横撑龙骨。横撑龙骨通过挂插件连接次龙骨，底面与次龙骨平齐，如图 7-10 所示。龙骨与龙骨交接部位、折角部位用拉铆钉固定，如图 7-11 所示。

图 7-10　挂插件连接横撑龙骨与次龙骨

（7）安装罩面板。所有龙骨调整完毕后可安装罩面板，纸面石膏板必须在无应力状态下安装，要防止强行就位。安装时用木支撑临时支撑，并使板与骨架压紧，待螺钉固定完才能移除支撑。

图 7-11　拉铆钉固定龙骨

轻钢龙骨纸面石膏板吊顶

1）根据龙骨尺寸切割石膏板，如有烟感、射灯等应做好标记。安装纸面石膏板从吊顶的一端开始，沿龙骨方向错缝安装逐块排列，余量放在最后安装。相邻两张石膏板在同一龙骨上安装时板间预留 3mm 左右的缝隙，板缝应留在龙骨中心位置，石膏板边做八字倒角避免开裂，如图 7-12 所示。

2）安装石膏板时应从板的中部向四边或从一端向另一端固定。用电动螺钉枪将专用防锈自攻螺钉一次打入并拧紧。沿石膏板周边钉距宜为 150～170mm，板中钉距不得大于 200mm；螺钉距原板边应为 10～15mm，距切割边应为 15～20mm。螺钉应与板面垂直，钉头略埋入板内 0.5～1.0mm，并不得损坏纸面，如图 7-13 所示。石膏板的板边必须落在龙骨上不得悬空。安装双层纸面石膏板时，基层板与面层板的应错缝安装，不得在同一根龙骨上。拐角处石膏板应做 L 形或 T 形，不能直接在拐角处接缝，否则容易开裂，如图 7-14 所示。

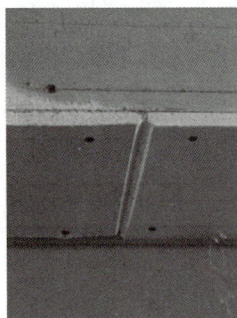

图 7-12　石膏板接缝处板边处理

图 7-13　安装石膏板

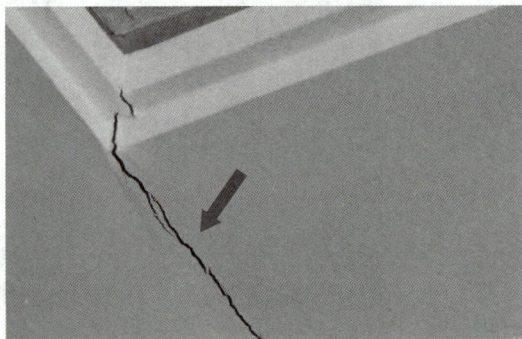

（a）　　　　　　　　　　　　　　　　　　　（b）

图 7-14　拐角处石膏板处理

（a）石膏板切割成 L 形；（b）接缝开裂

3）螺钉端头、板缝等细部处理。外露自攻螺钉端头点涂防锈漆，如图 7-15 所示。调

图 7-15　点涂防锈漆

制嵌缝腻子时不要一次性调制太多，45min 之内应使用完毕，超过时间不能再加水使用。用小刮刀将嵌缝腻子均匀饱满地嵌入板缝与钉眼内，将多余腻子刮走使石膏板表面平整。随即在板缝处涂刷白乳胶，粘贴玻纤网格带或牛皮纸带等防开裂绷带，用刮刀将其刮平、粘牢，必要时可贴两层，如图 7-16 所示。

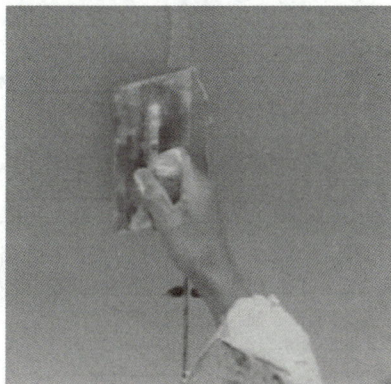

(a)

(b)

图 7-16　板缝处理

（a）石膏嵌缝；（b）贴防开裂绷带

（8）面层处理。待嵌缝腻子和防开裂绷带干透后满刮腻子，腻子干透再进行面层打磨。此步骤一般在完成地砖铺贴后和墙体刮腻子、打磨同时进行，如图 7-17 所示。饰面板上的灯具、烟感器、喷淋头、风口箅子等设备的位置应合理、美观，与饰面板交接处应严密。安装设备应在面层涂饰或其他饰面施工完成后进行。

图 7-17　面层打磨

四、整体面层吊顶工程质量验收

1. 整体面层吊顶工程质量验收一般规定

（1）吊顶工程验收时应检查的文件和记录包括吊顶工程的施工图、设计说明及其他设计文件，材料的产品合格证书、性能检验报告、进场验收记录和复验报告，隐蔽工程验收记录，施工记录等。

（2）吊顶工程应对下列隐蔽工程项目进行验收：吊顶内管道、设备的安装及水管试压、风管严密性检验。吊顶工程中的埋件吊杆应进行防腐处理。

（3）吊顶工程的木龙骨和木面板应进行防火处理，并应符合有关设计防火标准的规定。安装面板前应完成吊顶内管道和设备的调试及验收。

（4）安装龙骨前，应按设计要求对房间净高、洞口标高和吊顶内管道、设备及其支架的标高进行交接检验。

（5）吊顶埋件与吊杆的连接、吊杆与龙骨的连接、龙骨与面板的连接应安全可靠。

（6）重型设备和有振动荷载的设备严禁安装在吊顶工程的龙骨上。

2. 整体面层吊顶工程质量验收

整体面层吊顶工程质量验收的主控项目与一般项目、允许偏差和检验方法应分别符合表 7-4、表 7-5 的规定。

整体面层吊顶工程质量验收的主控项目与一般项目　　　　　　　表 7-4

类别	内容	检测方法
主控项目	吊顶标高、尺寸、起拱和造型应符合设计要求	观察、尺量检查
	面层材料的材质、品种、规格、图案、颜色和性能应符合设计要求及国家现行标准的有关规定	观察，检查产品合格证书、性能检验报告、进场验收记录和复验报告
	整体面层吊顶工程的吊杆、龙骨和面板的安装应牢固	观察、手扳检查、检查隐蔽工程验收记录和施工记录
	吊杆和龙骨的材质、规格、安装间距及连接方式应符合设计要求。金属吊杆和龙骨应经过表面防腐处理；木龙骨应进行防腐、防火处理	观察，尺量检查，检查产品合格证书、性能检验报告、进场验收记录和隐蔽工程验收记录
	石膏板、水泥纤维板的接缝应按其施工工艺标准进行板缝防裂处理。安装双层板时，面层板与基层板的接缝应错开，并不得在同一根龙骨上接缝	观察
一般项目	面层材料表面应洁净、色泽一致，不得有翘曲、裂缝及缺损。压条应平直、宽窄一致	观察、尺量检查
	面板上的灯具、烟感器、喷淋头、风口箅子和检修口等设备设施的位置应合理、美观，与面板的交接应吻合、严密	观察
	金属龙骨的接缝应均匀一致，角缝应吻合，表面应平整，应无翘曲和锤印。木质龙骨应顺直，应无劈裂和变形	检查隐蔽工程验收记录和施工记录
	吊顶内填充吸声材料的品种和铺设厚度应符合设计要求，并应有防散落措施	检查隐蔽工程验收记录和施工记录

整体面层吊顶工程的允许偏差和检验方法　　　　　　　表 7-5

项目	允许偏差（mm）	检验方法
表面平整度	3	用 2m 靠尺和塞尺检查
缝格、凹槽直线度	3	拉 5m 线，不足 5m 拉通线，用钢直尺检查

任务 3　板块面层吊顶工程

板块面层吊顶包括以轻钢龙骨、铝合金龙骨和木龙骨等为骨架，以石膏板、矿棉板、金属板、木板、塑料板、玻璃板和复合板等块材为面层的吊顶。板块面层吊顶广泛应用于住宅、商业空间、办公空间、医院、学校等顶棚装饰装修工程中。

　　板块面层吊顶一般由吊杆、龙骨、饰面板、配套部件构成，根据饰面板类型的不同，龙骨的形式多种多样。面层多为活动装配式，便于隐蔽层内管线设备维修，本任务以金属板吊顶为例进行讲解。

一、金属板吊顶构造

　　金属板吊顶又称集成吊顶，是将照明、排风、喷淋等功能模块与吊顶板材集成在一起的一体化吊顶。金属吊顶不仅能够防火、防潮、吸声、隔声，还有独特的抗静电防尘效果，将吊顶的功能与美观完美结合。金属板吊顶广泛应用于家庭和机场、商场、办公等公共场所。

　　金属板吊顶的面板主要原料是铝锰合金或铝镁合金，材质的柔韧性与硬度好，吊顶轻薄、坚硬，有韧性。一些金属板吊顶独特的加工工艺使吊顶表面的抗腐蚀与抗磨损能力得到提升，构造如图 7-18 所示。

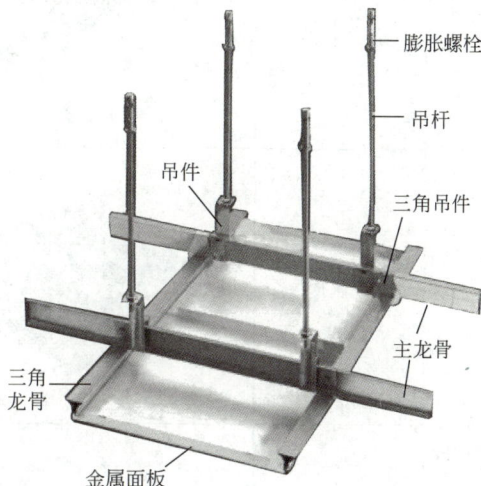

图 7-18　金属板吊顶构造

二、金属板吊顶施工准备

1. 金属板吊顶材料准备

　　金属板吊顶需要的材料除了和轻钢龙骨纸面石膏板吊顶相同的吊杆、吊件、主龙骨外，还包括次龙骨（三角龙骨）、边龙骨（L形龙骨）、挂件（三角挂件）、金属板及各种配件，见表 7-6。

金属板吊顶材料清单　　　　　表 7-6

名称		图片	简介
龙骨	次龙骨（三角龙骨）		连接主龙骨形成骨架,并且固定金属面板
	边龙骨（L形龙骨）		即收边条,可起到支撑固定面板并收口的作用

续表

名称		图片	简介
连接件	挂件 （三角挂件）		用于连接主龙骨和三角龙骨
覆面材料	金属板		金属板的板面平整，棱线分明，阻燃性、防腐性、防潮性良好。常用的有方板和条板两种，规格有：300mm×300mm、300mm×450mm、300mm×600mm、600mm×600mm、800mm×800mm、300mm×1200mm、600mm×1200mm等
	灯具		多为LED灯，节能、环保、寿命长、光效高，规格与金属扣板规格配套
辅助材料	玻璃胶		用于粘结边龙骨与墙体缝隙

2. 金属板吊顶机具准备

金属板吊顶施工会用到墨斗、冲击钻、切割机、美工刀、方尺、钳子、剪刀、铲刀、靠尺、钢卷尺、水平尺、胶枪、小毛刷、抹布等，胶枪如图7-19所示。

图7-19　胶枪

3. 金属板吊顶作业条件

（1）吊顶房间楼地面、墙面装修工程已完成。吊顶内的管道、设备安装完成，水管试压、电气线路通试经过验收。

（2）材料进场，配套齐全、复验合格。各种机具就位，试运转良好。

（3）测量室内尺寸，根据顶面形状、管线设备位置进行施工设计，制定施工方案。

三、金属板吊顶施工工艺

1. 金属板吊顶施工工艺流程

弹线定位→固定吊杆→安装边龙骨→安装主龙骨→安装三角龙骨→安装金属板→安装灯具等→面层清理。

2. 金属板吊顶施工操作要点

（1）弹线定位。根据吊顶的设计标高在四周墙上弹出水平标高线，在顶部弹出吊杆位置线。厨房卫生间等贴砖墙面水平标高线可根据砖缝位置测量做出标记。在涂饰墙面或裱糊墙面时应两人配合，用水平仪找出水平基准线，再向上测量标记吊顶标高位置。

（2）固定吊杆。用冲击钻在吊杆固定点钻孔，埋入膨胀螺栓和螺纹吊杆。吊杆间距900～1200mm。当吊杆与设备相遇时，应调整吊点构造或增设吊杆。

（3）安装边龙骨。按墙上弹的水平标高线把L形边龙骨（收边条）固定在墙面上。如基层为板材或木质材料可用自攻螺钉固定；如为混凝土墙可用射钉固定，射钉间距应不大于300mm；如基层为瓷砖贴面可直接用酸性玻璃胶或强力胶将边龙骨粘在墙面上，如图7-20所示。收边条应顺直，胶不能过多以免挤出形成胶渍。在阴阳角处边龙骨应切成45°倒角处理，边缘应整齐无毛刺无缝隙，如图7-21所示。安装收边条后应完全覆盖吊顶标高位置所做标记，不得外露。

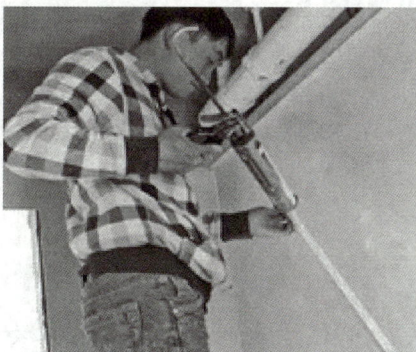

图 7-20　边龙骨涂胶

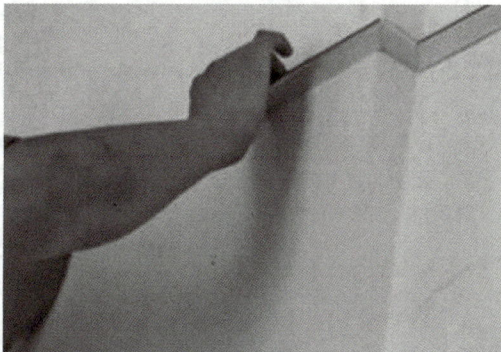

图 7-21　阴阳角处边龙骨处理

（4）安装主龙骨。通过吊杆连接吊件固定主龙骨，主龙骨间距应符合设计要求。

（5）安装次龙骨（三角龙骨）。三角龙骨的间距根据金属板的尺寸而定，金属板有多种规格，以方形300mm×300mm铝扣板为例，三角龙骨间距应为300mm，用专用的三角挂件固定在主龙骨上，方向与主龙骨垂直，如图7-22所示。安装完毕后调整好整体水平。

（6）安装金属板。安装前要精确测量顶面尺寸，根据顶面设计图结合实际尺寸在龙骨上标出金属板的安装位置。如有造型或图案，应居中对称或符合设计要求。铝扣板可直接卡入三角龙骨，按预先弹好的板块安装布置线，从一个方向开始依次安装，非整板放在边缘处。安装金属板材时要轻拿轻放，保护好板面，随时检查板缝是否紧密顺直，如图7-23所示。在安装面层时应预留灯具位置，排烟管、烟感、喷淋头等设备应根据安装位置在铝扣板上开孔，将烟管、电线等穿出饰面板外再扣紧饰面板。

169

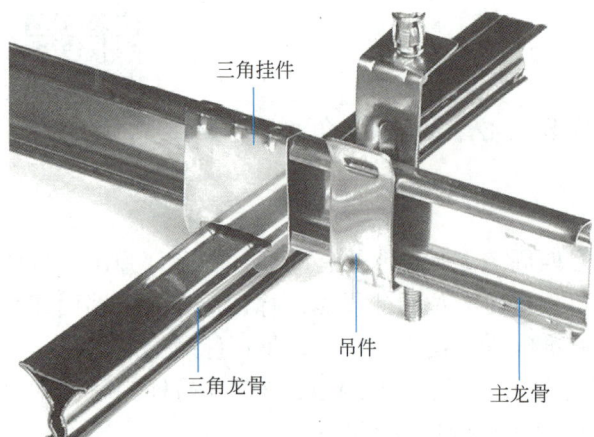

图 7-22 三角龙骨安装示意

图 7-23 安装金属板

（7）安装灯具等。吊顶的灯具、换气扇、浴霸相当于一块功能型饰面板，固定方法也是卡到三角龙骨上，金属板安装完毕再连接电路端口，将其扣到三角龙骨的预留位置上。换气扇安装步骤如图 7-24 所示。

1.将铝扣板安装完成

2.预留30×30的开孔安装换气扇

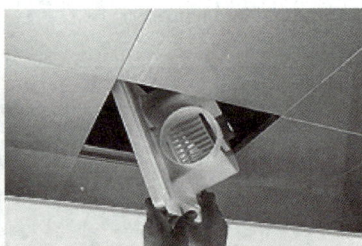

3.将接好线路的换气箱体放置到龙骨上方

4.用卡子将箱体固定在集成吊顶龙骨上

5.拿出换气扇面板

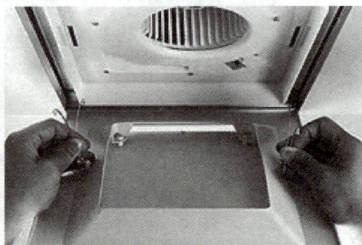

6.拿住面板背部的卡扣

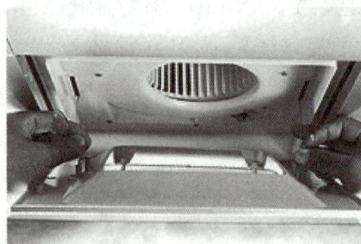

7.将卡扣对准箱体中的卡槽，卡进去

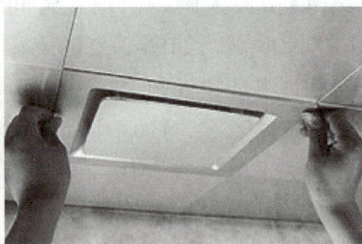

8.将面板对准扣板的四个边按压至同一平面

9.安装完成

图 7-24 安装换气扇

（8）面层清理。铝扣板安装完后，需用布把板面全部擦拭干净，不得有污物及手印等。边龙骨与墙面接缝处打胶密封，如图 7-25 所示。

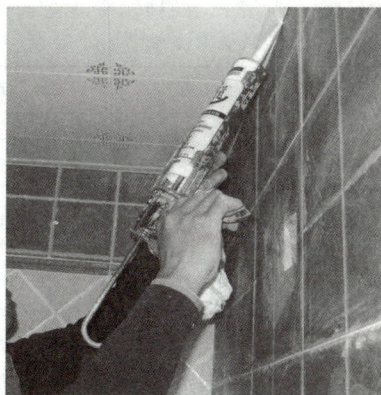

图 7-25　接缝打胶处理

四、板块面层吊顶工程质量验收

板块面层吊顶工程质量验收的主控项目与一般项目、板块面层吊顶工程的允许偏差和检验方法应分别符合表 7-7、表 7-8 的规定。

板块面层吊顶工程质量验收的主控项目与一般项目　　　　　　表 7-7

类别	内容	检测方法
主控项目	吊顶标高、尺寸、起拱和造型应符合设计要求	观察、尺量检查
	面层材料的材质、品种、规格、图案、颜色和性能应符合设计要求及国家现行标准的有关规定。当面层材料为玻璃板时，应使用安全玻璃并采取可靠的安全措施	观察、检查产品合格证书、性能检验报告、进场验收记录和复验报告
	面板的安装应稳固严密。面板与龙骨的搭接宽度应大于龙骨受力面宽度的 2/3	观察、手扳检查、尺量检查
	吊杆和龙骨的材质、规格、安装间距及连接方式应符合设计要求。金属吊杆和龙骨应进行表面防腐处理；木龙骨应进行防腐、防火处理	观察，尺量检查，检查产品合格证书、性能检验报告、进场验收记录和隐蔽工程验收记录
	板块面层吊顶工程的吊杆和龙骨安装应牢固	手扳检查、检查隐蔽工程验收记录和施工记录
一般项目	面层材料表面应洁净、色泽一致，不得有翘曲、裂缝及缺损。面板与龙骨的搭接应平整、吻合，压条应平直、宽窄一致	观察、尺量检查
	面板上的灯具、烟感器、喷淋头、风口箅子和检修口等设备设施的位置应合理、美观，与面板的交接应吻合、严密	观察
	金属龙骨的接缝应平整、吻合、颜色一致，不得有划伤和擦伤等表面缺陷。木质龙骨应平整、顺直，应无劈裂	观察
	吊顶内填充吸声材料的品种和铺设厚度应符合设计要求，并应有防散落措施	检查隐蔽工程验收记录和施工记录

板块面层吊顶工程的允许偏差和检验方法 表 7-8

项目	允许偏差（mm）				检验方法
	石膏板	金属板	矿棉板	木板、塑料板、玻璃板、复合板	
表面平整度	3	2	3	2	用 2m 靠尺和塞尺检查
接缝直线度	3	2	3	3	拉 5m 线，不足 5m 拉通线，用钢直尺检查
接缝高低差	1	1	2	1	用钢直尺和塞尺检查

任务 4 格栅吊顶工程

格栅吊顶是一种开敞式吊顶，指以轻钢龙骨、铝合金龙骨和木龙骨等为骨架，以金属、木材、塑料和复合板等为格栅面层的吊顶，广泛应用于大型商场、餐厅、酒吧、候车室、机场、地铁等场站，大方美观、历久如新，是常用的吊顶之一，深受客户喜欢。

格栅吊顶质量轻、造价低、颜色多样，同时还具有防水、防潮、耐腐蚀的优点。采用交错的格栅组条对吊顶进行装饰，效果简洁、明快。从外观可以看到吊顶后面的风道、水管等设备管线，基层一般作涂黑处理，如图 7-26 所示。木格栅吊顶材质美观、自然、环保，可用于高档装修中。金属格栅吊顶是应用最为广泛的一种格栅吊顶，结实耐用、可重复拆装，本任务以金属格栅吊顶为例进行学习。

(a)   (b)

图 7-26 格栅吊顶
(a) 木格栅；(b) 塑料格栅

一、金属格栅吊顶构造

金属格栅吊顶由吊杆、吊件、龙骨、格栅面层及配件组成，如图 7-27 所示。有些格栅面层的骨条可以起到龙骨的作用，面层可以直接固定到吊杆上不使用龙骨。

二、金属格栅吊顶施工准备

1. 材料准备

金属格栅吊顶工程所用材料的品种、规格和颜色应符合设计要求，有产品合格证书。

M8吊杆
主龙骨吊件
主龙骨
格栅吊件
格栅主骨
格栅副骨

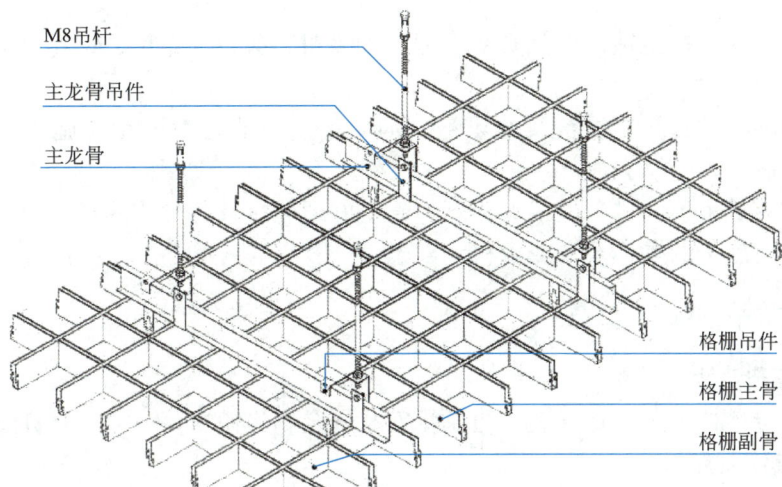

图 7-27　金属格栅吊顶构造

除轻钢龙骨、吊杆外，还需要表 7-9 所列材料。

金属格栅吊顶施工材料　　　　　　　　　　　表 7-9

名称	图片	简介
连接件		有多种形式,用于龙骨和格栅条的连接固定
收边条		托住边板和遮挡裁剪的痕迹,起到装饰美化作用
金属格栅		金属格栅由铝合金、不锈钢、镀锌钢等材料制成,表面经喷涂、覆膜等处理,组合成长条状、方形或矩形单元,也可定制成波浪形、弧形等

2. 机具准备

机具包括墨斗、冲击钻、切割机、手锯、尖嘴钳、剪刀、靠尺、钢卷尺等。

3. 作业条件

（1）顶棚的各种管线、设备及通风道、消防报警、消防喷淋系统施工完毕并验收合格。管道系统试水、打压完成。

（2）提前完成吊顶的排板施工大样图，确定好通风口及各种明露孔口位置。

（3）准备好施工的操作平台或可移动架子。

三、金属格栅吊顶施工工艺

1. 施工工艺流程

弹线→固定吊杆→主龙骨安装→边龙骨安装→金属格栅组装→金属格栅安装。

2. 施工操作要点

（1）弹线。从水平基准线量至吊顶设计高度，沿墙（柱）弹出水平线，在顶面弹出吊杆固定点，如遇到梁或管道设备应增加吊杆的固定点。

（2）固定吊杆。可采用膨胀螺栓固定吊杆，也可以将吊杆焊接在顶棚预埋件上。

（3）主龙骨安装。主龙骨一般为轻钢龙骨，将主龙骨通过吊件安装到吊杆上。吊杆与轻钢龙骨端头距离应不大于 300mm，否则应增设吊杆。主龙骨应平行于房间长向安装，中间应按照房间跨度的 1/300～1/200 起拱，主龙骨安装完成后应整体调平，如图 7-28 所示。

（4）边龙骨安装。金属格栅吊顶质量很轻，边龙骨（收边条）主要起美化边缘、收口作用，边龙骨可根据墙体材质不同采用钉固或胶粘安装，如图 7-29 所示。

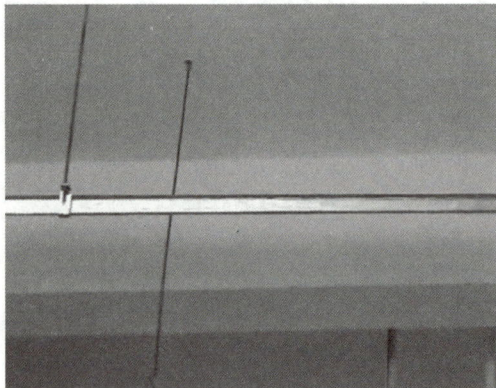

图 7-28　主龙骨安装　　　　　　图 7-29　边龙骨安装

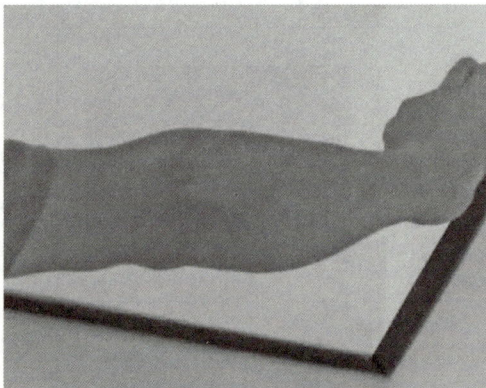

（5）金属格栅组装。将金属格栅的主骨和副骨按照设计图纸的要求预装好，格栅单体应尽可能在地面拼装完成，然后再按设计要求的方法悬吊，如图 7-30 所示。

（6）金属格栅安装。将预装好的金属格栅吊顶单元用连接件穿在主骨孔内吊起，按照吊顶设计标高进行调平，将下凸部分的吊杆拉紧，将上凹部分的吊杆放松下移，最后

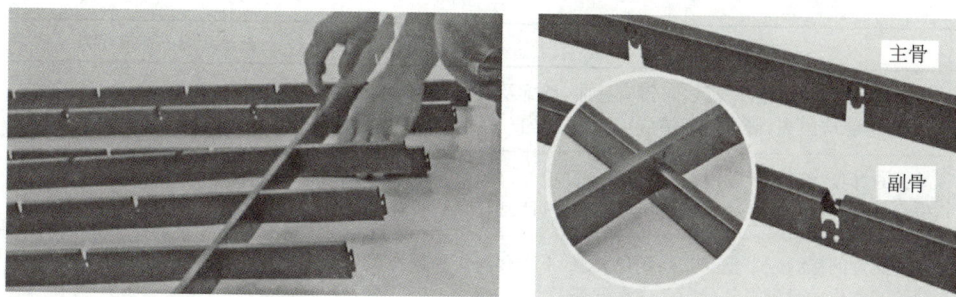

图 7-30　金属格栅组装

调整至水平即可。双向跨度较大的格栅式吊顶，中央部分也应略有起拱。格栅吊顶安装如图 7-31 所示。

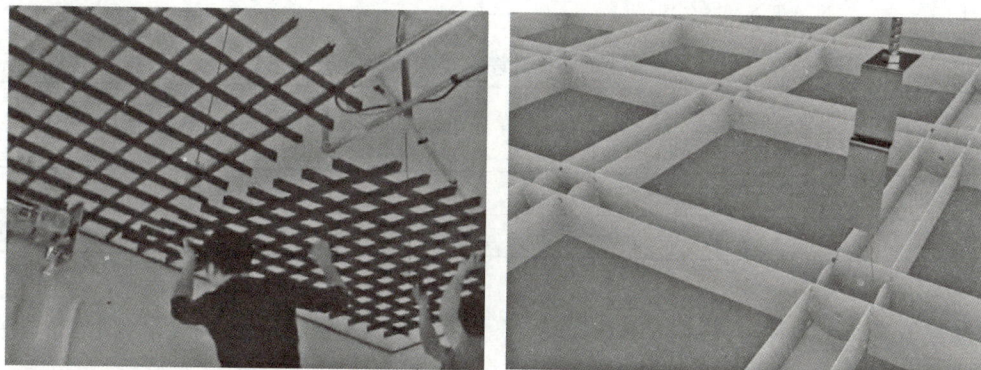

图 7-31　金属格栅安装

四、格栅吊顶工程质量验收

格栅吊顶工程质量验收的一般规定参见整体面层吊顶工程质量验收，格栅吊顶工程质量验收的主控项目与一般项目、允许偏差和检验方法应分别符合表 7-10、表 7-11 的规定。

格栅吊顶工程质量验收的主控项目与一般项目　　　　　　　　　　表 7-10

类别	内容	检测方法
主控项目	吊顶标高、尺寸、起拱和造型应符合设计要求	观察、尺量检查
	格栅的材质、品种、规格、图案、颜色和性能应符合设计要求及国家现行标准的有关规定	观察，检查产品合格证书、性能检验报告、进场验收记录和复验报告
	吊杆和龙骨的材质、规格、安装间距及连接方式应符合设计要求。金属吊杆和龙骨应进行表面防腐处理；木龙骨应进行防腐、防火处理	观察，尺量检查，检查产品合格证书、性能检验报告、进场验收记录和隐蔽工程验收记录
	格栅吊顶工程的吊杆、龙骨和格栅的安装应牢固	观察、手扳检查、检查隐蔽工程验收记录和施工记录

续表

类别	内容	检测方法
一般项目	格栅表面应洁净、色泽一致，不得有翘曲、裂缝及缺损。栅条角度应一致，边缘应整齐，接口应无错位。压条应平直、宽窄一致	观察、尺量检查
	吊顶的灯具、烟感器、喷淋头、风口算子和检修口等设备设施的位置应合理、美观，与格栅的套割交接处应吻合、严密	观察
	金属龙骨的接缝应平整、吻合、颜色一致，不得有划伤和擦伤等表面缺陷。木质龙骨应平整、顺直，应无劈裂	观察
	吊顶内填充吸声材料的品种和铺设厚度应符合设计要求，并应有防散落措施	观察、检查隐蔽工程验收记录和施工记录
	格栅吊顶内楼板、管线设备等表面处理应符合设计要求，吊顶内各种设备管线布置应合理、美观	观察

格栅吊顶工程允许偏差和检验方法　　　　表 7-11

项目	允许偏差（mm）		检验方法
	金属格栅	木格栅、塑料格栅、复合材料格栅	
表面平整度	2	3	用 2m 靠尺和塞尺检查
格栅直线度	2	3	拉 5m 线，不足 5m 拉通线，用钢直尺检查

【项目总结】

　　吊顶工程是现代室内装饰的重要部位，它是室内空间除墙体、地面以外的另一主要部分。它的装饰效果优劣直接影响整个建筑空间的装饰效果。顶棚还有隔声、吸声、隔热保暖、防尘、清洁、防潮、防火的作用。

　　本项目主要学习了轻钢龙骨纸面石膏板吊顶、金属板吊顶、金属格栅吊顶的构造、材料、施工工艺及质量检测，拓展了异形吊顶和矿棉板吊顶。"纸上得来终觉浅"，想要真正掌握这些内容还需要我们多到施工现场观摩，在实训课上亲自动手操作。

【技能训练】教学楼板块吊顶质量检测

　　以小组为单位检测学校教学楼某空间的板块面层吊顶的质量，并根据面层材料选填表 7-12。

板块面层吊顶工程安装检验表　　　　表 7-12

项目	允许偏差（mm）				检验方法
	石膏板	金属板	矿棉板	木板、塑料板、玻璃板、复合板	
表面平整度					用 2m 靠尺和塞尺检查
接缝直线度					拉 5m 线，不足 5m 拉通线，用钢直尺检查
接缝高低差					用钢直尺和塞尺检查

1. 完成教学楼某空间的板块面层吊顶的误差检测，项目完整；
2. 正确选择和使用检测工具；
3. 组内成员轮流进行质检和记录，组内自评，组间互评；
4. 填写质量检验报告。

【你问我答】

知识拓展　答案

（1）吊顶有什么作用？
（2）集成吊顶属于哪种吊顶？

模块三 安装阶段

项目八　门窗工程

【教学目标】

本项目将围绕四个任务进行细化，以确保能够全面掌握门窗工程的基本理论、材料特性、施工工艺及质量控制方法，培养绿色环保施工意识等。

1. 知识目标
- 掌握木门窗工程、金属门窗工程、塑料门窗工程施工工艺；
- 熟悉门窗工程相关验收标准、方法及质量要求。

2. 能力目标
- 能识读门窗施工设计图；
- 具备相关工具的操作能力；
- 能小组合作完成门套的安装操作和质量检测。

3. 情感目标
- 培养安全意识，了解门窗工程施工中的安全注意事项；
- 培养耐心和细心，确保门窗工程的施工质量达到高标准。

【思维导图】

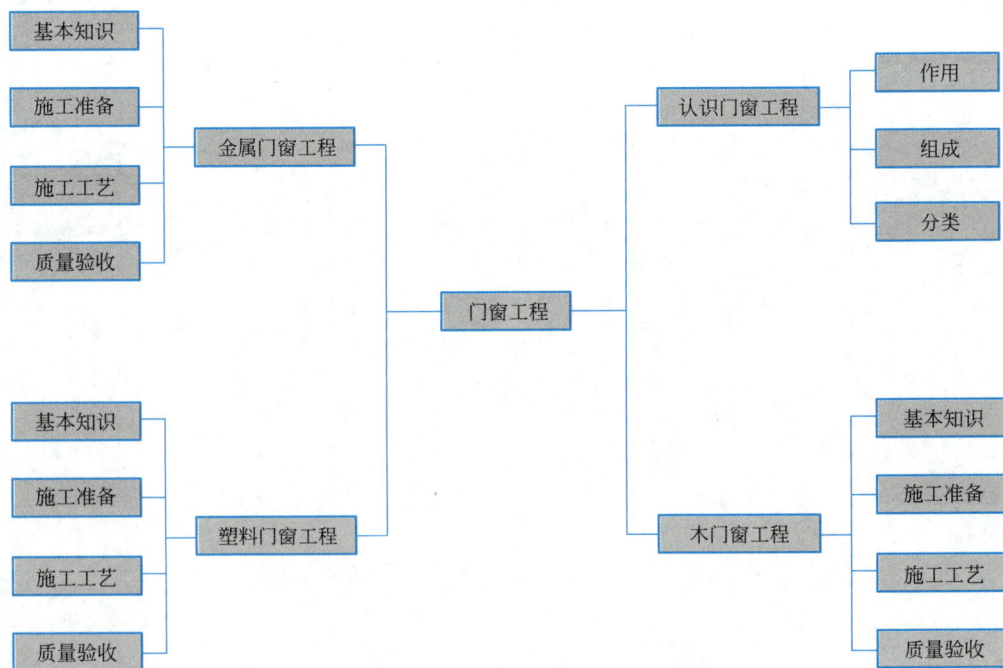

门窗作为建筑的眼睛是一道不可忽视的"风景线"，在建筑中肩负着室外装饰和室内装饰的双重功能。优质门窗不仅能起到节能保温、隔声降噪、美化装饰的作用，还能更好满足人们的日常生活要求。随着住宅建筑节能标准的不断提高，如何选择性价比高的门窗显得尤为重要。

任务 1　认识门窗工程

门窗不仅承载着功能性需求，还体现了设计理念和审美追求。门窗工程主要包括木门窗安装工程、金属门窗安装工程、塑料门窗安装工程、特种门安装工程、门窗玻璃安装工程。门窗工程中的特种门主要指防火门、防盗门及带有机械装置、自动装置或智能化装置的自动门。

一、门窗分类

门窗可以从材质、开启方式等方面进行分类，具体分类见表 8-1、表 8-2。

常见门种类

门种类和特点　　　　　　　　　　　　　　　　　　　　　　　　表 8-1

分类依据	类别	图片	特点
材质	木门		即木制的门，按照材质、工艺及用途可以分为复合门、实木门、全木门等种类，广泛适用于民用及商用建筑，有欧式复古风格、简约现代风格、美式风格、地中海风格、中式风格、法式浪漫风格、意大利风格等
	金属门		是常见的居室门类型，一般所用配件选用不锈钢或镀锌材质。这种门给人的感觉过于冰冷，多用于防火门、防盗门等
	塑料门		是采用 U-PVC 塑料型材，内部衬钢制作而成的门。塑料门具有抗风、防水、保温、成本低等良好特性，缺点是容易老化变色
开启方式	平开门		是指以垂直轴为轴心固定在洞口侧面，向内或向外开启的门。可以手动、电动开启，具有一定的通风、采光性能和锁闭功能

续表

分类依据	类别	图片	特点
开启方式	推拉门		指通过滑动方式开启和关闭的门。随着技术的发展与装修手段的多样化，推拉门从传统的板材发展到玻璃、布艺、藤编、铝合金型材，推拉门的功能和使用范围在不断扩展
	折叠门		主要适用于车间、商场、办公楼、展示厅和家庭等场所的隔断、屏风等，可有效起到隔温、防尘、降噪隔声、遮蔽等作用，也可有效节约门占用的空间
	转门		也称为旋转门，是指三扇或四扇门连成一个风车形，固定在两个弧形门套内旋转的门。转门是节能的，因为它能防止建筑物与外界进行热量交换而造成损失
	自动门		可以将人接近门的动作(或将某种入门授权)识别为开门信号的控制单元，通过驱动系统将门开启，在人离开后再将门自动关闭，并对开启和关闭的过程实现控制。自动门分为旋转门、弧形门、平移门、感应电动门、紧急疏散平移门、折叠门等多种类别

常见窗种类

窗种类和特点　　　　　　　　　　　　　　　　　　　表 8-2

分类依据	类别	图片	特点
材料	木窗		现代装修中，中式建筑往往采用复古式木窗。此外，高档欧式建筑也多采用保温好、隔声性强、绿色环保和美观时尚的欧式木窗
	金属窗		包括钢窗、铝合金窗和涂色镀锌钢板窗等

续表

分类依据	类别	图片	特点
材料	塑料窗		使用塑料型材,内部增加了钢材的衬板,既能达到保温的效果,同时又利用钢的特性增加了窗的强度
开启方式	平开窗		是指以垂直的轴为轴心固定在洞口侧面,可以手动、电动开启,具有一定通风、采光性能和锁闭功能的窗,分为内开、外开、自由等方式
	推拉窗	 	分左右、上下推拉两种。推拉窗有不占据室内空间的优点,外观美丽、价格经济、密封性较好。采用高档滑轨,轻轻一推,开启灵活。配上大块的玻璃,既增加室内的采光,又改善建筑物的整体外貌。窗扇的受力状态好、不易损坏,但通气面积受一定限制
	上悬窗		悬窗是沿水平轴开启的窗。根据铰链和转轴位置的不同,分为上悬窗、下悬窗、中悬窗。上悬窗是指铰链安装在窗扇的上边,一般向外开启,防雨好
	下悬窗		下悬窗是指铰链安装在窗扇的下边,一般向内开启,通风较好,但不防雨
	中悬窗		中悬窗是指窗扇两边中部装水平转轴,开关方便、省力、防雨

二、门窗作用及组成

1. 门窗作用

门的主要作用是分隔和交通，同时还兼具通风、采光、保温、隔声、防雨、防风沙及防放射线等功能。门的数量和大小一般应由交通疏散、防火规范和家具、设备大小等要求来确定。窗的主要作用是采光、通风、保温、隔热、隔声、眺望、防雨及防风沙等，有特殊功能要求时窗还可以防火及防放射线等。

2. 门窗组成

门窗一般由门窗框、门窗扇、玻璃、五金配件等部件组合而成，见表8-3。

门窗组成   表 8-3

组成		图片	作用
门	门框		门框是围着门洞口两侧和顶上的边框，起到支承门扇的作用。现代室内门框一般做成门套的形式，起固定门扇和保护墙角、装饰等作用
	门扇		门扇也叫门扉，是门的主体开关部件，安装在门框上
窗	窗框		窗框是墙体与窗的过渡层，起到固定窗扇和墙体的作用。窗框材质一般选用可塑性强的材料，比如木头、金属、塑料等
	窗扇		窗扇是窗户上像门扇一样可以开合的部分，开启时可以起到通风换气的作用
玻璃	钢化玻璃		钢化玻璃是普通玻璃经过高温加工冷却而成的，又叫作安全玻璃，其硬度是普通玻璃的2倍。钢化玻璃硬度高，不易被打破，打破后成为颗粒也不会伤人，故也是一种防护玻璃
	镀膜玻璃		镀膜玻璃也叫热反射玻璃，是在玻璃表面均匀地镀上金属或金属氧化物膜层，改变玻璃的光学性能，使玻璃的遮光性好，并具有较好的热反射能力，可节约能源。Low-E玻璃是镀膜玻璃的一种，它可以将80%以上的远红外线反射回去，具有良好的阻隔热辐射作用。冬天防热能泄漏，夏天防热能入室，非常节能

续表

组成		图片	作用
玻璃	中空玻璃		中空玻璃是在两块（或三块）玻璃间使用高强度高气密性复合胶粘剂,将玻璃片与内含干燥剂的铝合金框架粘结,制成的高效能隔声隔热玻璃。保证玻璃间干燥的空气层无水汽、尘埃等,这个中空可以起到隔热和隔声的效果
	五金配件		门窗五金是安装在建筑物门窗上的各种金属和非金属配件的统称,在门窗启闭时起辅助作用。表面一般经镀覆或涂覆处理,具有坚固、耐用、灵活、经济、美观等特点。铝合金门窗五金有拉手、滑撑、锁座等

三、门窗安装工具

不同种类门窗安装需要使用的工具会有所不同，比如木门窗会用到各种刨子和木钻，但金属门窗就会用到不同的切割工具，门窗安装常用工具清单见表 8-4。

门窗安装常用工具清单   表 8-4

种类	名称	图片	用途
量具	钢卷尺 钢板尺		用于丈量长度尺寸
	水平尺 线坠		用于检测窗户的水平、垂直度
	激光水平仪		通过发射水平和垂直线进行放线,控制门窗水平和垂直度,也可以使用线坠和水平尺检查
	角尺		主要用于测量 90° 角,俗称找方正;测量 45° 角用于拼角

种类	名称	图片	用途
标记用具	记号笔 弹线盒	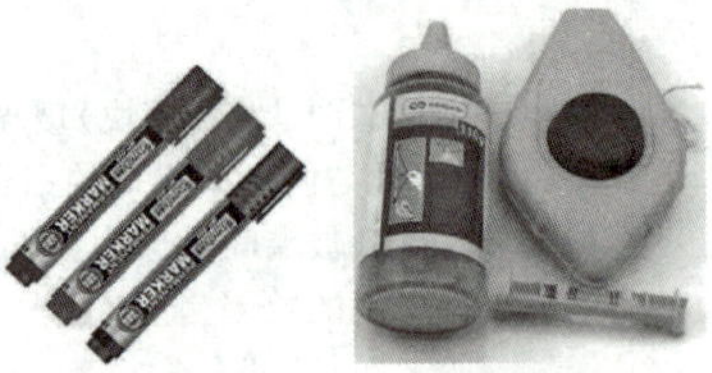	记号笔一般用于标记点、较短的线段以及弧形线等，如：需要打孔位置等。弹线盒适宜标记较长的线段，如：标高线、门窗中位线、门窗安装高度线等
平整工具	刨子	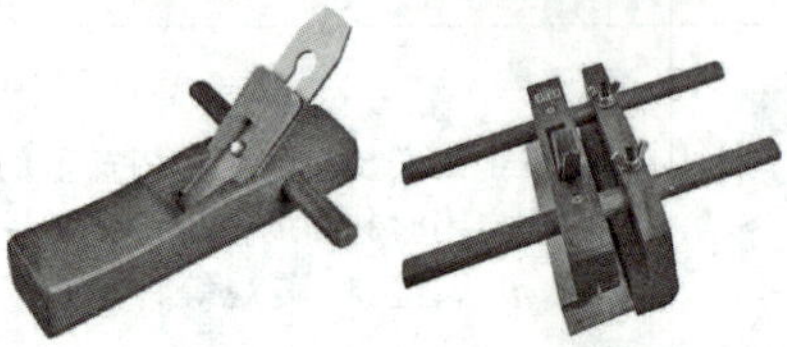	用于刨平、刨光、刨直、削薄木材的一种木工工具，根据使用功能不同又分为粗刨、细刨、裁口刨等种类
	锉子		用来锉掉材料边缘，常用的有平板锉和圆锉
紧固用具	锤子	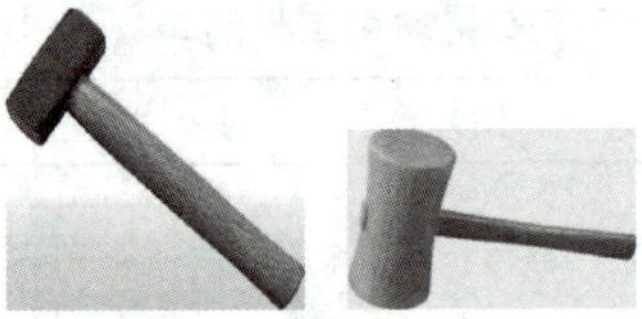	铁锤用于钉进圆钉、水泥钉、塑料胀塞及膨胀螺栓的套等；橡皮锤用于辅助门窗就位
	螺丝刀	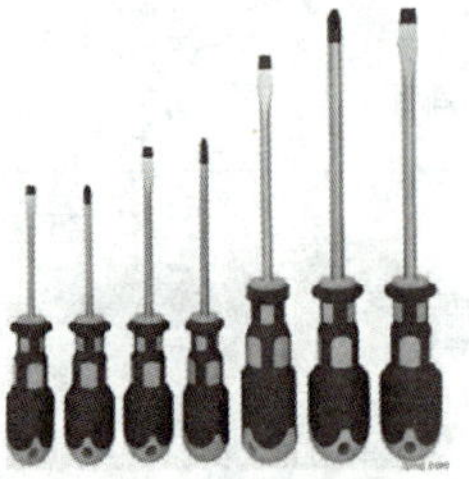	也称改锥，常用的有一字头和十字头两种，用于拧紧或松开螺钉等
	手电钻		又称电动螺丝刀，用于固定自攻螺钉，有直流电和充电两种
	扳手	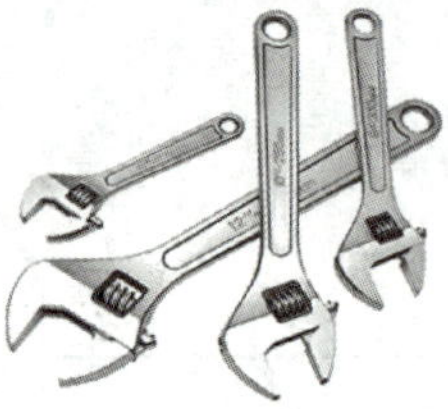	用于拧紧螺母

续表

种类	名称	图片	用途
紧固用具	气钉枪 气排钉	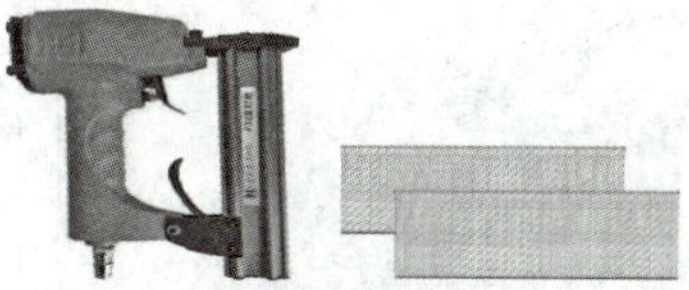	气钉枪由枪身部分和弹夹部分组合而成,需配备空压机等辅助设备,将排钉夹中的排钉钉入物体中或者将排钉射出去
	拉铆枪	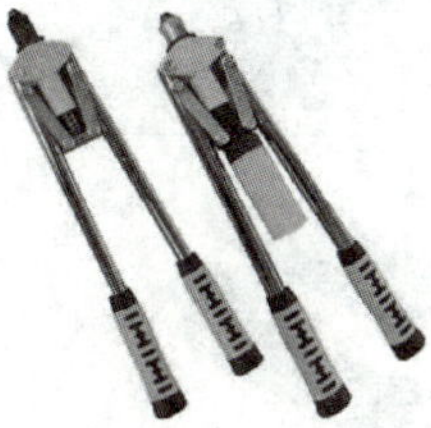	专用于铝合金门窗上的拉铆钉紧固
切割工具	木工锯	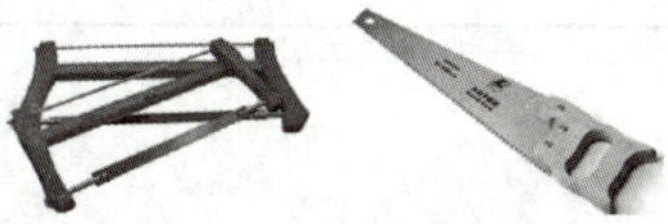	是加工木材时使用的工具之一,一般可分为框锯、刀锯、槽锯、板锯等
	钢锯		是钳工的常用工具,可切断较小尺寸的圆钢、角钢、扁钢和工件等
	小电锯		用来切割木料的电动切割工具
	砂轮切割机		用于切割金属门窗,有台式的砂轮切割机和多功能手持切割机
	玻璃刀		切割玻璃的专用工具
密封工具	胶枪筒	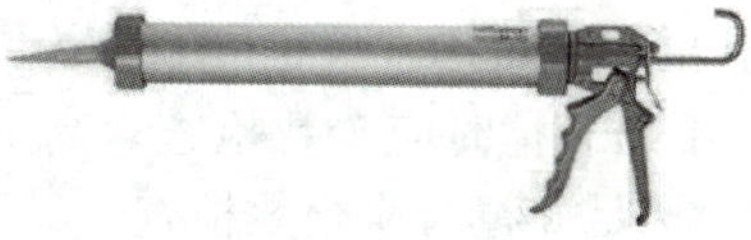	打胶专用工具,专门用于玻璃胶、密封胶以及结构胶的涂布

续表

种类	名称	图片	用途
定位工具	定位气囊		门窗安装过程中的辅助工具，用于确保门窗在安装过程中的精准定位和对齐。能帮助安装人员准确调整门窗的位置，确保门窗在安装完成后能够正确运行，同时提供良好的密封性、隔声性和安全性
	塑料楔子		门窗安装的专用工具，用于快速定位、调平和固定。这种工具通常由塑料制成，具有轻便、耐用和易于使用的特点，能提供稳定的支撑和调整

四、门窗工程验收

门窗工程验收时应检查一些文件和记录，比如：门窗工程的施工图、设计说明及其他设计文件；材料的产品合格证书、性能检验报告、进场验收记录和复验报告；隐蔽工程验收记录等。门窗工程中的隐蔽工程项目包括预埋件和锚固件，隐蔽部位的防腐和填嵌处理等。门的检测报告内容如图 8-1 所示。

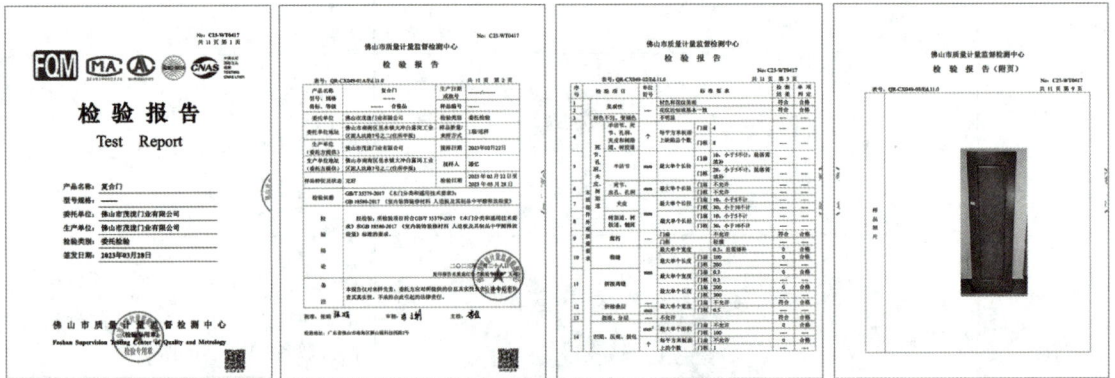

图 8-1　门检测报告

门窗工程需要进行复验的材料及其性能指标包括人造木板门的甲醛释放量，建筑外窗的气密性能、水密性能和抗风压性能等。

门窗工程检验一般规定：同一品种、类型和规格的木门窗、金属门窗、塑料门窗和门窗玻璃每 100 樘应划分为一个检验批，不足 100 樘也应划分为一个检验批。每个检验批应至少抽查 5%，并不得少于 3 樘，不足 3 樘时应全数检查；高层建筑的外窗每个检验批应至少抽查 10%，并不得少于 6 樘，不足 6 樘时应全数检查。

木门窗与砖石砌体、混凝土或抹灰层接触处应进行防腐处理，埋入砌体或混凝土中的木砖应进行防腐处理。

建筑外门窗安装必须牢固。在砌体上安装门窗严禁采用射钉固定。推拉门窗扇必须牢固，必须安装防脱落装置。

任务 2　木门窗工程

一、木门窗简介

木门窗在我国有着几千年的悠久历史，在满足使用功能的同时还起着绿色环保、美化装饰的作用，见图 8-2。虽然木材有易燃，易变形、开裂，被破坏后不易修复等缺点，但木门窗有着独特的纹理和装饰作用，最具温馨效果，且具有制作简单、维修方便、导热低、强度大、环保等优点。

图 8-2　传统木门窗

1. 木门窗特点

（1）美观性、装饰性独特。在诸多建筑材料中，木材的视觉效果和触觉效果最好，木材的天然色彩宜人，不同的树种有不同的风格和色调，不同于钢窗、铝窗、塑料窗等给人冷冰冰的感觉，它可以创造出十分和谐宜人的环境。

（2）保温性能好。窗户是建筑物散发热量最多的部位，可以说是围护结构中的薄弱环节。根据建筑部门的研究，一般建筑物能耗 40％ 是从窗户散发的。传导主要发生在窗框和窗扇，对流发生在门窗的密封处和缝隙处，辐射主要发生在玻璃表面。由于木材是优良的保温材料，导热系数极低，阻断了热桥。现代木窗的结构又有效地保证了气密性和雨水渗漏性。因此高性能的木窗可以降低 15％ 的建筑能耗。在寒冷的冬天，采用高性能纯实木窗可以减少热量的传递而降低能耗。

（3）隔声性能好。窗户的隔声性能影响居住者的生活质量和私密性，现代城市的交通噪声和喧哗使窗的隔声性能显得更为重要。室内谈话有时需要保护隐私，所以现代住宅和办公楼对窗户的隔声性能有相当高的要求，现代高性能实木窗隔声性能优良。

（4）使用寿命长。从历史上看，我国古代木结构的门窗，历经几百年沧桑而保存至今的比比皆是。从近代来看，20 世纪五六十年代的建筑窗户基本上全是木制的，有些现在仍在继续使用，这充分证明了在正确的结构设计、合理的干燥防腐条件下，保持经常维修和油漆，木窗有很长的使用寿命。

近年来随着材料技术的日新月异，出现了新型的木门窗。新型木门窗主要有纯木门窗和铝包木门窗两种类型。新型的纯木门窗为了保证木门窗不开裂，木材要经过周期式强制

图 8-3　新型铝包木门窗

循环蒸汽干燥，这种干燥方法虽然成本较高，但品质、强度大为提高，不会开裂变形，更不用担心遭虫咬、被腐蚀，唯一的缺点是造价高。铝包木门窗在室内部分选用优质的木材，室外部分采用铝合金专用模具挤型材，这样的构造使耐久性、密封性更好，如图 8-3 所示。

2. 木门窗构造

木窗一般由窗框（窗边框、上框、下框、中竖框、中横框等）、窗扇和五金零件（插销、合页等）组成，如图 8-4（a）所示。

木门一般由门框（门樘冒头、门樘边梃、中贯档、门贴脸等）、门扇、五金配件（合页、门锁、闭门器等）等组成，如图 8-4（b）所示。

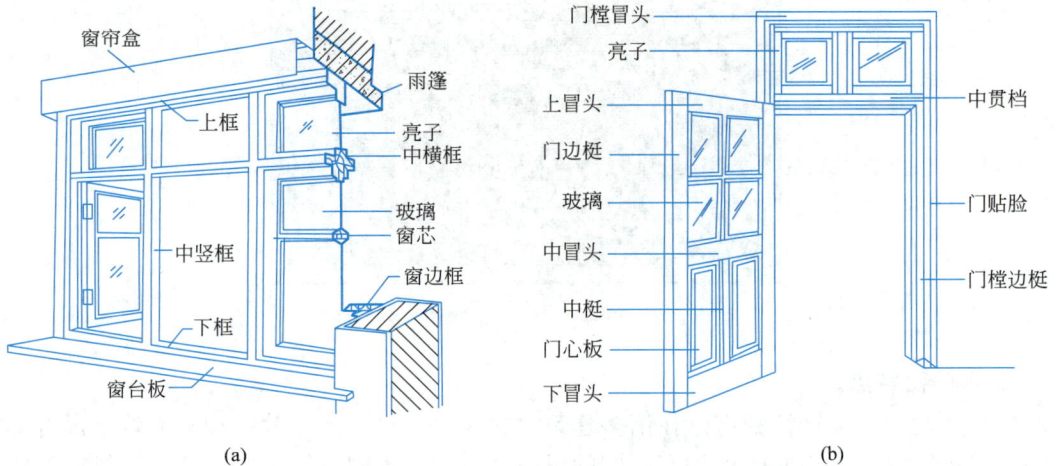

(a)

(b)

图 8-4　木门、木窗构造
（a）木窗构造；（b）木门构造

二、木门窗施工工艺

1. 木门窗安装作业条件

（1）加工的门窗各构件已供应到现场，进行了防腐、防蛀处理。

（2）结构工程已验收完毕，且质量符合标准要求，室内＋500mm（或＋1000mm）水平线已弹好。

（3）墙上门窗洞口位置、尺寸留置准确，门窗安装预埋件已通过隐蔽验收。门窗与基层接触部位及预埋木砖都应进行防腐处理，并应设置防潮层。

（4）安装前先检查门窗框和扇有无翘扭、弯曲、窜角（对角线长度不一致）、劈裂、榫槽间结合处松散等情况，如有则应进行修理。

2. 木门窗安装工艺流程

木门窗工厂加工制作→进场检验→弹线找规矩→立门窗框、校正→安装门窗扇→门窗小五金安装→涂刷油漆。

3. 木门窗安装操作要点

（1）木门窗工厂加工制作。施工现场应提供木门窗加工图，包括尺寸、式样和材料要求等，门窗制作后及时在表面刷一道底子油，门窗框靠墙面一侧应刷防腐涂料。拼装好的成品在明显处编写号码，用楞木四角垫起离地 200～300mm，水平放置并加以覆盖。

（2）进场检验。进场应按有关要求进行检验，木材的含水率符合要求。当采用杨木、桦木、马尾松、木麻黄等易腐朽和虫蛀的木材时，整个构件均应进行防腐、防蛀处理。

（3）弹线找规矩。结构工程验收合格后，即可进行门窗安装施工。首先，检查门窗洞口的尺寸、垂直度及木砖数量，如有问题，应事先修理好，如图 8-5 所示。

（4）立门窗框、校正。木门窗框应根据图纸设计位置和室内＋500mm（或＋1000mm）的水平线确定安装的标高尺寸进行安装。门窗框应用钉

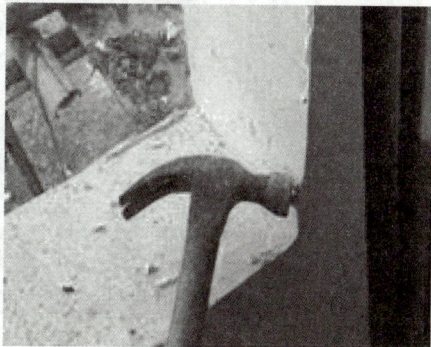

图 8-5　修理门窗洞口

子固定在墙内的预埋木砖上，较大的门窗框或硬木门窗框要用铁件与墙体结合，每边的固定点应不少于两处，其间距应不大于 1.2m，见图 8-6。门窗框与墙体结合时，每一木砖要钉 100mm 长钉子 2 个，保证钉子钉进木砖 50mm 且上下错开。采用预埋带木砖的混凝土块与门窗框进行连接的轻质隔断墙，其混凝土块预埋的数量应根据门窗口高度设 2～4 块，用钉子使其与门窗框钉牢。多层建筑的门窗在墙中的位置应在同一直线上，安装时横竖均拉通线。门窗框与外墙间的空隙，应填塞保温材料或泡沫胶，如图 8-7 所示。

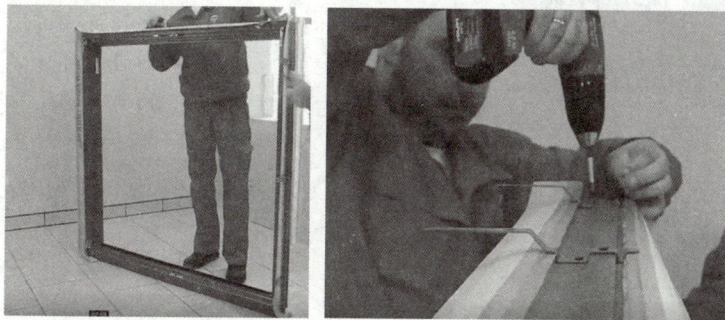

图 8-6　用铁件连接窗框

图 8-7　框与洞口空隙填充泡沫胶

（5）安装门窗扇。安装前检查门窗扇的型号、规格、质量是否符合要求，并量好门窗框的垂直、水平尺寸，然后在相应的扇边上画出相应的规格线。画线后，用粗刨刨去线外部分，再用细刨刨至光滑平直，使其符合设计尺寸要求。将扇放入框中试装合格后，按扇高的 1/10～1/8，在框上根据合页大小画线，并剔出合页槽，槽深应与合页厚度相适应，槽底要平，如图 8-8 所示。

191

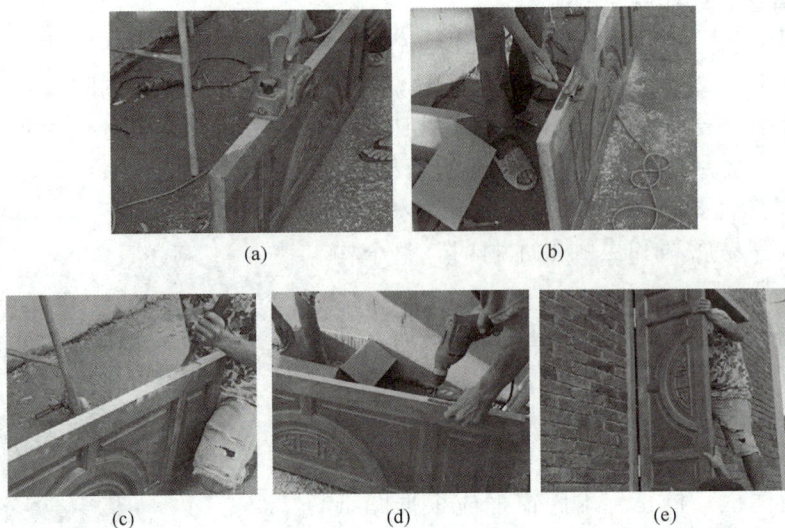

(a)

(b)

(c)　　　　　　　　(d)　　　　　　　　(e)

图 8-8　安装门窗扇

（a）刨平窗扇侧面；（b）画出合页位置；（c）剔出合页安装槽；（d）安装合页；（e）安装门窗扇

图 8-9　门吸

（6）门窗小五金安装。门窗小五金包括合页、门锁、拉手、门吸等。门吸俗称门碰，是一种门扇打开后吸住定位的装置，以防止风吹或碰触门扇而关闭，如图 8-9 所示。小五金安装应符合设计图纸的要求，不得遗漏，一般门锁、碰珠、拉手等距地高度为 950～1000mm。安装合页等小五金时，先用锤将木螺钉打入长度的 1/3 深，然后用改锥将木螺钉拧紧、拧平，严禁直接打入全部深度。采用硬木时，应先钻 2/3 深度的孔，孔径为木螺钉直径的 0.9 倍，然后再将木螺钉拧入。

（7）涂刷油漆。木工制作完成后，油工通过处理基层、打磨、满批腻子、刷漆、复补腻子、打磨油漆面、刷第二第三遍漆膜，完成油漆涂刷。

三、木门套制作与安装

随着建筑装饰等级的提高，室内在安装木质装饰门时越来越多地采用木质门套来美化建筑空间。门套是一种建筑装修术语，是指门里外两个门框。它通常安装在门洞周围，起到固定门扇、保护墙体边缘，以及装饰门洞的作用，如图 8-10 所示。下面我们学习一下门套的制作和安装。

1. 木门套构造

木门套的材料一般均为木材，主要用于室内分户门或大空间通道门洞口侧壁（含顶部）包覆及其外口边框装饰处理。木门套分现场制作和工厂定制现场安装两种，构造基本相同，如图 8-11 所示。除了木材外，还有石材、铝合金、塑钢等材料制作加工的门套。

图 8-10　门套

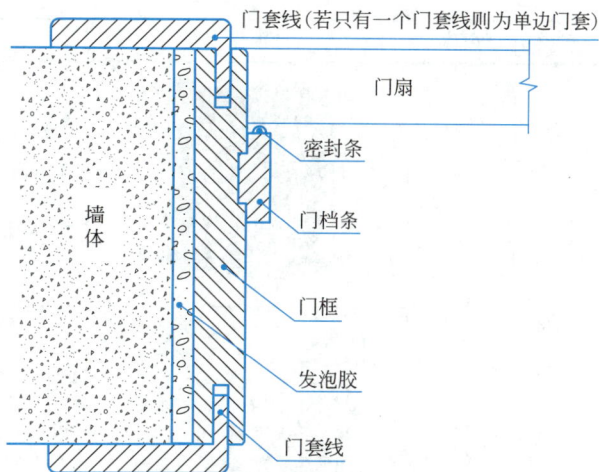

图 8-11　木门套构造

2. 木门套制作材料

以现场制作木门套为例，制作需要的材料清单如表 8-5 所列。

木门套制作材料清单　　　　　　　　　　　　　　表 8-5

种类	名称	图片	简介
主料	细木工板		细木工板是指在胶合板生产基础上，以木板条拼接或空心板作芯板，两面覆盖两层或多层胶合板，经胶压制成的一种特殊胶合板，用来制作门套主体结构
	九厘板		九厘板是胶合板的一种型号，九厘板是指木板的厚度，也就是9mm。九厘板由于是由机器压制而成的，所以表面比较平整，现场制作门套时用来制作子口
	饰面板		饰面板又称装饰面板、装饰单板贴面胶合板，是将实木精密刨切成厚度为 0.2mm 以上的薄木皮，然后以胶合板为基材经过胶粘工艺制作而成的具有单面装饰作用的装饰板材
辅料	门套线		门套线指门套的压条、卡条等部分，是包裹墙体的装饰线条

193

种类	名称	图片	简介
辅料	涂料 （油漆）		涂料涂覆在被保护或被装饰的物体表面，并能与被涂物形成牢固附着的连续薄膜。通常是以树脂、油、乳液为主，添加或不添加颜料、填料，添加相应助剂，用有机溶剂或水配制而成的黏稠液体
	白乳胶		白乳胶是目前用途最广、用量最大的胶粘剂品种之一。它是以水为分散介质进行乳液聚合而得，是一种水性环保胶。具有成膜性好、粘结强度高、固化速度快、使用方便、价格便宜、不含有机溶剂等特点，广泛应用于木材、家具、装修等行业

3. 木门套施工准备工作

（1）细木工板、贴面板、门套线等要进行干燥、防火、防腐等前期处理，达到质量要求，具备出厂合格证明。

（2）存放细木工板和贴面板等应该分堆放整齐，保持施工现场整洁。

（3）检查作业条件同木门窗项目。

4. 木门套施工工艺流程

门洞口基层处理→制作固定点→下料、固定基层板→调方正→组装并安装门套→贴饰面板→装门套线、收口条→门套油漆。

5. 木门套施工操作要点

（1）门洞口基层处理。基层处理包括弹线分格、墙与门套方、表面平整度处理，清除墙面表层的灰渣、涂料等污垢，露出水泥砂浆层和基层防潮处理等多项工作。当所有基层做好后要进行防火处理，采用防火涂料涂刷两遍。

（2）制作固定点。在处理好的门洞口放垂线，按照 300mm 的间距确定打眼的距离，电钻打眼下木楔制作固定点，如图 8-12 所示。

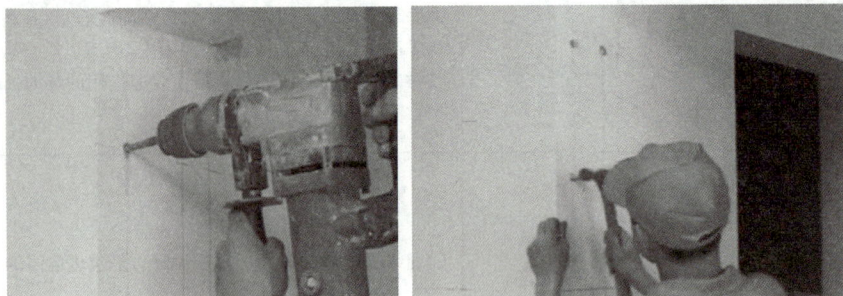

图 8-12　固定点打眼、下木楔

（3）下料、固定基层板。根据门套宽度将细木工板下好料，在安合页的一侧安装基层板，将基层板固定在固定点上，如图 8-13、图 8-14 所示。

图 8-13　下料

图 8-14　固定基层板

（4）调方正。装好的基层板调好板边、板面的垂直度，板面垂直采用加木楔的办法。整体垂直后由于板材会有一些韧性，局部会有一些偏差要仔细调整，如图 8-15 所示。

（5）组装并安装门套。将门套的横框与竖框用手电钻和自攻螺钉连接牢固，套板之间缝隙要严密、平整、无错位；竖框与横框连接处成 90°角，如图 8-16 所示。组装好门套后安装到门洞口内，固定到预先做好的固定点上，调好门套垂直和方正，如图 8-17 所示。然后安装九厘板的子口，如图 8-18 所示。

图 8-15　调整板面垂直

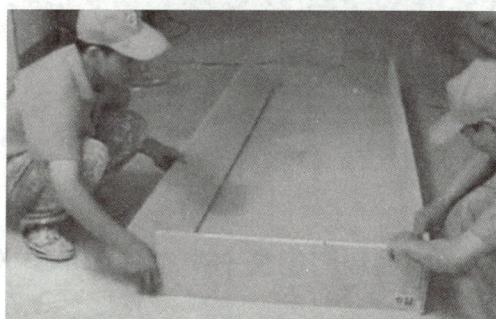

图 8-16　组装门套横框与竖框

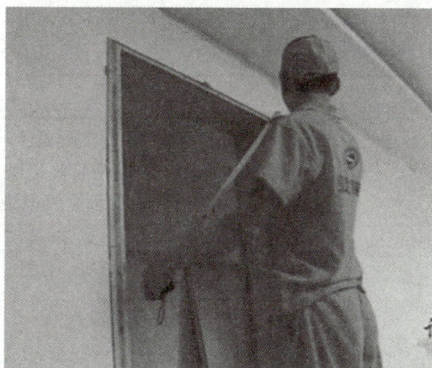

图 8-17　检查门套方正

图 8-18　安装子口

（6）贴饰面板。将饰面板裁成需要的尺寸，用白乳胶固定好后，气钉枪固定在门套表面，如图 8-19 所示。

（7）装门套线、收口条。根据门洞口的尺寸将门套线加工成需要的长度，转角的地方一般加工成 45°对接，如图 8-20、图 8-21 所示。

图 8-19　贴饰面板

图 8-20　装门套线

图 8-21　收口条

内门安装

（8）门套油漆。木工制作完成后，油工通过处理基层、打磨、满批腻子、刷漆、复补腻子、打磨油漆面、刷第二第三遍漆膜，完成门套的施工。

在现代室内装修中，很多时候会选择购置成品门及门套，成品门及门套的安装步骤基本同现场制作，只是减少了现场加工、油漆的环节，制作精度更好、效率更高。

四、木门窗和门窗套安装工程质量验收

1. 木门窗安装工程质量验收

木门窗安装工程质量验收的主控项目与一般项目，平开木门窗安装的留缝限值、允许偏差和检验方法应符合表 8-6、表 8-7 的规定。

木门窗安装工程主控项目与一般项目　　　　　　　表 8-6

类别	内容	检测方法
主控项目	木门窗的品种、类型、规格、尺寸、开启方向、安装位置、连接方式及性能应符合设计要求及国家现行标准的有关规定	观察，尺量检查，检查产品合格证书、性能检验报告、进场验收记录和复验报告，检查隐蔽工程验收记录
	木门窗应采用烘干的木材，含水率及饰面质量应符合国家现行标准的有关规定	检查材料进场验收记录、复验报告及性能检验报告
	木门窗的防火、防腐、防虫处理应符合设计要求	观察、检查材料进场验收记录
	木门窗框的安装应牢固。预埋木砖的防腐处理、木门窗框固定点的数量、位置和固定方法应符合设计要求	观察、手扳检查、检查隐蔽工程验收记录和施工记录
	木门窗扇应安装牢固，开关灵活，关闭严密，无倒翘	观察、开启和关闭检查、手扳检查

续表

类别	内容	检测方法
主控项目	木门窗配件的型号、规格和数量应符合设计要求,安装应牢固,位置应正确,功能应满足使用要求	观察、开启和关闭检查、手扳检查
一般项目	木门窗表面应洁净,不得有刨痕和锤印	观察
	木门窗的割角和拼缝应严密平整。门窗框、扇裁口应顺直,刨面应平整	观察
	木门窗上的槽和孔应边缘整齐,无毛刺	观察
	木门窗与墙体间的缝隙应填嵌饱满。严寒和寒冷地区外门窗(或门窗框)与砌体间的空隙应填充保温材料	轻敲门窗框检查,检查隐蔽工程验收记录和施工记录
	木门窗批水、盖口条、压缝条和密封条安装应顺直,与门窗结合应牢固、严密	观察、手扳检查

平开木门窗安装的留缝限值、允许偏差和检验方法　　　　　　　　　　　表 8-7

项目		留缝限值(mm)	允许偏差(mm)	检验方法
门窗框的正、侧面垂直度		—	2	1m 垂直检测尺
框与扇接缝高低差		—	1	塞尺检查
扇与扇接缝高低差		—		
门窗扇对口缝		1~4	—	塞尺检查
门窗扇与上框间留缝		1~3	—	
门窗扇与合页侧框间留缝		1~3	—	
室外门扇与锁侧框间留缝		1~3	—	
门扇与下框间留缝		3~5	—	塞尺检查
窗扇与下框间留缝		1~3	—	
双层门窗内外框间距		—	4	钢直尺检查
无下框时门扇与地面间留缝	室外门	4~7	—	钢直尺或塞尺检查
	室内门	4~8	—	
	卫生间门		—	
框与扇搭接宽度	门	—	2	钢直尺检查
	窗	—	2	钢直尺检查

2. 木门套安装工程质量验收

木门套安装工程质量验收的主控项目与一般项目、允许偏差和检验方法应符合表 8-8、表 8-9 的规定。

木门窗安装工程主控项目与一般项目　　　　　　　　　　　表 8-8

类别	内容	检测方法
主控项目	门窗套制作与安装所使用材料的材质、规格、花纹、颜色、性能、有害物质限量及木材的燃烧性能等级和含水率应符合设计要求及国家现行标准的有关规定	观察,检查产品合格证书、进场验收记录、性能检验报告和复验报告
	门窗套的造型、尺寸和固定方法应符合设计要求,安装应牢固	观察、尺量检查、手扳检查
一般项目	门窗套表面应平整、洁净、线条顺直、接缝严密、色泽一致,不得有裂缝、翘曲及损坏	观察

门窗套安装的允许偏差和检验方法　　　　　　　　表 8-9

项目	允许偏差（mm）	检验方法
正、侧面垂直度	3	用 1m 垂直检测尺检查
门窗套上口水平度	1	用 1m 水平检测尺和塞尺检查
门窗套上口直线度	3	拉 5m 线，不足 5m 拉通线，用钢直尺检查

任务 3　金属门窗工程

金属门窗包括钢门窗、铝合金门窗和涂色镀锌钢板门窗。

钢门窗是采用低碳钢热轧的各种异型材，经断料、冲孔、焊接、附件组装等工艺制成的金属门窗，耐腐蚀性能较好，但是用钢量大、质量重、不经济。通常适用于一般的工业建筑厂房、生产辅助建筑和民用住宅建筑。

涂色镀锌钢板门窗又称"彩板钢门窗"和"镀锌彩板门窗"，是一种新型的金属门窗。涂色镀锌钢板门窗是以涂色镀锌钢板和 4mm 厚平板玻璃、双层或三层中空玻璃为主要材料，经过机械加工而制成的，色彩有红色、绿色、乳白、棕、蓝等。其门窗四角用插接件插接，玻璃与门窗交接处以及门窗框与扇之间的缝隙用橡皮密封条和密封胶密封。

铝合金门窗是由铝合金建筑型材制作框、扇结构的门窗。铝合金门窗具有美观、密封、强度高的优点，广泛应用于建筑工程领域。铝合金本身易于挤压，型材的横断面尺寸精确，加工精确度高。

在装饰工程中铝合金门窗应用范围很广，下面我们以铝合金门窗为例进行金属门窗工程的学习。

一、铝合金门窗简介

铝合金门窗是现在市场上比较受欢迎的门窗之一，具有经久耐用、防火耐潮、不易生锈、耐腐蚀、密封性好等优点，一般用于标准较高的建筑中。其缺点是相对木门窗、钢门窗来说造价比较高、导热系数偏高。

1. 铝合金门窗特点

（1）自重轻，坚固耐用。铝合金门窗比钢门窗轻 50％左右；比木门窗耐腐蚀，不易腐朽，其氧化着色层不脱落、不褪色，经久耐用。

（2）密封性能好。铝合金门窗的气密性高，水密性及隔声性能都比钢门窗要好。

（3）色泽光洁美观。铝合金门窗的框料，经氨化着色处理，可着银白色、古铜色、暗红色等多种颜色，并可着上带色的花纹。用其制成的铝合金门窗，外观漂亮、表面光洁、色泽艳丽牢固，增强了室内外立面的装饰效果。

2. 铝合金门窗构造

铝合金门窗主要包含铝合金型材、玻璃、五金件等组成部分。目前，使用较广泛的铝合金平开窗型材有 38 系列、50 系列铝合金型材。所谓"38""50"，指的是铝合金型材主框架的宽度分别是 38mm 和 50mm，见图 8-22。

铝合金平开窗型材的直角对接槽榫如图 8-23 所示，铝合金平开窗安装节点如图 8-24 所示，中空玻璃铝合金平开窗组合节点如图 8-25 所示。

图 8-22　50 系列铝合金型材

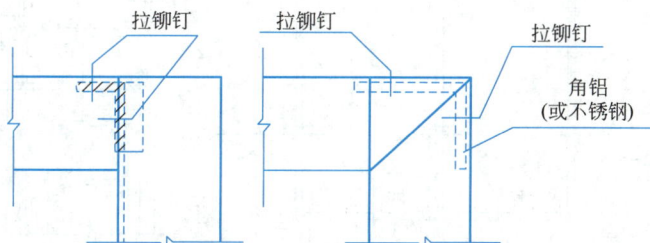

图 8-23　直角对接槽榫示意图

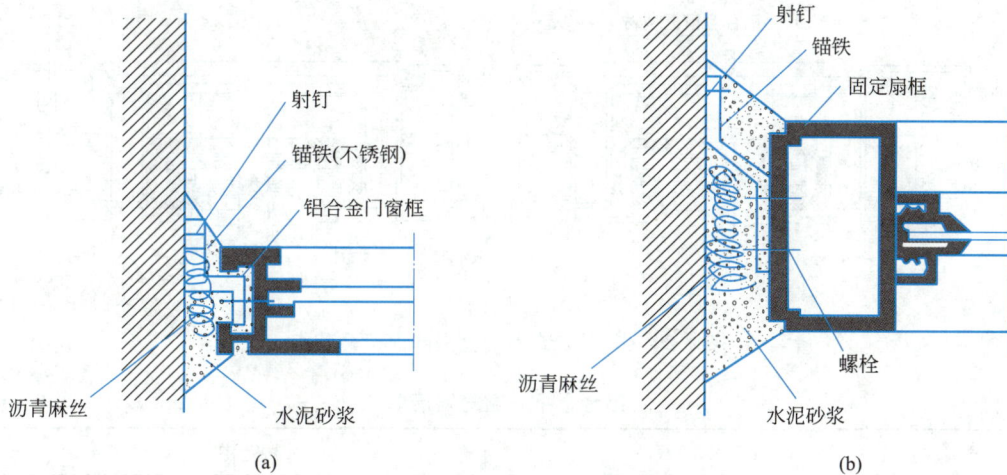

(a)

(b)

图 8-24　铝合金平开窗安装节点

（a）窗框安装；（b）固定扇框安装

铝合金窗按照开启方式主要分为铝合金平开窗和铝合金推拉窗。铝合金平开窗又分为内开式和外开式。内开式的优点是擦窗方便，缺点是窗幅小，视野不开阔，开启时要占去室内的部分空间，使用纱窗也不方便，如果密封质量不过关，还可能渗雨。外开式的优点是开启时不占空间，缺点是开启要占用墙外空间，刮大风时易受损。

高层的室外窗考虑到安全，一般使用内开的平开窗。下面我们以铝合金平开窗为例进行施工和质量检测内容的讲解。

二、铝合金平开窗施工准备

1. 材料准备

铝合金平开窗所用材料包括铝合金门窗框、五金件、玻璃、隔热条、密封胶条等，见表 8-10。

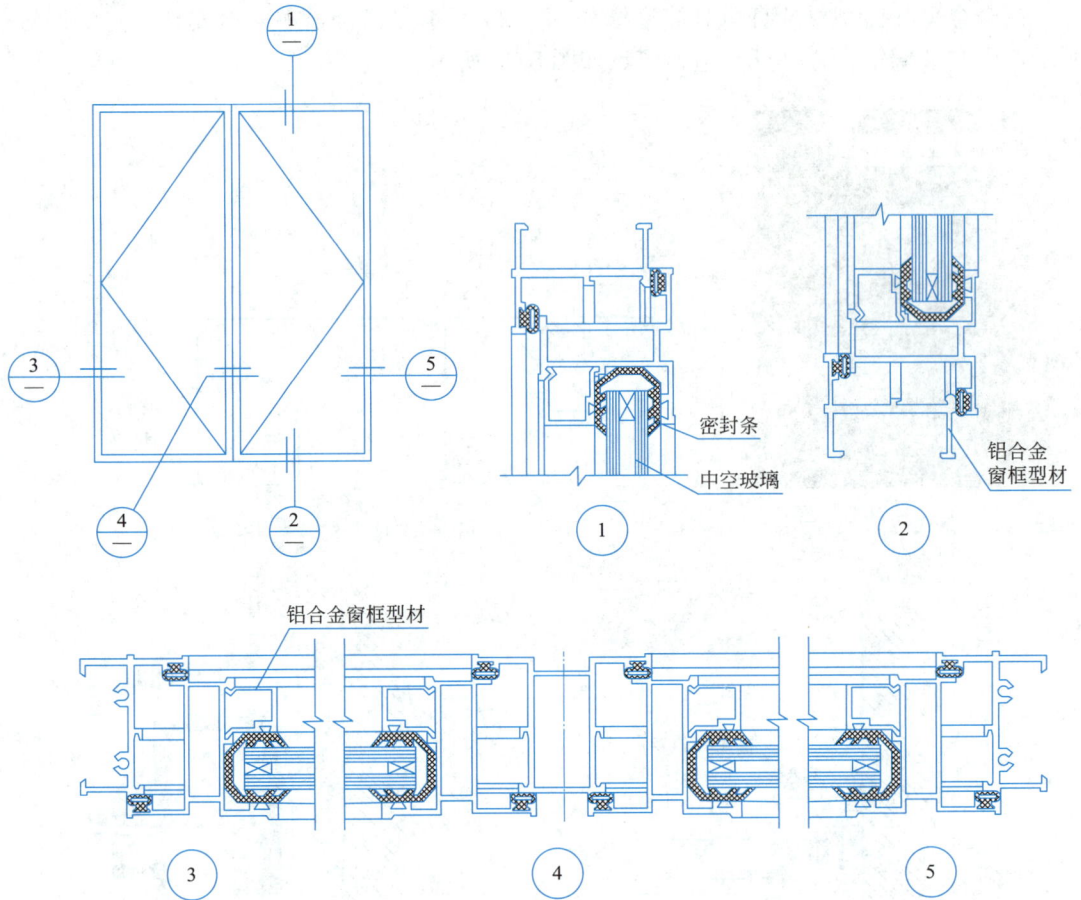

密封条
中空玻璃
铝合金窗框型材
铝合金窗框型材

图 8-25　中空玻璃铝合金平开窗组合节点

铝合金平开窗材料清单　　　　　　　　　　　　表 8-10

名称	图片	使用范围
铝合金门窗框		铝合金门窗框的框体主结构为铝合金型材，型材规格主要有：35系列、38系列、40系列、50系列、60系列、70系列、90系列等
五金件		五金件是安装在铝合金门窗上的各种金属和非金属配件的总称，是决定门窗性能的关键性部件，包括：把手、合页、锁、风撑等

名称	图片	使用范围
钢化玻璃		铝合金门窗的玻璃一般是钢化玻璃,有保温要求的北方一般选用中空玻璃。钢化玻璃是利用加热到一定温度后迅速冷却的方法或是化学方法进行特殊处理的玻璃,其强度高,抗弯曲强度、耐冲击强度比普通平板玻璃高 3～5 倍
中空玻璃		中空玻璃具有保温节能、隔声以及防霜露的功能。即使室外气温在−30℃以下,而室内温度达 18℃,相对湿度达到 85％以上,夹层中也不会结霜而影响视线和采光
隔热条		隔热条是铝型材中热量传递路径上的"断桥",减少热量在铝型材部位的传递。其也是隔热型材中两侧铝型材的结构连接件,它的连接使得隔热型材成为一个整体,共同承受荷载。它与胶条不同,是通过机械滚压制成的新的复合材料,不能单独更换
密封胶条	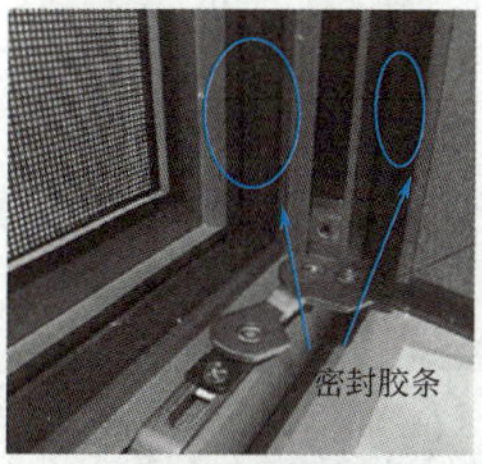	密封胶条的作用是安装在门窗框、扇及玻璃上,将门窗的型材、五金件、玻璃紧密联系在一起,从而达到保温节能环保的效果
泡沫胶填缝剂	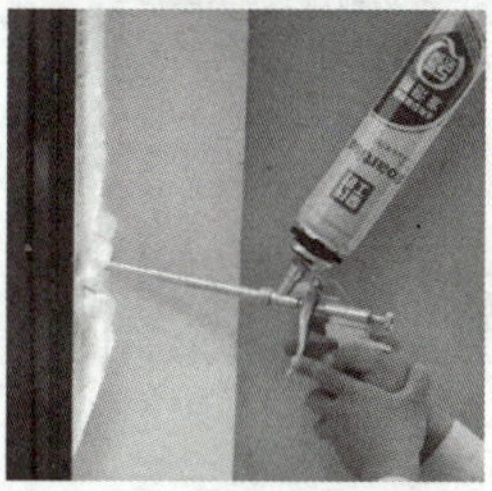	泡沫胶填缝剂是一种发泡填充弹性密封材料,施工时通过配套施胶枪或手动喷管将气雾状胶体喷射至待施工部位,短期完成成型、发泡、粘接和密封过程。广泛用于建筑门窗边缝、构件伸缩缝及孔洞处的填充密封
防水密封膏	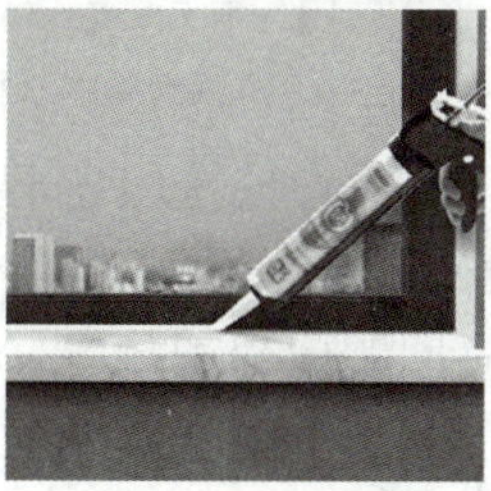	防水密封膏是用来填充空隙(孔洞、接头、接缝等)的材料,兼备粘接和密封两大功能。一般呈膏状,可挤出或涂抹施工。嵌填垂直接缝和顶缝不流淌,有抗性。固化后的胶层为橡胶状,有弹性。对金属、橡胶、木材、水泥构件、陶瓷、玻璃等有粘附性

名称	图片	使用范围
膨胀螺栓		膨胀螺栓是用于固定的连接件。使用时用冲击电钻（锤）在固定体上钻出相应尺寸的孔，再把螺栓、胀管装入孔中，旋紧螺母即可使螺栓、胀管、安装件与固定体之间胀紧成为一体。膨胀螺栓的固定原理是利用楔形斜度促使膨胀，从而产生摩擦握裹力，使其牢固地固定在墙上、楼板上、柱上
射钉		将射钉打入混凝土或钢板等基体，起紧固连接作用。射钉常称为钢钉，通常由一颗钉子加齿圈或塑料定位卡圈构成。齿圈和塑料定位卡圈的作用是把钉身固定在射钉枪枪管中，以免击发时侧偏

在材料准备过程中，铝合金窗的规格型号应符合设计要求，五金配件配套齐全，具有出厂合格证、材质检验报告书并加盖厂家印章。防腐材料、填缝材料、连接件等应符合设计要求和有关标准的规定。

2. 机具准备

铝合金平开窗安装需要的机具包括：冲击电钻、激光水平仪、线坠、钢卷尺、角尺、手锤、钢錾子、水平尺、射钉枪、打胶筒、定位气囊等（见表 8-4），图 8-26 所示为安装工人通过定位气囊调整窗框的水平位置。

图 8-26　定位气囊临时固定

3. 作业条件

结构经质量验收后达到合格标准，工种之间办理交接手续；按设计图将门窗的中线弹好，并弹好室内＋500mm（或＋1000mm）水平控制线，检查校核门窗洞口位置尺寸以及标高是否符合设计要求；检查核对门窗数量、尺寸、安装位置并进行编号；检查铝合金门窗两侧连接件位置与墙体预留孔洞位置是否吻合，若有问题应提前处理，并将预留孔洞内的杂物清理干净。

三、铝合金平开窗安装工艺

1. 铝合金平开窗安装工艺流程

预埋件安装→弹安装线→铝合金窗拆包检查→窗框就位→窗框固定→固定玻璃安装→窗扇安装→五金件安装→清理、成品保护。

2. 铝合金平开窗安装施工操作要点

（1）预埋件安装。在主体结构施工时，将洞口预埋件按施工图设计要求，在窗洞口规定位置进行预留和预埋，见图8-27。

图 8-27　预埋件安装

（2）弹安装线。按照设计要求在窗洞口弹出窗位置线（包括窗左右位置线、进出位置线和标高线），见图8-28。同一立面的窗在水平及垂直方向应做到整齐一致。

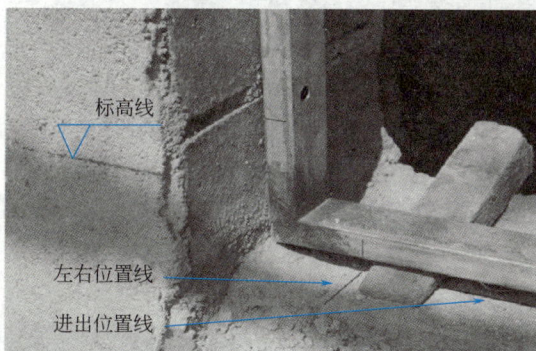

图 8-28　铝合金平开窗弹线

（3）铝合金窗拆包检查。将窗框周围的包扎布拆去，按图纸要求核对型号，检查外观质量和表面的平整度，如发现有劈棱、窜角和翘曲不平、严重损伤、外观色差大等缺陷，应找有关人员协商解决，经修整鉴定合格后才可安装。

（4）窗框就位。铝框上的保护膜安装前后不要撕除或损坏；窗框安装在洞口的安装线上，调整正侧面垂直度、水平度和对角线至合格后，用定位气囊或楔子临时固定，见图8-29，组合门窗应先按设计要求进行预拼装（图8-29）。

图 8-29　铝合金窗框就位

（5）窗框固定。窗框和窗洞口之间的固定方法有两种：一是当窗洞口有预埋件时，安装窗框时铝框上的镀锌连接件可以直接焊牢于预埋件上；二是当墙体洞口上无预埋件时，用自攻螺钉将连接件固定在窗框上，沿窗框用射钉或膨胀螺栓将连接件与墙体固定，见图 8-30，或者直接在墙上打孔用塑料膨胀螺栓固定，见图 8-31，窗框上的孔要用专用孔盖遮盖。所有固定方式的固定点按照设计和规范要求设置，每边不得少于两个。固定完成后要用水平仪或水平尺等检测窗框是否垂直和水平，见图 8-32。在门窗收口抹灰前把木楔除去，在空隙内塞入矿棉板、泡沫塑料条或泡沫胶、专用水泥砂浆等材料填充，见图 8-33。在窗框与墙体缝隙内外表面用密封膏嵌实，连接件处也必须注意密实，不露出缝隙中软质材料。

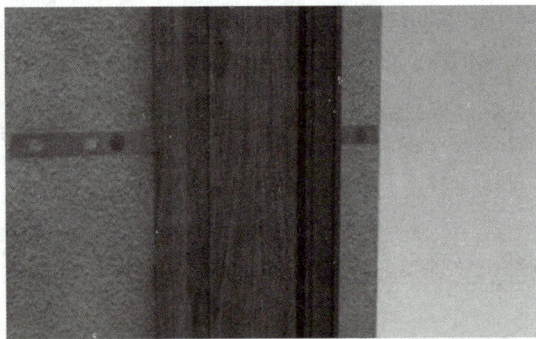

图 8-30　连接件固定

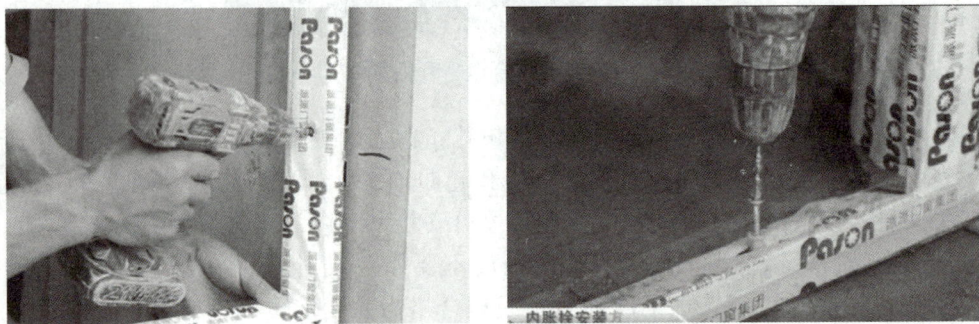

图 8-31　膨胀螺栓固定

图 8-32   水平仪检查窗框垂直度和水平度

图 8-33   窗框填缝

（6）固定玻璃安装。缝隙里的砂浆或泡沫胶干透后进行固定玻璃的安装。清洁铝框和玻璃，然后将玻璃安装到铝框上。在给玻璃打胶固定前，清洁好玻璃和铝材表面，保证密封胶和玻璃、铝材有良好的连接，见图 8-34。

（7）窗扇安装。使用专用的五金件进行窗扇的安装。平开窗扇装配后应关闭严密、开关灵活、间隙均匀，并开关轻便，见图 8-35。门窗的五金配件应安装齐全，位置正确、牢固、方便使用。门窗装配玻璃时必须加设橡胶垫块，固定玻璃的橡胶嵌条应安装整齐、嵌缝严密，搭接处应用胶粘结。

图 8-34   固定玻璃打胶固定

图 8-35   安装开启扇

（8）五金件安装。用镀锌螺钉将插销、锁、执手等五金件与铝合金平开窗连接，保证结实牢固，使用灵活。

（9）清理、成品保护。门窗口抹灰、刷涂料时应注意表面保护膜不能随意撕破，如框上沾上水泥浆，应立即用软布抹洗干净。粉刷完毕后应及时清除框槽口内的砂浆，在墙面涂料等面层施工完毕后，将表面的污染物清理干净。外墙面抹灰时必须注意不能将窗框外侧的排水孔封堵。工程交工时将面层的保护膜全部清除。

3. 金属门窗成品保护

（1）金属门窗运输时要轻拿轻放，并采取保护措施，避免碰撞、摔压，防止损坏变形。铝合金门窗运输时应妥善捆扎，樘与樘之间用非金属软质材料隔垫开。

（2）门窗进场后，应按规格、型号分类堆放，底层应垫平、垫高，露天堆放应用塑料布遮盖好，不得乱堆乱放，防止门窗变形及生锈。铝合金门窗进场后，应在室内竖直排放，产品不得接触地面，底部用枕木垫平使其高于地面 100mm 以上，严禁与酸、碱性材料一起存放，室内应清洁、干燥、通风。

（3）严禁以门窗为支点，在门窗框和窗扇上支承各类架板，防止门窗移位和变形。铝合金门窗框定位后，不得撕掉保护胶带或包扎布。在填嵌缝隙需要撕掉时，切不可用刀等硬物刮撕以免划伤铝合金表面。拆架子时，应将开启的门窗关好后再落架子，防止撞坏金属门窗。禁止人员踩踏门窗，不得在门窗框架上悬挂重物，经常出入的门洞口，应及时用木板将门框保护好，防止门窗受损变形破坏。

（4）墙体粉刷完毕后，应及时清除残留在金属门窗框扇上的砂浆并清理干净。

四、铝合金门窗安装工程质量验收

金属门窗安装工程的主控项目和一般项目及铝合金门窗安装的留缝限值、允许偏差和检验方法见表 8-11、表 8-12。

金属门窗安装工程主控项目与一般项目　　　　表 8-11

类别	内容	检测方法
主控项目	金属门窗的品种、类型、规格、尺寸、性能、开启方向、安装位置、连接方式及门窗的型材壁厚应符合设计要求及国家现行标准的有关规定。金属门窗的防雷、防腐处理及填嵌、密封处理应符合设计要求	观察，尺量检查，检查产品合格证书、性能检验报告、进场验收记录和复验报告，检查隐蔽工程验收记录
	金属门窗框和附框的安装应牢固。预埋件及锚固件的数量、位置、埋设方式、与框的连接方式应符合设计要求	手扳检查，检查隐蔽工程验收记录
	金属门窗扇应安装牢固、开关灵活、关闭严密、无倒翘。推拉门窗扇应安装防止扇脱落的装置	观察、开启和关闭检查、手扳检查
	金属门窗配件型号、规格、数量应符合设计要求，安装应牢固，位置应正确，功能应满足使用要求	观察、开启和关闭检查、手扳检查
一般项目	金属门窗表面应洁净、平整、光滑、色泽一致，应无锈蚀、擦伤、划痕和碰伤。漆膜或保护层应连续。型材的表面处理应符合设计要求及国家现行标准的有关规定	观察
	金属门窗推拉门窗扇开关力不应大于 50N	用测力计检查
	金属门窗框与墙体之间的缝隙应填嵌饱满，并应采用密封胶密封。密封胶表面应光滑、顺直、无裂纹	观察，轻敲门窗框检查，检查隐蔽工程验收记录
	金属门窗扇的密封胶条或密封毛条装配应平整、完好，不得脱槽，交角处应平顺	观察、开启和关闭检查
	排水孔应畅通，位置和数量应符合设计要求	观察

铝合金门窗安装的留缝限值、允许偏差和检验方法　　　　表 8-12

项目		允许偏差（mm）	检验方法
门窗槽口宽度、高度	≤2000mm	2	用钢卷尺检查
	>2000mm	3	
门窗槽口对角线长度差	≤2500mm	4	用钢卷尺检查
	>2500mm	5	

续表

项目		允许偏差（mm）	检验方法
门窗框的正、侧面垂直度		2	用1m垂直检测尺检查
门窗横框的水平度		2	用1m水平尺和塞尺检查
门窗横框标高		5	用钢卷尺检查
门窗竖向偏离中心		5	用钢卷尺检查
双层门窗内外框间距		4	用钢卷尺检查
推拉门窗扇与框搭接宽度	门	2	用钢直尺检查
	窗	1	

任务 4　塑料门窗工程

一、塑料门窗简介

塑料门窗通常俗称"塑钢门窗"，是以聚氯乙烯（PVC）型材为基材，内部衬以增强型钢制作而成的门窗。

塑料门窗既具有铝合金门窗的外观美，又具有钢窗的强度，具有抗风、防水、保温等良好特性，同时因为价格适中，因此也是装饰装修市场上常见的门窗类型，见图8-36。

1. 塑料门窗特点

（1）节能。塑料门窗与其他门窗相比，在节能和改善室内热环境方面，有更为优越的技术特性，具有很好的节能效益。

（2）隔声性能好。塑料门窗隔声性能好，钢铝门窗的隔声性能约为19dB，塑料门窗的隔声

图 8-36　塑料门窗

性能可达到30dB以上。由于经济的发展，城市噪声问题越来越严重，而塑料门窗能较好地改善人们居住和工作的声环境质量。

（3）耐腐蚀。可用在沿海、化工厂等腐蚀环境中，普通用户使用也能减少油漆维护的人工和费用。

（4）成本低。与同等使用效能的铝合金门窗相比，塑料门窗节省成本30%～60%，这是塑料门窗得以普及的最主要原因。

2. 塑料门窗构造

塑料门窗构造与其他门窗基本相同，由门窗框和门窗扇组成。本任务我们主要以塑料推拉窗为例进行施工讲解，其构造如图8-37所示。

二、塑料推拉窗施工准备

1. 材料要求

（1）塑料门窗的品种、规格、型号和数量应符合设计要求。

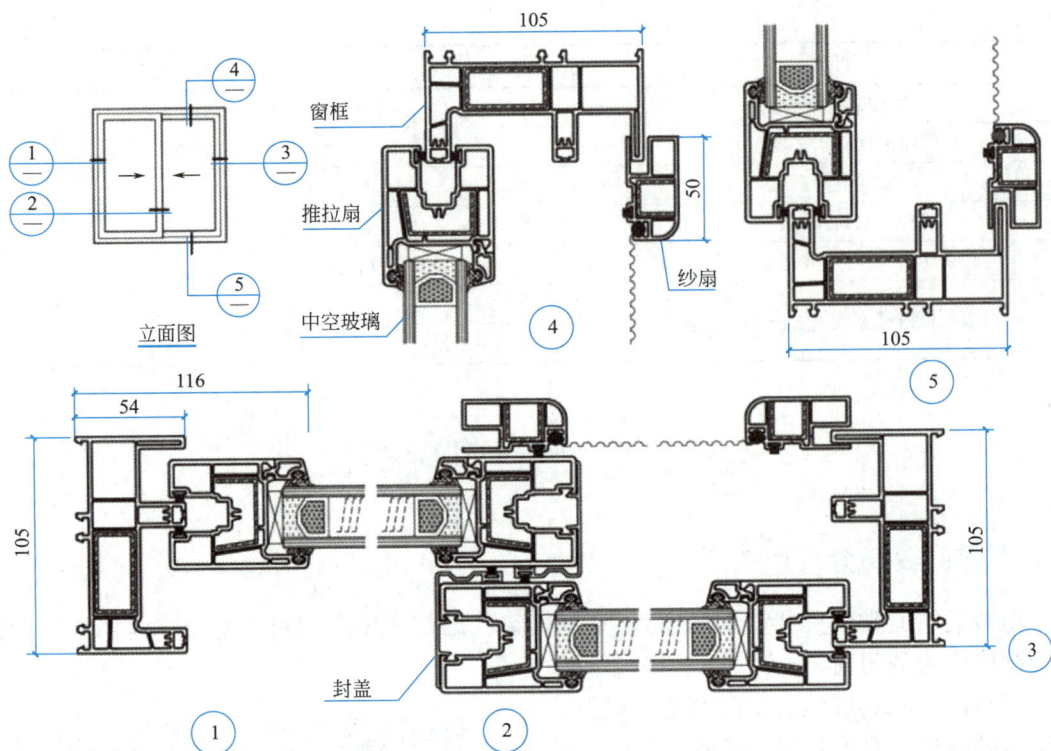

图 8-37　塑料推拉窗构造

（2）门窗进场应提供产品合格证，外观质量检查不得有开焊、断裂、变形等损坏现象。外观、外形尺寸、装配质量、力学性能应符合国家现行标准的有关规定。

（3）增强型钢应与型材内腔尺寸相一致，其长度以不影响端头的焊接为宜。用于固定每根增强型钢的紧固件不得少于 3 个，固定后的增强型钢不得松动。

（4）装玻璃时，在玻璃四周必须配防震垫块，其要求应符合国家有关标准。

（5）窗的表面应平滑，颜色应基本均匀一致，无裂纹、无气泡，焊缝平整，不得有影响使用的伤痕、杂质等缺陷。

2. 机具准备

塑料门窗的安装工具包括电钻、拉铆枪、电动螺丝刀、打胶枪、水平尺等，如图 8-38 所示。

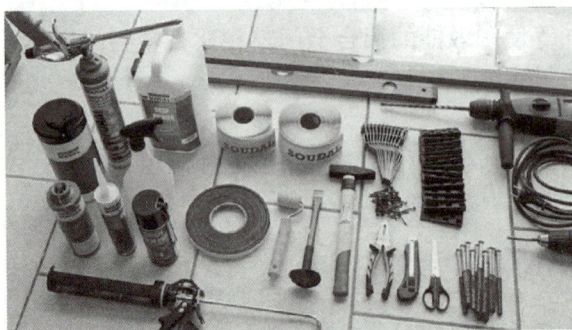

图 8-38　塑料门窗安装工具

3. 作业条件

（1）结构质量验收符合安装要求，工种之间办好交接手续。室内＋500mm（或＋1000mm）水平线已弹好。

（2）塑料窗已进行检查，表面损伤、变形及松动等问题已进行修整、校正等处理。

（3）墙上窗洞口位置、尺寸留置准确，窗安装预埋件已通过隐蔽验收。

三、塑料推拉窗施工工艺

1. 塑料推拉窗工艺流程

弹线→窗框安装连接件→立窗框并校正、固定→嵌缝密封→安装窗扇→镶配五金。

2. 塑料推拉窗施工操作要点

（1）弹线。检查门窗洞口尺寸是否比门窗框尺寸大3cm，否则应先行剔凿处理。按照设计图纸要求，在处理好的墙上弹出窗框安装位置线。

（2）窗框安装连接件。检查连接点的位置和数量，连接固定点距窗角、中竖框、中横框不应大于150mm，固定点之间的间距不应大于600mm。不得将固定片直接安装在中横框、中竖框的挡头上，塑料窗固定点位置及要求如图8-39所示。

（3）立窗框并校正、固定。塑料窗框放入洞口内，按已弹出的水平线、垂直线位置，校正其垂直、水平、对中、内角方正等。符合要求后，用气囊或楔子将窗框的上下框四角及中横框的对称位置及中央塞紧作临时固定。将塑料窗框上已安装好的连接件（固定片）与洞口的四周固定。先固定上框，后固定边框，每个连接件的伸出端不得少于两只螺钉固定，固定方法如图8-40所示。

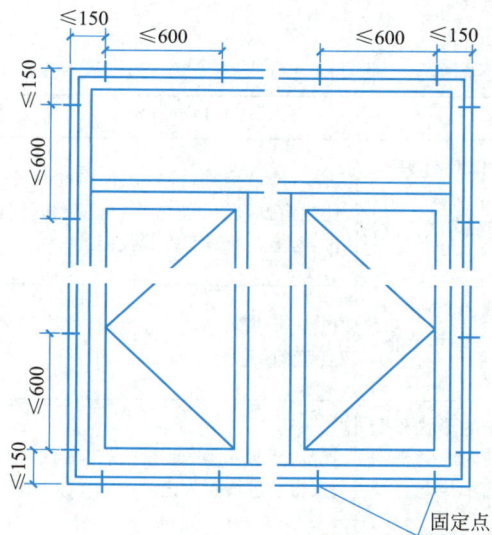

图 8-39　塑料窗固定点位置及要求

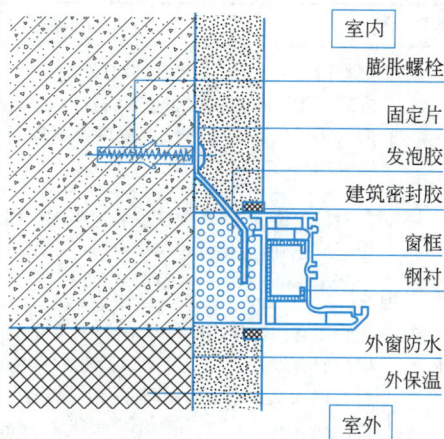

图 8-40　塑料窗框固定方法

（4）嵌缝密封。卸下固定气囊或楔子，清除墙面和边框上的浮灰。窗框与墙体的缝隙应按设计要求材料嵌缝，如设计无要求时用沥青麻丝或泡沫塑料填实。表面用厚度为5～8mm的密封胶封闭。注密封胶时墙体需干净、干燥，室内外的周边均须注满、打匀，注密封胶后应保持 24h 不得见水。

（5）安装窗扇。推拉窗由于窗扇与框不连接，因此对可拆卸的推拉扇，应先安装好玻璃后再安装窗扇。玻璃不得与玻璃槽直接接触，应在玻璃四边垫上不同厚度的玻璃垫块，边框上的垫块应用聚氯乙烯胶加以固定。将玻璃装入框扇内，然后用玻璃压条将其固定。安装玻璃及压条如图 8-41、图 8-42 所示，安装好玻璃后则将窗扇安装到窗框内。

图 8-41　安装玻璃

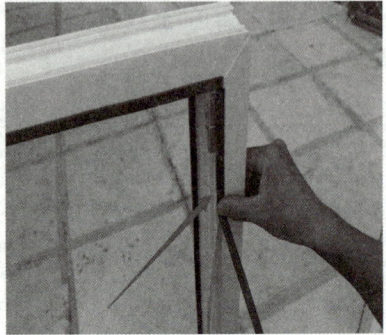

图 8-42　安装压条

（6）镶配五金。门窗扇安装后应及时安装五金件，五金件应安装牢固，位置正确，开关灵活。关窗锁门，以防风吹损坏门窗。

四、塑料门窗安装工程质量验收

塑料门窗安装工程质量验收主控项目与一般项目、塑料门窗安装的允许偏差和检验方法应符合表 8-13、表 8-14 的规定。

塑料门窗安装工程的主控项目与一般项目　　　　　　　　　表 8-13

类别	内容	检测方法
主控项目	塑料门窗的品种、类型、规格、尺寸、性能、开启方向、安装位置、连接方式和填嵌密封处理应符合设计要求及国家现行标准的有关规定，内衬增强型钢的壁厚及设置应符合现行国家标准《建筑用塑料门窗》GB/T 28886 的规定	观察,尺量检查,检查产品合格证书、性能检验报告、进场验收记录和复验报告,检查隐蔽工程验收记录
	塑料门窗框、附框和扇的安装应牢固。固定片或膨胀螺栓的数量与位置应正确,连接方式应符合设计要求。固定点应距窗角、中横框、中竖框 150~200mm,固定点间距不应大于 600mm	观察、手扳检查、尺量检查、检查隐蔽工程验收记录
	塑料组合门窗使用的拼樘料截面尺寸及内衬增强型钢的形状和壁厚应符合设计要求。承受风荷载的拼樘料应采用与其内腔紧密吻合的增强型钢作为内衬,其两端应与洞口固定牢固。窗框应与拼樘料连接紧密,固定点间距不应大于 600mm	观察、手扳检查、尺量检查、吸铁石检查、检查进场验收记录
	窗框与洞口之间的伸缩缝内应采用聚氨酯发泡胶填充,发泡胶填充应均匀、密实。发泡胶成型后不宜切割。表面应采用密封胶密封。密封胶应粘结牢固,表面应光滑、顺直、无裂纹	观察、检查隐蔽工程验收记录
	滑撑铰链的安装应牢固,紧固螺钉应使用不锈钢材质。螺钉与框扇连接处应进行防水密封处理	观察、手扳检查、检查隐蔽工程验收记录

类别	内容	检测方法
主控项目	推拉门窗扇应安装防止扇脱落的装置	观察
	门窗扇关闭应严密,开关应灵活	观察、尺量检查、开启和关闭检查
	塑料门窗配件的型号、规格和数量应符合设计要求,安装应牢固,位置应正确,使用应灵活,功能应满足各自使用要求。平开窗扇高度大于900mm时,窗扇锁闭点不应少于2个	观察、手扳检查、尺量检查
一般项目	安装后的门窗关闭时,密封面上的密封条应处于压缩状态,密封层数应符合设计要求。密封条连续完整,装配后应均匀、牢固,应无脱槽、收缩和虚压等现象;密封条接口应严密,且应位于窗的上方	观察
	塑料门窗扇的开关力应符合下列规定: 1)平开门窗扇平铰链的开关力不应大于80N;滑撑铰链的开关力不应大于80N,并不应小于30N; 2)推拉门窗扇的开关力不应大于100N	观察、用测力计检查
	门窗表面应洁净、平整、光滑,颜色应均匀一致。可视面应无划痕、碰伤等缺陷,门窗不得有焊角开裂和型材断裂等现象	观察
	旋转窗间隙应均匀	观察
	排水孔应畅通,位置和数量应符合设计要求	观察

塑料门窗安装的允许偏差和检验方法　　表 8-14

项目		允许偏差(mm)	检验方法
门、窗框外形(高、宽)尺寸长度差	≤1500mm	2	用钢卷尺检查
	>1500mm	3	
门、窗框两对角线长度差	≤2000mm	3	用钢卷尺检查
	>2000mm	5	
门、窗框(含拼樘料)正、侧面垂直度		3	用1m垂直检测尺检查
门、窗框(含拼樘料)水平度		3	用1m水平尺和塞尺检查
门、窗下横框的标高		5	用钢卷尺检查、与基准线比较
门、窗竖向偏离中心		5	用钢卷尺检查
双层门、窗内外框间距		4	用钢卷尺检查
平开门窗及上悬、下悬、中悬窗	门、窗扇与框搭接宽度	2	用深度尺或钢直尺检查
	同樘门、窗相邻扇的水平高度差	2	用靠尺和钢直尺检查
	门、窗框扇四周的配合间隙	1	用楔形塞尺检查
推拉门窗	门、窗扇与框搭接宽度	2	用深度尺或钢直尺检查
	门、窗扇与框或相邻扇立边平行度	2	用钢直尺检查
组合门窗	平整度	3	用2m靠尺和钢直尺检查
	缝直线度	3	用2m靠尺和钢直尺检查

【项目总结】

门窗在建筑领域属于外围的围护结构，门窗安装涉及整个建筑物的许多方面，对整个建筑物的性能有很大的影响。从规模上说，普通住宅类门窗面积占修建面积的 15％左右，部分别墅项目的门窗面积占建筑面积的比例高达 35％。随着我国门窗技术的发展和对门窗节能密封方面的要求进一步提高，门窗安装的重要性将更加突显。因此只有具备了一套完整系统的安装工艺和质量检验标准，才能保证门窗的安装质量，门窗的各项物理性能才能得以保证。

【技能训练】木门套安装实训任务书

一、实训目的

本实训旨在通过木门套的安装实践，使学生深入理解木门套的结构、材料特性及安装流程，掌握木门套安装的基本技能，包括测量、定位、固定、调整等步骤，同时培养学生的团队协作能力和解决实际问题的能力。

二、实训内容

1. 前期准备

学生分组：4～5 人划分为一组，设组长 1 名（负责协调、质量检查）、安全员 1 名（监督安全规范）。

工具准备：确保所需的安装工具齐全。

材料检查：检查木门套、固定件等是否齐全且质量合格，与门洞尺寸相匹配。

清理门洞：清除门洞内的杂物和灰尘，确保安装环境整洁。

2. 测量与定位

使用钢卷尺精确测量门洞的宽度、高度和深度，记录数据。

根据测量结果，在门洞两侧及顶部标记出门套的安装位置，确保水平垂直。

3. 门套组装（如为预制门套则跳过此步）

如需现场组装门套，根据说明书将门套板、线条等部件进行组装，使用木胶和螺钉加固。

4. 安装门套

将组装好的门套（或预制门套）放入门洞中，调整位置，使其与标记线对齐。

使用水平尺检查门套的水平和垂直度，必要时进行调整。

使用螺钉将门套固定在墙体上，注意固定点要均匀分布，确保稳固。

5. 细节处理

检查门套与墙体之间的缝隙，使用发泡剂或密封胶进行填充，以达到密封和美观的效果。

如有需要，使用木饰面或腻子粉对门套边缘进行修补和装饰，确保与墙面平齐。

6. 清洁与验收

清理安装过程中产生的垃圾和杂物，保持安装现场整洁。

对安装完成的木门套进行全面检查，确保无松动、无损坏、无瑕疵。

三、实训要求

1. 安全要求

严格遵守安全操作规程，佩戴必要的个人防护装备（防护手套、护目镜等），长度需束起。

注意用电安全，避免触电或短路等危险情况。

使用工具时要小心谨慎，避免误伤自己或他人。

2. 技术要求

精确测量，确保门套尺寸与门洞相匹配。

严格按照安装步骤进行操作，确保安装质量。

注重细节处理，确保门套安装美观、牢固。

3. 团队协作

实训过程中要相互协作，共同完成安装任务。遇到问题时要及时沟通解决，避免延误工期。

4. 时间管理

合理规划时间，确保在规定时间内完成安装任务。注意控制每个步骤的时间分配，避免拖延或赶工现象。

四、实训总结

实训结束后，每位学生需撰写实训总结报告，内容包括实训过程、遇到的问题及解决方法、对木门套安装的理解和掌握程度、个人收获与体会等。通过总结反思，进一步提升自己的专业技能和综合素质。

【你问我答】

答案

1. 简答题

（1）简述木门窗施工工艺。

（2）简述铝合金平开窗施工工艺。

（3）简述塑料推拉窗施工工艺。

2. 填空题

（1）门窗一般由_____、_____、_____、_____等部件组合而成。

（2）铝合金窗的水平位置应以楼层室内_____ mm 的水平线为准向上反量出窗下皮标高，弹线找直。

【素养课堂】

智能门窗

项目九　厨卫工程

本项目将围绕厨房工程和卫浴工程两个任务进行细化，以确保学生能够全面掌握厨卫工程的相关知识与技能。

1. 知识目标
- 了解厨卫常用设备的功能和特征；
- 掌握主要厨卫设备安装步骤和注意事项。

2. 能力目标
- 能够在施工操作中认识和正确操作相关的施工机具；
- 具备检测厨卫设备安装质量的能力；
- 能小组合作完成卫浴产品的安装和质量检测。

3. 情感目标
- 培养环保意识，倡导节水、节能的厨卫设计理念；
- 增强安全意识，确保厨卫工程的安全性与实用性；
- 培养细致与耐心，注重厨卫工程的细节处理与质量控制。

【思维导图】

```
                                    ┌─────────────┐
                          ┌─────────┤  常用厨房设备 │
                 ┌────────┴──┐      └─────────────┘
              ┌──┤  厨房工程  │      ┌─────────────┐
              │  └───────────┘      │    橱柜      │
              │         └───────────┴─────────────┘
 ┌──────────┐ │
 │ 厨卫工程  ├─┤                    ┌─────────────┐
 └──────────┘ │          ┌─────────┤  常用卫浴设备 │
              │          │         └─────────────┘
              │          │         ┌─────────────┐
              │  ┌───────┴───┐     │   洗面盆     │
              └──┤  卫浴工程  ├─────┴─────────────┘
                 └───────────┘     ┌─────────────┐
                            │      │   坐便器     │
                            │      └─────────────┘
                            │      ┌─────────────┐
                            └──────┤   沐浴间     │
                                   └─────────────┘
```

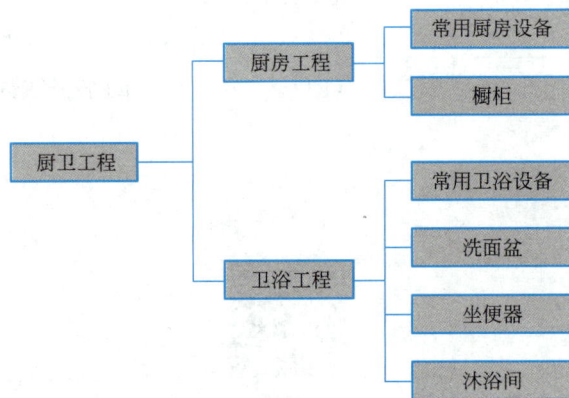

虽然厨房和卫生间在装饰工程中面积不大，但其中设备管线众多，功能错综复杂，因此厨卫工程需要在有限的空间内布置基本的管道与设备，在施工工艺方面主要侧重于现场的组装。

本项目我们主要通过学习橱柜、洗面盆、坐便器、淋浴间等典型厨卫设备的安装施工和质量验收，从而更好地了解厨卫工程。

任务 1　厨房工程

一、认识厨房工程

"民以食为天"，在家装和餐饮类工装的设计和施工中，厨房工程是其中重要的部分。厨房工程是集储藏、清洗、烹饪、冷冻、给水排水等功能为一体，以橱柜为基础，按照消费者的自身需求进行合理配置的厨房整体产品。

厨房按其归属分为家用厨房和公用厨房，见图 9-1、图 9-2。家用厨房面积小，流程相对简单，但随着生活水平的普遍提高，厨房设备的种类也在增加。公用厨房包括专用食堂和营业餐厅的厨房，它们在橱柜、厨具、厨用电器的种类和数量等方面更加复杂。下面的内容以家用厨房工程为主，介绍厨房设备和橱柜的安装。

图 9-1　家用厨房

图 9-2　公用厨房

二、厨房设备

电器设备是实现厨房各项功能的关键，设备的位置选择往往就决定了功能分区的位置及形式。厨房主要分为储藏区、清洗区、切菜备菜区、烹饪区、备餐区等，不同区域有着不同的厨房设备。

1. 常用厨房设备

厨房应设置洗涤池、案台、炉灶及排油烟机等设施或预留位置。随着人们生活水平的提高，除了这些必备的设备外，还会根据业主的饮食偏好和生活习惯配置烤箱、洗碗机、消毒柜等厨房设备，近年来，家用集成灶的使用也越来越普遍。常用厨房设备见表 9-1。

常用厨房设备　　　　　　　　　　　　　　　　　　　表 9-1

设备	图片	功能
洗涤盆		用于清洗蔬菜、水果、餐具等的水盆，分单槽和双槽。主要材质有不锈钢、黄铜、陶瓷等

设备	图片	功能
炉灶	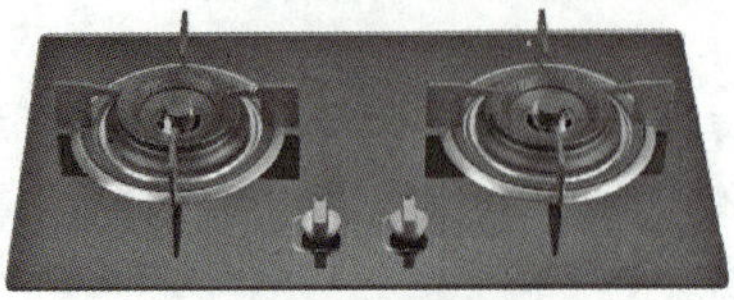	炉具的总称，指用以烹饪的供热设备，分固定和移动两类。根据使用的热源又分为燃气灶、电磁灶等
排油烟机		一种净化厨房环境的厨房电器，主要分顶吸式和侧吸式两种。安装在炉灶上方，能将炉灶燃烧的油烟迅速抽走排至室外，减少室内污染，净化空气，是现代厨房必不可少的厨房设备
电烤箱		利用电热元件所发出的辐射热来烘烤食品的电热器具，可以制作烤鸡、烤鸭、面包、糕点等
洗碗机	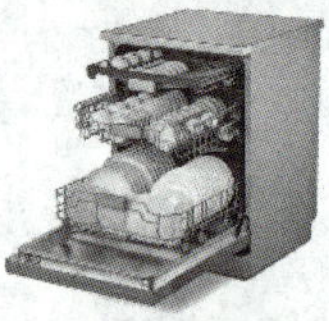	用来自动清洗碗、筷、盘、碟、刀、叉等餐具的设备，小型洗碗机已经逐渐进入普通家庭
消毒柜		通过紫外线、远红外线、高温、臭氧等方式，对餐具等进行烘干、杀菌、消毒等的工具，外形一般为柜箱状，柜身大部分材质为不锈钢
净水器	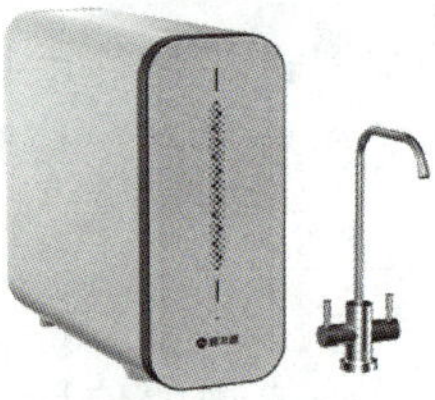	也叫净水机、水质净化器，是按对水的使用要求对水质进行深度过滤、净化处理的水处理设备
小厨宝		专为整体橱柜设计的电热水器，安装在洗涤盆下面的空间里，可以随时提供热水
冰箱	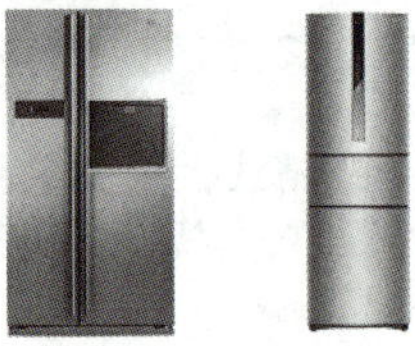	是保持恒定低温的一种制冷设备，能使食物或其他物品保持恒定低温冷态，根据容量分为单门、双门、三门等样式

设备	图片	功能
燃气表		人们日常做饭用的燃料多为天然气和煤气等清洁能源,燃气表有自动累计功能,可以显示消耗燃气的立方米数
集成灶		是一种集吸油烟机、燃气灶、消毒柜、储藏柜等多种功能于一体的厨房电器,亦称作环保灶或集成环保灶。具有节省空间、抽油烟效果好、节能低耗环保等优点

除此之外,还有很多常用的小家电:电饭煲、微波炉、面包机、豆浆机、搅拌机、榨汁机等。在厨房这个"麻雀虽小五脏俱全"的空间里,水、电、气等设备和管线错综复杂,所以设计和施工的时候都不能掉以轻心。

2. 厨房设备安装注意事项

厨房设备的布置应当方便使用者的操作,符合备—洗—切—炒—装的炊事流程。除此之外,设备安装时还要注意以下事项:

(1)厨房工程使用的材料、设备及配件,应符合设计要求,且应具有符合国家现行标准要求的质量鉴定文件或产品合格证。

(2)家用电器应有强制性产品认证标识(介绍见【素养课堂】),出厂随机资料应齐全。

(3)室内燃气管道应明敷;燃气管线不能由用户私自改动,私自改动燃气管线将不能通过燃气公司的管线验收。燃气表位置应便于抄表、开关和检修。

(4)油烟机位置受排烟道位置制约,炉灶受燃气管线位置制约,应尽量设置在排烟道和燃气管线之间,油烟机在灶具上方。

(5)洗涤盆受下水管线制约,下水管线一般不轻易改动,改动后会影响排水效率,甚至出现堵塞的状况,因此洗涤盆设置在下水管位置上方。

3. 厨房设备安装工程质量验收

厨房设备安装工程质量验收的主控项目与一般项目见表 9-2。

厨房设备安装工程的主控项目与一般项目   表 9-2

类别	内容	检测方法
主控项目	厨房设备的功能、配置和设置位置应符合设计要求	检查设计文件
	厨房设备出厂随机资料应齐全,使用操作应正常	逐项检查、模拟操作
	电源插座规格应满足设备最大用电功率要求,插座安装位置应和厨房设备设计位置一致	查阅使用说明书、观察检查

续表

类别	内容	检测方法
主控项目	户内燃气管道与燃具应采用软管连接，长度不应大于 2m，中间不得有接口，不得有弯折、拉伸、龟裂、老化等现象。燃具的连接应严密，安装应牢固，不渗漏。燃气热水器排气管应直接通至户外	观察、手试、肥皂水试验
	厨房设置的竖井排烟道及止回阀应符合防火要求，且应有防止烟气回流、窜烟的措施	观察、模拟操作检查
	厨房设置的共用排烟道应与相应的抽油烟机相关接口及功能匹配	目测检查
一般项目	灶具的离墙间距不应小于 200mm	目测、尺量检查
	抽屉和拉篮应有防拉出的设施	目测检查
	厨房设备的外观应清洁、无污损	目测检查
	设备配件应安装正确，功能正常，完好无损	观察、手试检查
	管线与厨房设备接口应匹配，并应满足厨房使用功能要求	观察、手试检查

三、橱柜安装工程

橱柜将上面介绍的电器设备等集成其中，结合整体造型设计，既美观大方又使用方便，在现代家庭装修中占有很重要的位置。

1. 橱柜工程施工准备

（1）材料准备。表 9-3 列出了橱柜工程需要准备的一些常用材料。

橱柜工程常用材料　　　　　　　　　　　　　表 9-3

种类	名称	图片	特点及功能
主材	柜体		组成橱柜主体的板材，多用刨花板、密度板、防潮板、防火板或三聚氰胺板等
	柜门		按照材质主要有实木型、吸塑型、三聚氰胺饰面板型、烤漆型、防火板型等。有些材料可以做出表面的凹凸线条，达到较好的装饰效果
	橱柜踢脚板		是橱柜最下方连接橱柜与地面之间的挡板，一般的橱柜踢脚板有木质踢脚板、磨砂金属踢脚板和 PVC 踢脚板三种

续表

种类	名称	图片	特点及功能
主材	台面	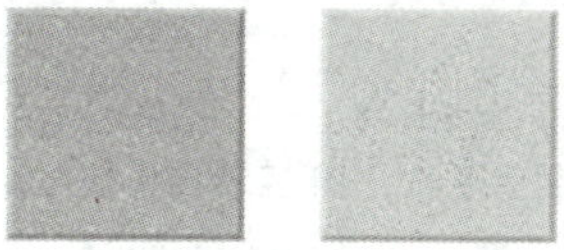	人造石材纹路和色彩丰富,完全可以和石材媲美,而且无毒无辐射性,容易清理,是目前主流的橱柜台面材料,除此之外还可以用天然石材和不锈钢做橱柜台面
胶粘材料	防霉密封胶		是一种具有抗霉菌特性的密封材料,主要用于厨房、卫生间等潮湿易发霉的区域,填补缝隙并防止霉菌滋生
	专用胶粘剂		一般为双组分快干型专用胶粘剂,由聚合物乳液和干粉两个组分构成,使用时按照规定的比例混合均匀,形成高性能胶粘剂产品,用于各种人造石的现场连接
辅料	可调脚底座		橱柜的底脚,一般装在柜踢脚板里面,在外面是看不到的。根据地面的坡度调整底座的高度,使得台面保持水平
	五金件		橱柜五金件是指铰链、抽屉滑轨等,在橱柜材料中占有重要地位,直接影响着橱柜的综合质量

（2）机具设备。橱柜工程大部分是现场组装的干作业，使用到的主要机具设备如表 9-4 所示，其他还包括电动螺丝刀、卷尺、扳手等。

橱柜工程机具设备　　　　　　　　　　　　　　　表 9-4

名称	图片	用途
角磨机		又称研磨机或盘磨机,是用于台面切削和打磨的一种磨具

续表

名称	图片	用途
电锤		利用压缩气体冲击钻头,不需要手使多大的力气,就可以在混凝土、砖、石头等硬性材料上开孔,用于安装橱柜挂件
手电钻		小型钻孔用工具,由小电动机、控制开关、钻夹头和钻头几部分组成,用于橱柜组装
橡胶锤		通过敲打起到一定的缓冲作用,使得台面粘结得更紧密
防霉密封胶胶枪		是一种打胶(或挤胶)的工具,有手动胶枪、气动胶枪、电动胶枪等多种。配合密封胶使用,完成密封胶的施胶作业

（3）作业条件及注意事项。在安装橱柜前,要检查现场环境,墙体尺寸,水、电、气的位置是否与图纸一致。灶具、吸油烟机及水池等易产生噪声的设备不宜安装在与卧室相邻的隔墙上。吊柜应挂装在有承重能力的墙上,如安装在轻质墙上应有安全可靠的构造措施。

2. 橱柜工程施工工艺

橱柜安装的顺序是先地柜再吊柜,先柜体再门板。整体橱柜除了应有出厂检验合格证书外,还应有使用说明书及安装说明书。

（1）橱柜工程施工工艺流程

安装地柜→安装吊柜→安装相关设备与电器→安装功能五金件→安装柜体门板→安装橱柜踢脚板→安装台面。

（2）橱柜工程施工操作要点

1）安装地柜。安装地柜前,工人应该对厨房地面进行清扫,使用水平尺测量地面,了解地面水平情况。将运到现场的材料分类摆放好,用自攻螺钉、连接件将底板、侧板、加固条、背板等组合成整体,在地柜下部安装可调脚底座,调整底脚高度,以底脚板高度+5mm为宜,见图9-3、图9-4。按图纸摆放各组地柜,如果有转角柜的话,一般从转角柜开始向两侧依次排列。地柜码放完毕后,通过调节底脚对地柜进行找平。

2）安装吊柜。将底板、侧板、背板等组合成吊柜整体,紧靠侧板、顶板、背板用自攻螺钉固定吊码。然后在墙上定位放线（图9-5）,画出吊码挂板的位置,电锤打孔后用膨胀螺栓固定挂板。将吊柜挂上墙,调整好吊柜高度后锁紧吊钩,见图9-6。安装完成后调整所有吊柜到同一水平高度,柜体间用连接件进行连接固定。

图 9-3　组装地柜

图 9-4　安装橱柜底脚

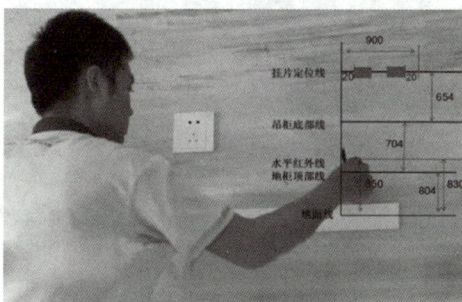

图 9-5　吊柜定位放线

图 9-6　吊挂吊柜

3）安装相关设备与电器。确定排油烟机安装位置后，打孔安装排油烟机挂片悬挂安装排油烟机，安装其他电器及封板，如图 9-7、图 9-8 所示。

图 9-7　安装排油烟机

图 9-8　安装其他电器

4）安装功能五金件。拉篮等功能五金件要先安装导轨，然后推入拉篮，再安装拉篮面板，如图 9-9、图 9-10 所示。

5）安装柜体门板。柜体门板根据开启方式不同，分为平开式、推拉式、上翻式、折叠式等（图 9-11），需要使用不同的五金连接件进行组装。

6）安装橱柜踢脚板。用自攻螺钉将脚卡固定踢脚板背面，然后将踢脚板卡在可调节底脚上，如图 9-12 所示。

图 9-9　安装功能五金导轨

图 9-10　安装拉篮

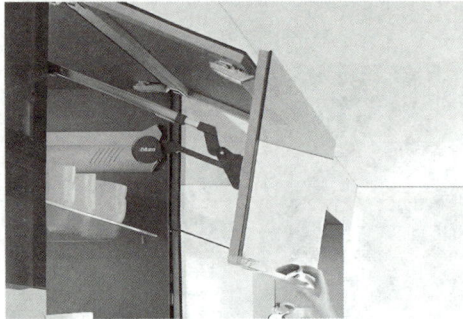

图 9-11　上翻折叠式橱柜门

图 9-12　安装橱柜踢脚板

7）安装台面。检查预制好的台面尺寸是否和现场安装尺寸相符合。安装台面时要与墙壁留 3~5mm 的伸缩缝，避免因热胀冷缩损坏台面。利用配套的胶水和固化剂连接好接缝和挡水板等部分，待胶水硬化后铲除掉多余的胶水，用角磨机打磨接驳处，防霉密封胶收缝，见图 9-13、图 9-14。整个橱柜安装好的效果见图 9-15。

图 9-13　角磨机打磨

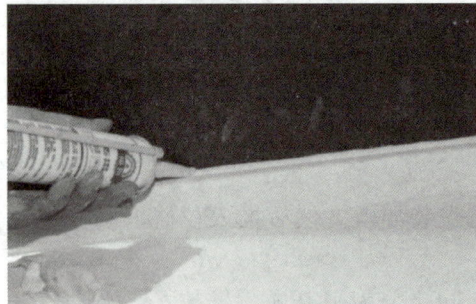

图 9-14　防霉密封胶收缝

图 9-15　橱柜安装效果

3. 橱柜安装工程质量验收

橱柜安装工程质量验收的主控项目与一般项目如表 9-5 所示。

橱柜安装工程的主控项目与一般项目   表 9-5

类别	内容	检测方法
主控项目	橱柜的材料、加工制作、使用功能应符合设计要求和国家现行有关标准的规定	观察、手试和查阅相关资料
	橱柜应安装牢固	观察、手试和查阅相关资料
一般项目	柜体间、柜体与台面板、柜体与底座间的配合应紧密、平整,结合处应牢固,不松动	观察、手试、尺量检查
	柜体贴面应严密、平整,无脱胶、胶迹和鼓泡等现象,裁割部位应进行封边处理	观察、手试、尺量检查
	柜体顶板、壁板内表面和柜体可视表面应光洁平整,颜色均匀,无裂纹、毛刺、划痕和碰伤等缺陷	观察、手试、尺量检查
	门与柜体安装连接应牢固,不应松动,开关应灵活,且不应有阻滞现象	观察、手试、尺量检查
	柜体外形尺寸的允许偏差不应大于 1mm,对角线长度之差不应大于 3mm。门与柜体缝隙应均匀,宽度不应大于 2mm	观察、手试、尺量检查

任务 2 卫浴工程

一、认识卫浴工程

随着我国人民生活水平的日益提高,卫浴间的使用功能日趋多样,一般集洗漱、如厕、洗浴、洗衣等多种功能于一体。

1. 常用卫浴设备

卫浴间应设置洗面盆、淋浴设备、便器等设施或预留位置,有的家庭如果没有专门的生活阳台,也会把洗衣机布置在卫浴间里。冬季洗澡时还会需要浴霸或者浴室暖空调等设备,常用的卫浴设备见表 9-6。

常用卫浴设备

常用卫浴设备   表 9-6

名称		图片	功能
便器	大便器		一种卫生器具,按结构可分为坐便器和蹲便器两种;按冲洗方式分为冲落式、虹吸式、喷射虹吸式、漩涡虹吸式等
	小便斗		是男士专用的便器,是一种装在卫生间墙上的固定物。按安装方式分为斗式、落地式、壁挂式

续表

名称		图片	功能
洗面盆	台式		是人们日常生活中不可缺少的卫生洁具,可用来洗脸、洗头、洗手等。台盆突出台面的叫作台上盆,盆体置于盆柜台面之下的叫作台下盆,下面有配套立柱支撑的称为柱盆
	柱盆		
净身盆			专门为女性而设计的洁具产品,外形与马桶有些相似,但又如脸盆装了龙头喷嘴,有冷热水选择,有直喷式和下喷式两大类
拖把池			一般装在卫生间或者阳台,主要用于清洗拖把,通常为瓷质
淋浴间			单独的淋浴隔间,供人站立洗澡的卫生设备。充分利用室内一角,用围栏将淋浴范围清晰地划分出来,形成相对独立的洗浴空间

名称	图片	功能
整体卫生间		以工厂化生产的方式来提供即装即用的卫生间系统,由顶板、壁板、防水底盘等框架结构和五金、洁具、照明以及水电系统等内部组件组成。在有限的空间内实现洗面、淋浴、如厕等功能的独立卫生单元,是装配式内装的核心部分
浴缸		供沐浴或淋浴之用,大多以亚克力或玻璃纤维制造,也有的使用包上陶瓷的钢铁或木质材料制作,大部分浴缸是长方形或椭圆形
洗衣机		利用电能产生机械作用来洗涤衣物的清洁电器,家用洗衣机主要由箱体、洗涤脱水桶、传动和控制系统等组成,有的还装有加热装置
烘干机		通常与洗衣机搭配使用,主要作用是去除衣物、纺织品中的水分,使它们变得干燥。也有洗烘一体机实现洗衣、烘干的功能
集成吊顶浴霸		是一种安装在铝扣板集成吊顶中,集加热、照明、通风功能一体的设备,能够提供舒适的洗浴环境。通常分为灯暖、风暖、灯暖+风暖以及光波取暖等多种类型,每种类型都有其特点和优势

2. 卫浴设备安装注意事项

（1）卫浴间的卫生器具及配件的规格、型号、颜色等应符合设计要求。

（2）卫浴设备的阀门安装位置应根据具体设备类型和使用场景确定，管道连接件应易于拆卸、维修。

（3）卫浴间地面应防滑和便于清洗，且地面不应积水。

（4）淋浴间、整体卫生间的性能指标应符合设计要求和国家现行有关标准的规定。整体卫生间应有出厂检验合格证书，并应具有使用说明书和安装说明书。

二、卫浴设备安装工程

常用的卫浴设备一般包括洗面盆、便器等，它们的安装重点在于找准给水与排水的位置，需要仔细操作，使之连接紧密，不能有任何渗水现象。

1. 洗面盆安装

洗面盆是卫生间的标准洁具配置，形式较多，常见的洗面盆主要有台式、柱式两种，常见的台式为柜体式。不同洗面盆的安装方法各有不同，下面以柜体式安装为例进行讲解。

（1）需要准备的安装工具：水平尺、电钻、螺丝刀、锤子、记号笔、玻璃胶等，见图 9-16。

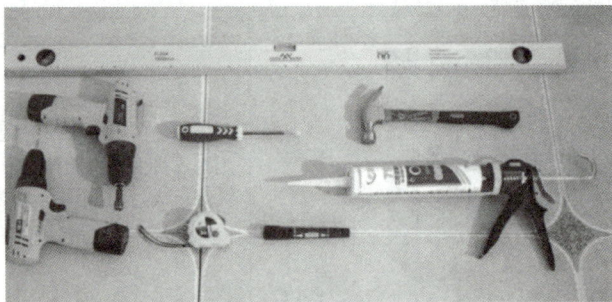

图 9-16　安装洗面盆工具

（2）检查给水、排水口位置与通畅情况。

（3）打开洗面盆包装，查看各部件、配件是否齐全。一般柜体式洗面盆主要部件及配件包括柜体、陶瓷盆、柜脚、水龙头套装、置物架、镜子、镜灯架等，见图 9-17。

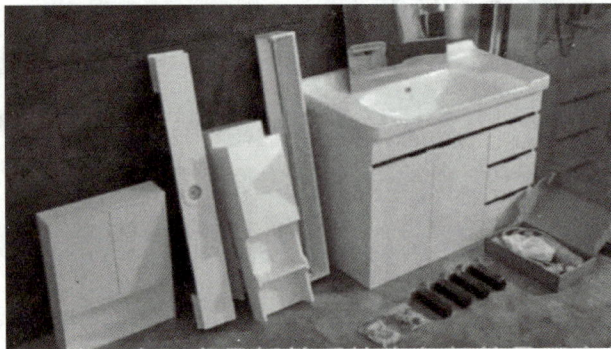

图 9-17　柜体式洗面盆的部件及配件

（4）精确测量给水、排水口与洗面盆的尺寸数据是否合适。

（5）在柜体下面安装好柜脚后，将主柜放到安装位置，如果地面不平整，调整柜脚的高低直至柜体水平，见图9-18。

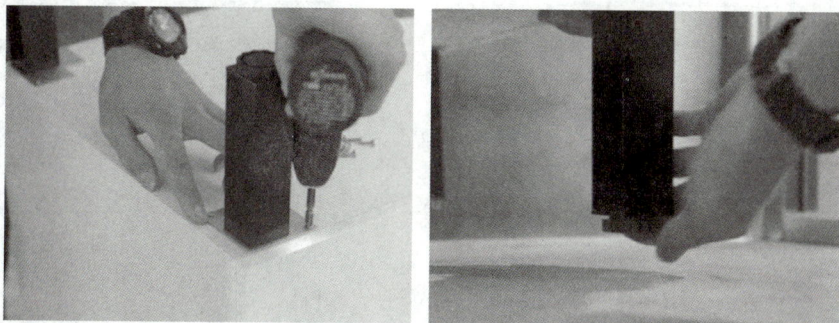

图9-18　安装及调整柜脚

（6）安装台盆水龙头及下水管。将进水软管拧入水龙头进水孔中，固定在瓷盆上，再将排水管从洗面盆下水孔中穿出后，用玻璃胶密封固定，见图9-19。

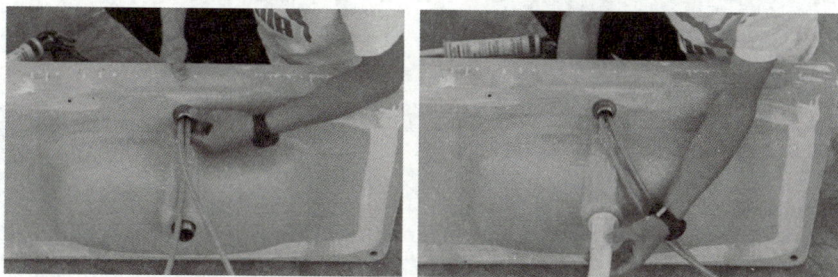

图9-19　安装龙头及下水管

（7）安装台盆。将柜体四周打上一圈玻璃胶，然后将台盆放入柜体中，最后在台盆与墙体之间再打上一圈玻璃胶，见图9-20、图9-21。

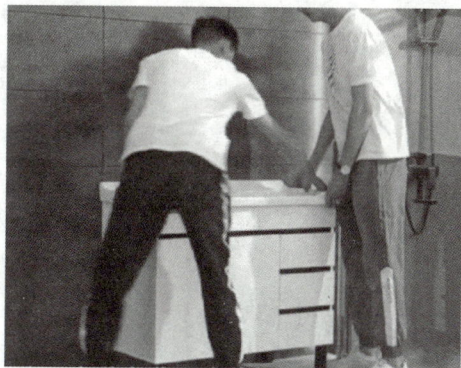

图9-20　安装台盆

图9-21　台盆与墙体接缝处密封处理

（8）安装置物架、镜子、镜灯架等。根据使用者身高调整置物架、镜子等的高度，用卷尺测量好后，用水平尺找平，画出固定位置线，见图9-22。通过固定孔确定固定位置，电钻打孔后，放入胀塞固定置物架，见图9-23。镜子的固定有两种方法：挂片固定和玻璃胶粘贴固定。镜灯架安装固定好后，接入220V家用电源安装镜灯。镜子后面的挂片及安装镜灯见图9-24、图9-25。

图9-22　确定置物架位置线

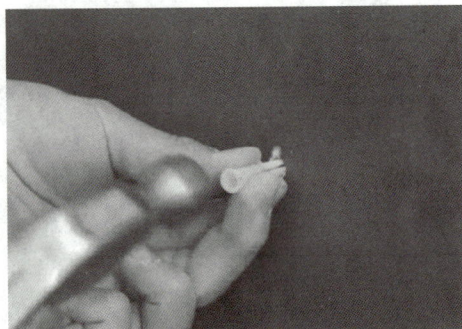

图9-23　打孔下塑料胀塞

图9-24　镜子挂片

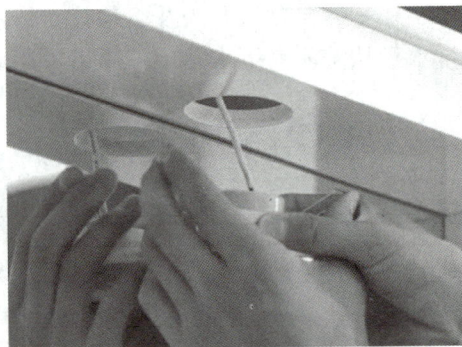

图9-25　安装镜灯

安装完成后，要等待玻璃胶干透后再使用，以免出现漏水现象。

2. 坐便器安装

坐便器属于较高档的卫生间洁具，使用舒适，适用于大多数家居住宅的卫生间。坐便器安装可在卫生间地面及墙面瓷砖铺装完成后进行。

（1）坐便器安装需要准备的安装工具包括生料带、扳手、活动扳手、美工刀、记号笔、密封胶等，如图9-26所示。

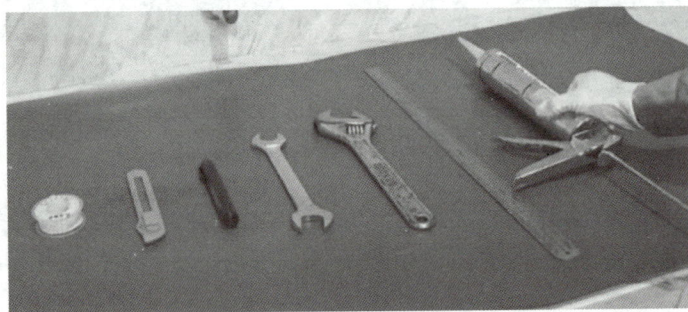

图9-26　坐便器安装工具

（2）检查安装环境。检查给水口、排水口位置与通畅情况，如果是智能坐便器还需要电源插座。

（3）打开坐便器包装，查看配件是否齐全，精确测量给水口、排水口与坐便器的尺寸数据。排水口的直径一般为 110mm，坑距（排水口中心到背后墙面的距离）一般有 300mm、400mm 两种规格，如图 9-27 所示。

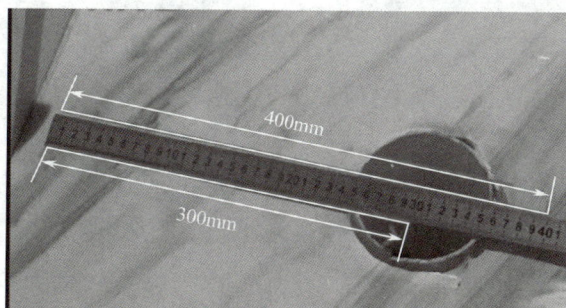

图 9-27　坐便器坑距

（4）标记安装位置线，确定安装基点。根据下水管中心点的位置分别在地面上和坐便器上标记出十字相交直线，如图 9-28 所示。

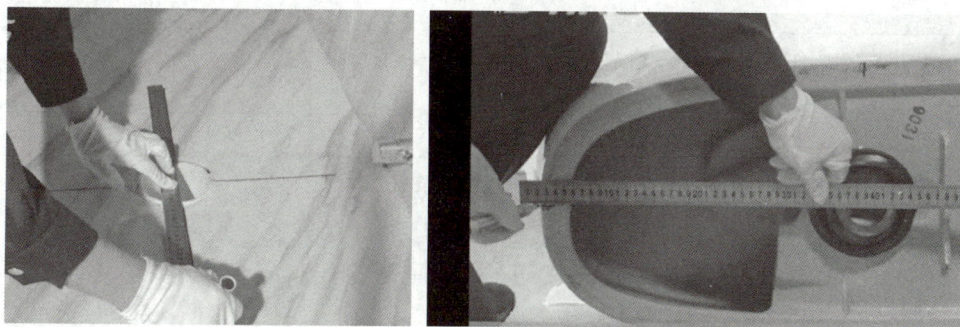

图 9-28　坐便器安装位置线

（5）安装坐便器。根据标记好的安装位置线，在坐便器安装好法兰盘后将玻璃胶注入底部周围，然后将坐便器的排出管口和排水管对齐，固定到位，见图 9-29。

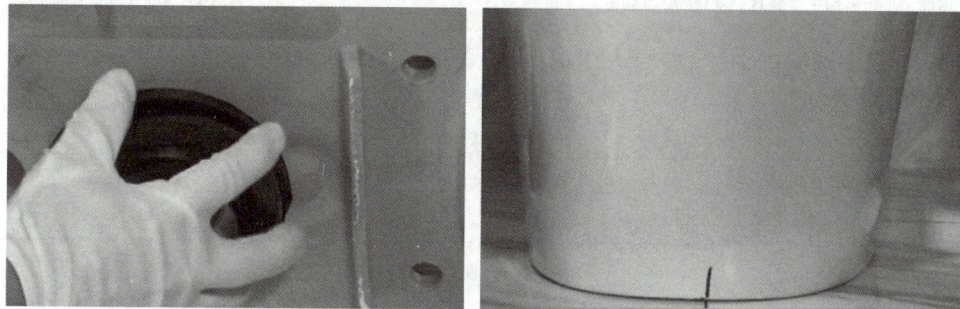

图 9-29　坐便器安装就位

（6）安装给水管道与水箱配件。安装给水阀门与连接软管，用扳手拧紧连接处，进行供水测试，观察有无渗水现象。最后，在坐便器底座与地面瓷砖之间注入中性硅酮玻璃胶粘接牢固，如图 9-30、图 9-31 所示。

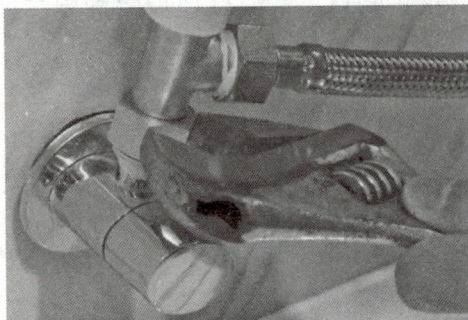

图 9-30　安装给水阀门

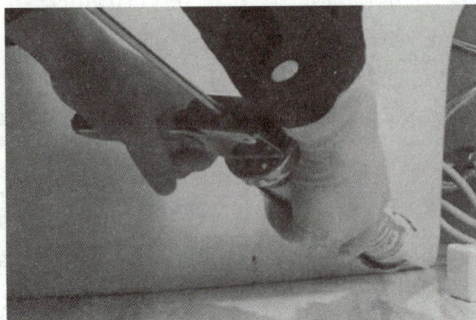

图 9-31　坐便器底座打胶固定

3. 卫生洁具安装工程质量验收

卫生洁具安装工程质量验收的主控项目与一般项目如表 9-7 所示。

卫生洁具安装工程的主控项目与一般项目　　　　　　　表 9-7

类别	内容	检测方法
主控项目	卫生洁具及配件的材质、规格、尺寸、固定方法、安装位置应符合设计要求	查阅设计文件、观察检查
	卫生洁具应做满水或灌水（蓄水）试验，且应严密、畅通、无渗漏	蓄水、排水观察检查
	卫生洁具的排水管应嵌入排水支管管口内，并应与排水支管管口吻合，密封严实	观察检查
	坐便器、净身盆应固定安装，并应采用非干硬性材料密封，不得用水泥砂浆固定	观察检查
	除浴缸的原配管外，浴缸排水应采用硬管连接。有饰面的浴缸，浴缸排水部位应有检修口	观察检查
一般项目	卫生洁具表面应光洁、颜色均匀、无污损	观察、手试检查
	卫生洁具的安装应牢固，不松动。支、托架应防腐良好，安装应平整、牢固，并应与器具接触紧密、平稳	观察、手试检查
	卫生洁具给水排水配件应安装牢固，无损伤、渗水；给水连接管不得有凹凸弯扁等缺陷。卫生洁具与墙体、台面结合部应进行防水密封处理	观察、手试检查
	卫生洁具安装的允许偏差应符合现行国家标准《建筑给水排水及采暖工程施工质量验收规范》GB 50242 的规定	

三、淋浴间安装工程

淋浴间是利用卫生间空间一角合理地将洗浴空间划分出来的单独隔间，适用于绝大多数卫生间，见图 9-32。淋浴间安装应预先确定位置，选购淋浴间时应仔细测量淋浴间尺寸是否与卫生间空间相符，具体施工方法应参照产品说明书。

图 9-32　淋浴间

1. 淋浴间安装需要准备的工具和材料

淋浴间安装需要准备的安装工具和材料包括卷尺、水平尺、电动螺丝刀、橡胶锤、电锤、记号笔、密封胶等。

2. 淋浴间安装施工步骤

（1）检查淋浴间安装环境。检查给水口、排水口位置与通畅情况。打开产品包装，查看配件是否齐全，精确测量给水口、排水口与淋浴间的尺寸数据，见图 9-33。

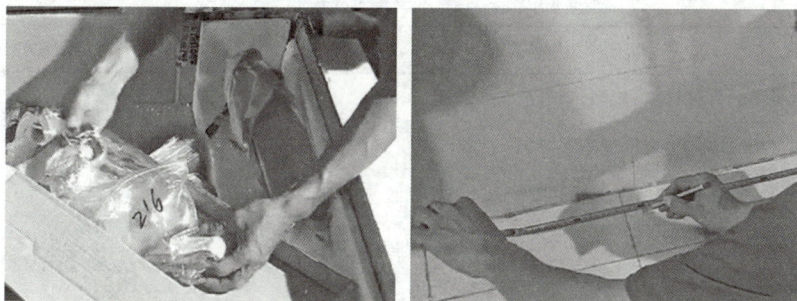

图 9-33　检查淋浴间的配件及现场尺寸

（2）根据现场环境与设计要求预装淋浴间，画出安装位置线，确定安装基点，放置石基或底盘，安装围合框架，见图 9-34、图 9-35。

图 9-34　放置石基

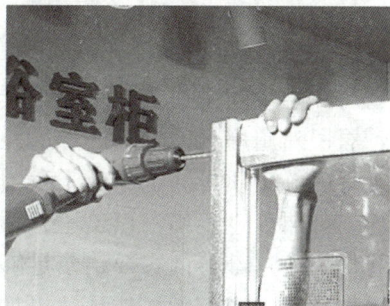

图 9-35　安装框架

（3）固定淋浴间的框架及玻璃。先预放好淋浴间框架后，标记出打孔位置，然后用电钻打眼，下胀塞后固定好框架，安装玻璃（图9-36、图9-37），再安装其他配件，如密封条、把手等。

图9-36　固定框架

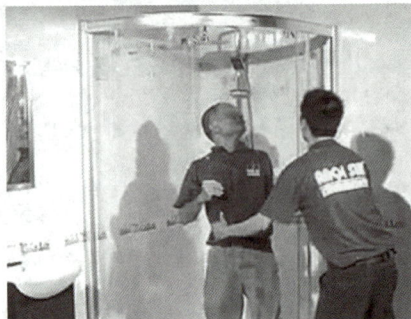

图9-37　安装玻璃

（4）采用中性硅酮玻璃胶密封淋浴间与墙壁间的缝隙，进行供水测试，清理施工现场。

3. 淋浴间安装工程质量验收

淋浴间安装工程质量验收的主控项目与一般项目见表9-8。

淋浴间安装工程的主控项目与一般项目　　　　　　　表9-8

类别	内容	检测方法
主控项目	淋浴间所用的各种材料、规格、型号应符合设计要求	查阅质量保证资料
	淋浴间与相应墙体结合部位应无渗漏	试水观察、手摸检查
	淋浴间门应安装牢固、开关灵活，玻璃应为安全玻璃	观察、手试检查
	淋浴间低于相连室内地面不宜小于20mm或设置挡水条，且挡水条应安装牢固、密实	观察、尺量、通水观察检查
	淋浴间内给水、排水系统应进水顺畅、排水通畅、不堵塞	观察、尺量、通水观察检查
一般项目	淋浴间表面应洁净、无污损，不得有翘曲、裂缝及缺损	观察检查
	淋浴间打胶部位应打胶完整、胶面光滑、均匀，无污染	观察检查

【项目总结】

厨房和卫生间是住宅的重要组成部分，随着社会进步、人们生活水平的提高，居民对厨房、卫生间的舒适性和实用性也提出了更高的要求。但很多厨卫工程的施工质量问题却成了我国目前住宅建筑装饰施工中普遍存在的质量隐患，如果处理不当不仅给工程质量留下缺陷，而且给人们的日常生活带来诸多不便，因此我们对于这部分内容要给予足够的重视，将厨卫工程部分做得精益求精，使整个工程质量更加完美，人们的居住环境更加舒适。

洁具等安装

【你问我答】

答案

单选题（4选1）

（1）室内燃气管道应（　　）敷；燃气管线（　　）由用户私自改动，会带来安全隐患。

A. 明；不能　　　　B. 暗；不能　　　　C. 明；能　　　　D. 暗；能

（2）户内燃气管道与燃具应采用软管连接，长度不应大于（　　）m，中间不得有接口，不得有弯折、拉伸、龟裂、老化等现象。

A. 1　　　　　　　B. 2　　　　　　　C. 3　　　　　　　D. 4

（3）橱柜安装的工艺流程正确的是（　　）。

A. 地柜安装→安装吊柜→安装相关设备与电器→安装功能五金件→安装柜体门板→安装地脚板→安装台面

B. 地柜安装→安装相关设备与电器→安装吊柜→安装功能五金件→安装柜体门板→安装地脚板→安装台面

C. 地柜安装→安装台面→安装吊柜→安装相关设备与电器→安装功能五金件→安装柜体门板→安装地脚板

D. 地柜安装→安装吊柜→安装柜体门板→安装相关设备与电器→安装功能五金件→安装地脚板→安装台面

（4）坐便器坑距（排水口中心到背后墙面的距离）一般常见有（　　）mm两种规格。

A. 100，200　　　B. 200，300　　　C. 300，400　　　D. 400，500

【素养课堂】

强制性产品
认证标识

参考文献

[1] 肖绪文，王玉岭.建筑装饰装修工程施工操作工艺手册 [M].北京：中国建筑工业出版社，2013.

[2] 杨洁.建筑装饰构造与施工技术 [M].北京：机械工业出版社，2013.

[3] 李永霞.建筑装饰设计基础 [M].北京：高等教育出版社，2015.

[4] 汤留泉.家装施工全能图典 [M].北京：中国电力出版社，2018.

[5] 兰海明.建筑装饰施工技术 [M].北京：中国建筑工业出版社，2014.

[6] 编写组.建筑装饰工程（下册）施工工艺 [M].天津：天津科学技术出版社，2015.

[7] 骆家祥，周雄鹰.建筑装饰工程施工 [M].武汉：中国地质大学出版社，2013.

[8] 李永霞.探析整体地面的嬗变与发展 [D].北京：河北大学，2007.

[9] 中华人民共和国住房和城乡建设部，中华人民共和国国家质量监督检验检疫总局.建筑装饰装修工程质量验收标准 [M].北京：中国建筑工业出版社，2018.

[10] 中华人民共和国住房和城乡建设部.住宅室内装饰装修工程质量验收规范 [M].北京：中国建筑工业出版社，2013.

[11] 中华人民共和国住房和城乡建设部，中华人民共和国国家质量监督检验检疫总局.建筑地面工程施工质量验收规范 [M].北京：中国计划出版社，2010.